高职高专计算机系列

计算机组装与维护实用教程（第3版）

Computer Assembly and Maintenance

谭卫泽 ◎ 主编
容贤家 梁锦锐 ◎ 副主编

人民邮电出版社
北京

图书在版编目（CIP）数据

计算机组装与维护实用教程 / 谭卫泽主编. -- 3版
. -- 北京 : 人民邮电出版社, 2015.1（2018.2重印）
工业和信息化人才培养规划教材. 高职高专计算机系列
ISBN 978-7-115-36621-4

Ⅰ. ①计… Ⅱ. ①谭… Ⅲ. ①电子计算机－组装－高等职业教育－教材②计算机维护－高等职业教育－教材
Ⅳ. ①TP30

中国版本图书馆CIP数据核字(2014)第171881号

内 容 提 要

本教材是以高等职业技术教育培养目标的需要为依据编写的。本教材的编写从基本概念出发，以提高实际操作实践能力为宗旨，通过各种实例，展示了计算机的硬件常识、组装与维护计算机的具体方法和技巧。全书安排有八个实训环节。通过实训学生能掌握计算机的组装、CMOS 参数与 BIOS 参数的设置、硬盘的分区与格式化、操作系统的安装、设备驱动程序的安装、系统环境的优化与安全、计算机系统的数据备份与恢复、注册表与组策略的使用与维护等操作。本书深入浅出，图文并茂，内容全面、精练、力求新颖，实用性较强。通过本书的学习，学生能正确掌握实用的计算机组装与维护方法。该教材适合作为高职高专学校中各专业“计算机组装与维护”课程的教材，也可作为社会技术培训教材和广大计算机技术爱好者参考用书。

◆ 主　　编　谭卫泽
　副 主 编　容贤家　梁锦锐
　责任编辑　王　威
　责任印制　杨林杰

◆ 人民邮电出版社出版发行　　北京市丰台区成寿寺路 11 号
　邮编　100164　　电子邮件　315@ptpress.com.cn
　网址　http://www.ptpress.com.cn
　三河市中晟雅豪印务有限公司印刷

◆ 开本：787×1092　1/16
　印张：16.75　　　　2015 年 1 月第 3 版
　字数：439 千字　　　2018 年 2 月河北第 3 次印刷

定价：39.80 元

读者服务热线：(010) 81055256　印装质量热线：(010) 81055316
反盗版热线：(010) 81055315

第3版前言　PREFACE

《计算机组装与维护实用教程（第2版）》自2008年9月出版以来，受到了许多高职院校师生的欢迎。作者参考近几年的课程教学改革实践和广大读者的反馈意见，结合计算机新技术的发展，在保留原书特色的基础上，对教材进行了全面的修订。这次修订的主要工作如下。

- 对本书第2版的部分章节进行了完善，对存在的一些问题进行了校正。
- 从计算机的基本知识开始，介绍计算机的相关硬件设备，并介绍了最新的硬件技术和设备。软件部分增加了常用软件的介绍。
- 更新修订了 CPU、内存、硬盘的编号识别，新增移动硬盘、固态硬盘的介绍。网络接入设备方面，根据实际需求重点介绍网卡的分类和特点，以及宽带路由器的功能和特点。同时增加了平板电脑的介绍。
- 新增介绍了 Windows 7 操作系统、Linux 操作系统的安装过程。
- 详细介绍了 Windows 7 操作系统的启动优化、系统性能优化、磁盘维护、系统内存优化、系统安全等几方面系统环境的优化与安全维护方法。
- 更新了工具软件的使用，使之更实用。
- 更新了实训内容。实训内容分为计算机硬件的认识与组装、CMOS 参数与 BIOS 参数的设置、硬盘的分区与格式化、操作系统的安装、设备驱动程序的安装、系统环境的优化与安全、计算机系统的数据备份与恢复、注册表与组策略的使用与维护这8个实训题目。细化了实训内容，使实训项目更贴近实际工作过程。
- 更新了注册表、组策略的使用及维护内容，增加了应用实例。

修订后，本教材详细介绍了最新的计算机系统组成部件，包括主板、CPU、内存、显卡、外设、机箱和电源等，以及计算机的硬件系统、软件系统和设备基本性能参数；全面讲解了计算机的硬件选购组装与维护保养、BIOS 设置、系统性能优化、主流操作系统的安装调试、计算机维护的常见注意事项等。本教材从实用角度出发，以提高学生的专业素质为目的，在讲解基础理论知识的同时，注重培养实际动手操作能力，尤其注重与当今计算机技术发展的方向紧密结合，使学生能够及时、准确地掌握计算机的最新知识。本教材的参考学时为60学时，教师可适当安排实验课和课程实习实训。

本教材由南宁职业技术学院的谭卫泽担任主编，并编写了本书的第3章、第6章、第7章，以及第4章部分内容；容贤家、梁锦锐任副主编，梁锦锐编写第1章和第2章，容贤家编写第4章部分内容和第5章、第8章；梁锦锐副教授在百忙之中抽出时间对本书进行了审阅，在此表示衷心感谢。

由于编者水平有限，书中难免存在疏漏之处，敬请广大读者批评指正。

编者

2014年8月

目 录 CONTENTS

第1章 计算机的基本认识 1

第2章 主机设备 14

第3章 外部设备及笔记本电脑 60

第4章　计算机的组装　83

第5章　计算机的日常维护与检修　142

第6章　常用工具软件的安装与使用　178

PART 1

第1章 计算机的基本认识

计算机于1946年问世。它一诞生，就立即成为了先进生产力的代表。计算机是一种用于高速计算的电子计算机器，它既可以进行数值计算，又可以进行逻辑计算，还具有存储记忆功能，是能够按照程序运行，自动、高速处理海量数据的现代化智能电子设备。计算机的最大特点是运算速度快、计算精确度高、有逻辑判断能力、有自动控制能力。而随着计算机技术逐步向智能化方向发展，其应用也日益深入到社会的各个领域。

1.1 计算机硬件的基本认识

1.1.1 计算机的硬件系统结构

在计算机的硬件系统中，计算机以主板为连接中心，将各个部件有机地连接在一起，形成一套完整的系统。其中，在主机箱内，CPU和内存直接安装在主板上，硬盘、光盘驱动器通过数据电缆连接到主机板上，还有连接输入输出设备的适配卡安装在主板的扩展插槽上，此外还包含有电源组件。而键盘、鼠标、扫描仪、话筒等输入设备，显示器、打印机、绘图仪、扬声器等输出设备，则通过主板的I/O接口或者适配卡的接口直接或间接连接在主板上。

通常将构成计算机的硬件系统分为输入设备、输出设备、存储器、运算器和控制器五部分。

1．输入设备

输入设备用于将数据、程序、文字符号、图像、声音等信息输送到计算机中。常用的输入设备有键盘、鼠标、图像扫描仪等。

键盘是最常用也是最主要的输入设备，通过键盘，可以将英文字母、数字、标点符号等输入到计算机中，从而向计算机发出命令、输入数据等。使用鼠标是为了使计算机的操作更加简便，轻松的点击可以代替键盘繁琐的指令输入。

扫描仪是将各种图案转化成电子文档格式的一种设备。扫描仪的作用就是将图片、照片、胶片以及文稿资料等书面材料或实物的外观扫描后输入到计算机中，并形成文件保存起来。扫描仪已成为继键盘、鼠标之后的最主要的计算机输入设备。扫描仪的形式多种多样，按颜色划分有黑白扫描仪和彩色扫描仪；按扫描方式划分有手持扫描仪、平板扫描仪和滚筒扫描仪。

2．输出设备

输出设备用于将计算机的运算结果或者中间结果打印或显示出来。常用的输出设备有显示器、打印机、绘图仪等。

显示器是计算机必备的输出设备，它是一种将电子文件通过特定的传输设备显示到屏幕上再反射到人眼的显示工具。目前常用的显示器有液晶显示器和等离子显示器。

等离子显示屏（Plasma Display Panel，简称“等离子”）又称为等离子显示器。相比较其他显示器而言。等离子显示器更为光亮（照度在 1000 lx 或以上），可显示更多种颜色，也可制造出更大的面积，最大的等离子显示屏对角可达 381cm。等离子显示屏的对比度亦高，可制造出全黑效果，用来观看电影尤其适合。

液晶显示器（LCD）按使用范围可分为笔记本电脑（Notebook）LCD 和桌面电脑（Desktop）LCD。按照物理结构分，LCD 可分为无源矩阵显示器中的双扫描无源阵列显示器（DSTN–LCD），和有源矩阵显示器中的薄膜晶体管有源阵列显示器（TFT–LCD）。相比 DSTN–LCD 而言，TFT–LCD 屏幕反应速度快、对比度和亮度高、可视角度大、色彩丰富，是当前 Desk top LCD 和 Notebook LCD 的主流显示设备。

打印机用于将计算机的处理结果打印在纸上。打印机主要分为击打式打印机和非击打式打印机。非击打式打印机作为目前的主流打印机，它是用各种物理或化学的方法印刷字符的，如静电感应，电灼、热敏效应，激光等。其中激光打印机（Laser Printer）和喷墨式打印机（Inkjet Printer）是目前最流行的两种打印机，它们都是以点阵的形式组成字符和各种图形。激光打印机接收来自 CPU 的信息，然后进行激光扫描，将要输出的信息在磁鼓上形成静电潜像，并转换成磁信号，使碳粉吸附到纸上，加热定影后输出；喷墨式打印机是将墨水通过精制的喷头喷到纸面上形成字符和图形的。

绘图仪是一种可以按照人们要求自动绘制图形的输出设备。它可将计算机的输出信息以图形的形式输出。在绘图软件的支持下可绘制各种管理图表和统计图、大地测量图、建筑设计图、电路布线图、各种机械图与计算机辅助设计图等。

3．存储器

计算机将输入设备接收到的信息以二进制的数据形式存到存储器中。存储器有两种，分别叫做内存储器和外存储器。

（1）内存储器。

微型计算机的内存储器是由半导体器件构成的。从使用功能上分为随机存储器（RAM）和只读存储器（ROM）。

随机存储器又称读写存储器，其特点是：数据可以读出也可以写入。读出时并不损坏原来存储的内容，只有写入时才修改原来所存储的内容。断电后，存储内容立即消失，即具有易失性。

RAM 又分为动态（Dynamic）RAM 和静态（Static）RAM 两大类。DRAM 的特点是集成度高，主要用于大容量内存储器；SRAM 的特点是存取速度快，主要用于高速缓冲存储器。

只读存储器的特点是：只能读出原有的内容，不能由用户再写入新内容。原来存储的内容是采用掩膜技术由厂家一次性写入的，并永久保存下来。它一般用来存放专用的固定的程序和数据。存储内容不会因断电而丢失。

CMOS 存储器（Complementary Metal Oxide Semiconductor Memory，互补金属氧化物半导体内存）是一种只需要极少电量就能存放数据的芯片。由于耗能极低，CMOS 内存可以由集成到主板上的一个小电池供电。这种电池在计算机通电时还能自动充电。因为 CMOS 芯片可以持续获得电量，所以即使在关机后，他也能保存有关计算机系统配置的重要数据。

（2）外存储器。

外部存储器又称辅助存储器。主要指各种驱动器磁盘。如光盘、硬盘、U 盘等。外存储器用来存放当前不需要立即使用的信息。与内存储器相比，其缺点是速度慢；优点是存储容量大，可以不需要电力来维持，能长期保存信息，因此方便携带。

4．运算器

运算器又称算术逻辑单元。它是完成计算机对各种算术运算和逻辑运算的装置，能进行加、减、乘、除等数学运算，也能做比较、判断、查找、逻辑运算等。

运算器由算术逻辑单元（ALU）、累加器、状态寄存器、通用寄存器组等组成。算术逻辑运算单元的基本功能为加、减、乘、除四则运算，与、或、非、异或等逻辑操作，以及移位、求补等操作。计算机运行时，运算器的操作和操作种类由控制器决定。运算器处理的数据来自存储器；处理后的结果数据通常送回存储器，或暂时寄存在运算器中。

5．控制器

控制器是指挥和控制计算机其他各部分工作的中心，其工作如同人的大脑指挥和控制人的各器官一样。控制器是计算机的指挥中心，负责决定执行程序的顺序，给出执行指令时机器各部件需要的操作控制命令。它是发布命令的“决策机构”，即完成协调和指挥整个计算机系统的操作。控制器由程序计数器、指令寄存器、指令译码器、时序产生器和操作控制器组成，主要功能是从内存中取出一条指令，并指出下一条指令在内存中的位置，对指令进行译码或测试，并产生相应的操作控制信号，以便启动规定的动作；指挥并控制 CPU、内存和输入/输出设备之间数据流动的方向。控制器根据事先给定的命令发出控制信息，使整个计算机按指令执行，是计算机的神经中枢。

1.1.2 计算机硬件的基本组成

1．主板、CPU、内存

主板（如图 1.1 所示）是电脑中各个部件工作的一个平台，它把计算机的各个部件紧密连接在一起，各个部件通过主板进行数据传输。计算机重要的“交通枢纽”都在主板上，它工作的稳定性影响着整机工作的稳定性。主板上有 CPU、CPU 插座、存储器以及一些辅助电路芯片。通常主板有 6～8 个扩展槽，提供用于外设控制卡（适配器）的接插。

图 1.1 主板

CPU（如图 1.2 所示）是一台计算机的运算核心和控制核心，它决定了一台计算机的性能。CPU 的功能主要是解释计算机指令以及处理计算机软件中的数据。CPU 由运算器、控制器、寄存器、高速缓存，及实现它们之间联系的数据、控制及状态的总线构成。作为整个系统的核心，CPU 也是整个系统最高的执行单元，因此 CPU 已成为决定电脑性能的核心部件，很多用户都以它为标准来判断计算机的档次。

图 1.2 CPU

内存（如图 1.3 所示）又叫内部存储器或者是随机存储器，其容量与性能是衡量计算机整体性能的一个决定因素。内存是相对于外存而言的，我们平常使用的程序一般都是安装在硬盘等外存上的，必须把它们调入内存中运行，才能真正使用其功能。我们平时输入一段文字，或玩一个游戏，其实都是在内存中进行的。通常把要永久保存的、大量的数据存储在外部存储器上，而把一些临时的或少量的数据和程序放在内存上。内存有 DDR、DDR II、DDR III 三大类。

图 1.3 内存

2．硬盘驱动器、光盘驱动器

硬盘（如图 1.4 所示）属于外部存储器。机械硬盘由金属磁片制成，且磁片有记忆功能，所以储存在硬盘上的数据不论在开机时还是关机后都不会丢失。目前硬盘容量已达 TB 级，尺寸有 3.5、2.5、1.8、1.0 英寸等，接口有 IDE、SATA、SCSI 等，其中 SATA 最普遍。移动硬盘是以硬盘为存储介质，具有便携性的存储产品。目前市场上绝大多数的移动硬盘都是以标准硬盘为基础的，而只有很少部分的是以微型硬盘（1.8 英寸硬盘等）为基础的。移动硬盘多采用 USB、IEEE 1394 等传输速率较快的接口，可以用较高的速度与系统进行数据传输。固态硬盘是用固态电子存储芯片阵列制成的硬盘，由控制单元和存储单元（FLASH 芯片）组成。固态硬盘在产品外形和尺寸上也完全与普通硬盘一致，但固态硬盘比机械硬盘速度更快。

图 1.4　硬盘

光驱（如图 1.5 所示）是用来读写光碟内容的机器，也是在台式机和笔记本便携式电脑里比较常见的一个部件。随着多媒体的应用越来越广泛，光驱在计算机诸多配件中已经成为标准配置。目前，光驱可分为 CD-ROM 光驱、DVD-ROM 光驱、康宝（COMBO）和刻录机等。读写的能力和速度也日益提升。

图 1.5　光驱

3．声卡、显卡、网卡

声卡（如图 1.6 所示）作为计算机必不可少的一个硬件设备，其作用是当计算机发出播放指令后，声卡可以将计算机中的声音数字信号转换成模拟信号送到音箱上发出声音。

图 1.6　声卡

显卡（如图 1.7 所示）的作用是将计算机系统所需要的显示信息进行转换驱动。显卡在工作时与显示器配合输出图形、文字，并向显示器提供行扫描信号，控制显示器的正确显示。显卡是连接显示器和个人电脑主板的重要元件。

图 1.7　显卡

网卡（如图 1.8 所示）是工作在数据链路层的网络组件，是局域网中连接计算机和传输介质的接口，不仅能实现与局域网传输介质之间的物理连接和电信号匹配，还涉及帧的发送与接收、帧的封装与拆封、介质访问控制、数据的编码与解码、数据缓存等功能。网卡是电脑与网线之间的“桥梁”，它是用来建立局域网并连接到 Internet 的重要设备之一。

在整合型主板中常把声卡、显卡、网卡部分或全部集成在主板上。

图 1.8　网卡

4．显示器、键盘、鼠标

显示器（如图 1.9 所示）的作用是把计算机处理的结果显示出来，是计算机的输出设备。显示器分为 CRT（阴极射线管）显示器、LCD（液晶显示器）、PDP（等离子体显示器）等。

CRT 显示器是一种使用阴极射线管（Cathode Ray Tube）的显示器，CRT 纯平显示器具有可视角度大、无坏点、色彩还原度高、色度均匀、可调节的多分辨率模式、响应时间极短等 LCD 难以超越的优点，而且现在的 CRT 显示器价格要比 LCD 便宜不少。

图 1.9　显示器

液晶显示器采用的液晶显示屏全是由不同部分组成的分层结构。液晶显示器由两块厚约 1mm 的板构成，其间由 5μm 的液晶材料均匀间隔隔开。因为液晶材料本身并不发光，所以在显示屏下边都设有作为光源的灯管，而在液晶显示器屏背面有一块背光板（或称匀光板）和反光膜，背光板是由荧光物质组成，可以发射光线，其作用主要是提供均匀的背光源。

等离子体显示器是所有利用气体放电而发光的平板显示器的总称。一般实用化的彩色交流型 PDP 是三电极表面放电型，用两片配置了电极的玻璃基板，在其周围采用密封构造。在显示屏内充有氙（Xe）、氖（Ne）、氦（He）等混合气体。显示屏由排列成矩阵型的像素构成，各像素由红绿蓝三基色的子像素构成。接口有 VGA、DVI 两类。

键盘和鼠标是向计算机输入数据和信息的输入设备，是计算机与用户或其他设备通信的桥梁。键盘（如图 1.10 所示）是用于操作设备运行的一种指令和数据输入装置。键盘是主要的人工学输入设备，通常为 104 键或 105 键，用于把文字、数字等输到计算机上。目前市面上常见的键盘接口有两种：PS/2 接口以及 USB 接口。

图 1.10 键盘

鼠标（如图 1.11 所示）分有线鼠标和无线鼠标两种，接口也有 PS/2 和 USB 两种。随着人们对办公环境和操作便捷性的要求日益增高，无线技术根据不同的用途和频段被分为不同的类别，其中包括蓝牙、Wi-Fi（IEEE 802.11）、Infrared（IrDA）、ZigBee（IEEE 802.15.4）等多个无线技术标准。但对于当前主流无线鼠标而言，仅有 27MHz、2.4GHz 和蓝牙无线鼠标三类。

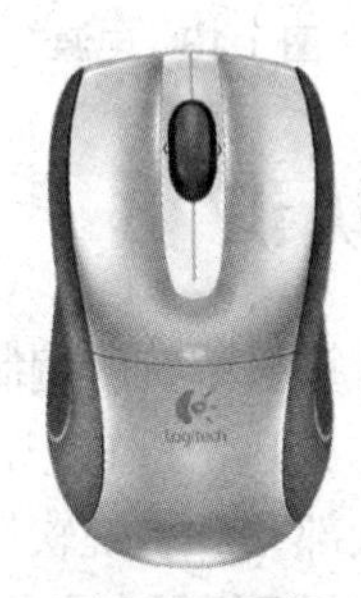

图 1.11 鼠标

5. 机箱和电源

机箱（如图 1.12 所示）主要给计算机的主要部件提供安装空间，并通过机箱内部的支撑、支架、螺丝、卡子等连接件，将零配件固定在机箱内部。机箱的外壳起着保护板卡、电源、存储设备的作用，同时它还能防压、防冲击、防尘、防电磁干扰。

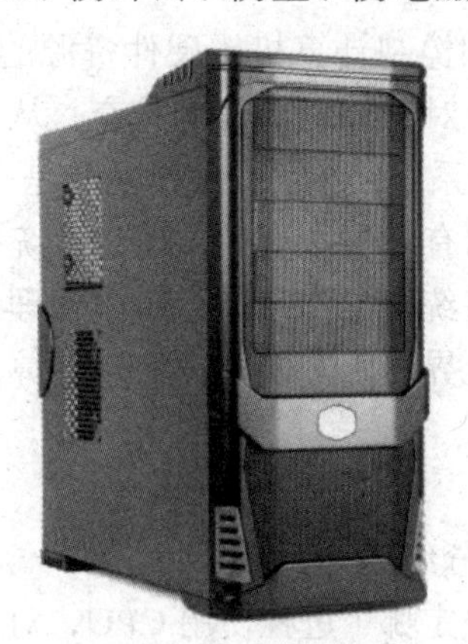

图 1.12 机箱

电源（如图 1.13 所示）是计算机中的供电设备，它的作用是将 220V 交流电转换为电脑中使用的 5V、12V、3.3V 直流电，其性能的好坏直接影响到其他设备工作的稳定性，进而会影响整机的稳定性。计算机电源从 AT 电源发展到 ATX 电源和 Micro ATX 电源。随着 ATX 电源的普及，AT 电源如今已经渐渐淡出市场。Micro ATX 是 Intel 在 ATX 电源之后推出的标准，主要目的是降低成本。其与 ATX 的显著区别是体积和功率减小了。ATX 的体积是 150mm×140mm×86mm，Micro ATX 的体积是 125mm×100mm×63.51mm；ATX 的功率在 220W

左右，Micro ATX 的功率是 90W～145W。手提电脑中还自带锂电池，便于在无交流电的情况下，为手提电脑提供有效电源。

图 1.13　电源

1.2　计算机软件的基本认识

软件是指为了运行、管理和维护计算机系统所编制的各种程序的总和。一般来说，软件是计算机应用的灵魂。一个计算机系统要正常工作、充分发挥其功能，必须配备完善的软件。软件一般分为系统软件和应用软件两大部分。系统软件是和硬件关系最密切的软件，与硬件组合在一起提供运行平台；而应用软件在运行平台上构成应用平台，供用户完成具体的任务。也有人将软件系统划分为三个部分，即将设计语言类、系统工具类和具有编辑服务功能的软件列为独立的一类，称为支持性软件，并构成一个开发平台。

1.2.1　计算机系统软件

1．计算机系统软件的特点

操作系统是方便用户管理和控制计算机软硬件资源的系统软件（或程序集合）。从用户角度看，操作系统可以看成是对计算机硬件的扩充；从人机交互方式来看，操作系统是用户与机器的接口；从计算机的系统结构看，操作系统是一种层次、模块结构的程序集合，属于有序分层法，是无序模块的有序层次调用。操作系统在设计方面体现了计算机技术和管理技术的结合，它在计算机系统中的作用是：对内管理计算机系统的各种资源，扩充硬件的功能；对外提供良好的人机界面，方便用户使用计算机。它在整个计算机系统中具有承上启下的地位。

2．计算机操作系统的组成

通常操作系统由以下几个部分组成。

① 进程调度子系统：负责决定哪个进程使用 CPU，对进程进行调度、管理。

② 进程间通信子系统：负责各个进程之间的通信。

③ 内存管理子系统：负责管理计算机内存。

④ 设备管理子系统：负责管理各种计算机外设，主要由设备驱动程序构成。

⑤ 文件子系统：负责管理磁盘上的各种文件、目录。

⑥ 网络子系统：负责处理各种与网络有关的东西。

1.2.2 计算机应用软件

1．计算机应用软件的特点

计算机应用软件是用户可以使用的各种程序设计语言，以及用各种程序设计语言编制的专门为实现某一应用目的而编制的软件，满足用户不同领域、不同问题的应用的需求。

文字处理软件用于输入、存储、修改、编辑、打印文字材料等，例如 Word、WPS 等。信息管理软件用于输入、存储、修改、检索各种信息，例如工资管理软件、人事管理软件、仓库管理软件、计划管理软件等。这种软件发展到一定水平后，各个单项的软件相互联系起来，计算机和管理人员可以组成一个和谐的整体，各种信息在其中合理地流动，形成一个完整、高效的管理信息系统，简称 MIS。辅助设计软件用于高效地绘制、修改工程图纸，进行设计中的常规计算。实时控制软件用于随时搜集生产装置、飞行器等的运行状态信息，以此为依据按预定的方案实施自动或半自动控制，安全、准确地完成任务。

2．常见计算机应用软件分类

办公软件：微软 Office、WPS。

图象处理：Adobe Photoshop、会声会影。

媒体播放器：PowerDVD、Real Player、Windows Media Player、暴风影音（MyMPC）、千千静听。

媒体编辑器：会声会影、声音处理软件 cool2.1、视频解码器 ffdshow。

媒体格式转换器：Moyea FLV to Video Converter Pro（FLV 转换器）、Total Video Converter、Win AVI Video Converter、Win MPG Video Convert、Win MPG IPod Convert、Real Media Editor（rmvb 编辑）、格式化工厂。

图像浏览工具：ACDSee。

截图工具：EPSnap、HyperSnap。

图像／动画编辑工具：Flash、Adobe Photoshop、GIF Movie Gear（动态图片处理工具）、Picasa、光影魔术手。

通信工具：QQ、MSN、IPMsg（飞鸽传书，局域网传输工具）、百度 hi，飞信。

编程／程序开发软件：Java:JDK、JCreatorPro（JavaIDE 工具）、Eclipse、JDoc。

汇编：Visual ASM、Masm for Windows 集成实验环境、RadASM、Microsoft Visual Studio 2005、SQL 2005、私服网页开发系统（代码大全）、网页开发系统。

翻译软件：金山词霸 PowerWord、MagicWin（多语种中文系统）、SYSTran。

防火墙和杀毒软件：ZoneAlarmpro、金山毒霸、卡巴斯基、江民、瑞星、诺顿、奇虎 360 安全卫士。

阅读器：Caj Viewer、Adobe Reader、Pdf Factory Pro（可安装虚拟打印机，可以自己制作 PDF 文件）。

中文输入法：紫光输入法、智能 ABC、五笔、QQ 拼音、搜狗。

网络电视：Power Player、PPLive、PPMate、PPNtv、PPStream、QQLive、UUSee。

系统优化／保护工具：Windows 清理助手 ArSwp、Windows 优化大师、超级兔子、奇虎 360 安全卫士、数据恢复文件 Easy RecoveryPro、影子系统、硬件检测工具 Everest、MaxDOS（DOS 系统）、GHOST。

下载软件：Thunder、WebThunder、BitComet、eMule、FlashGet。

其他软件：WINRAR 压缩软件、DAEMON Tools 虚拟光驱、MathType（在编辑 Word 文档时可输入众多数学符号）、UltraEdit 文本编辑器、Google Earth Win（可以观看全地球）、ChmDecompiler（Chm 电子书批量反编译器）、PeanutHull（花生壳客户端，用来建设网站）

1.3 了解计算机外围设备

计算机外围设备是为计算机和其他机器设备之间，以及计算机与用户之间提供联系的设备。其作用是将外界的信息输入计算机；取出计算机要输出的信息；存储需要保存的信息；编辑整理外界信息以便输入计算机。

常见的计算机外围设备主要分为输入设备和输出设备。

输入设备是用户和计算机系统之间进行信息交换的主要装置之一。图形、图像、声音等都可以通过不同类型的输入设备输入到计算机中，进行存储、处理和输出。常见的输入设备有触摸屏、数字转换器、游戏手柄、光笔、数码相机、数字摄像机、图像扫描仪、传真机、条形码阅读器、语音输入设备等。

触摸屏（如图 1.14 所示）是一种覆盖了一层塑料的特殊显示屏，在塑料层后是互相交叉不可见的红外光束。用户通过手指触摸显示屏来选择菜单项。触摸屏的特点是容易使用。例如自动柜员机、信息中心、饭店、百货商场等场合均可看到触摸屏的使用。

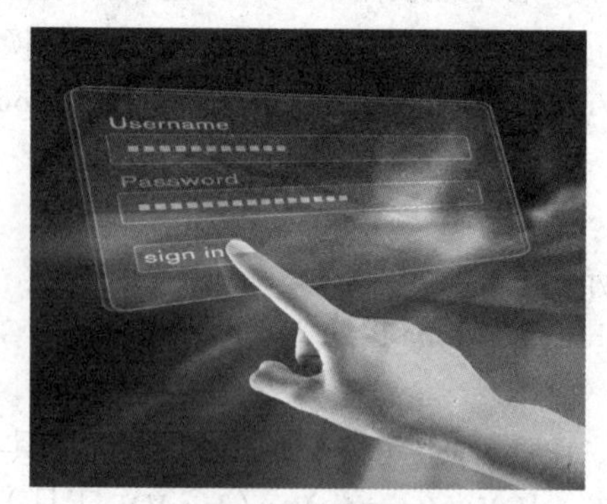

图 1.14　触摸屏

数码相机（如图 1.15 所示）是一种利用电子传感器把光学影像转换成电子数据的照相机。与普通照相机在胶卷上靠溴化银的化学变化来记录图像的原理不同，数字相机的传感器是一种光感应式的电荷耦合器件，即互补金属氧化物半导体（CMOS）。

图 1.15　数码相机

除此之外的输入设备，还有游戏手柄（如图 1.16 所示）、光笔（如图 1.17 所示）、数字摄像机（如图 1.18 所示）、图像扫描仪（如图 1.19 所示）、条形码阅读器（如图 1.20 所示）等。

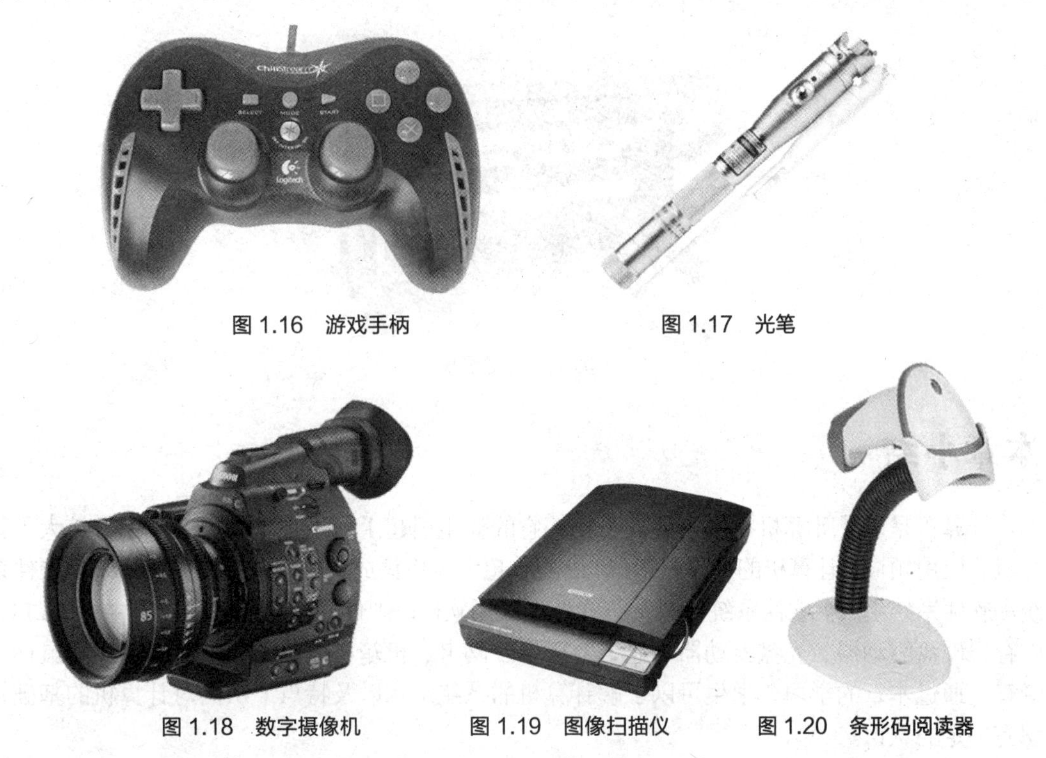

图 1.16 游戏手柄　　图 1.17 光笔

图 1.18 数字摄像机　　图 1.19 图像扫描仪　　图 1.20 条形码阅读器

输出设备是把各种计算结果数据或信息以数字、字符、图像、声音等形式表示出来，用于数据的输出。常见的输出设备有打印机、绘图仪、影像输出系统、语音输出系统、磁记录设备等。

打印机（如图 1.21 所示）用于将计算机处理结果打印在相关介质上。打印机的种类很多，除了第 1.1.1 小节讲过的按打印元件对纸是否有击打动作，可分为击打式打印机与非击打式打印机之外，还可以按打印字符结构，分为全形字打印机和点阵字符打印机；按一行字在纸上形成的方式，分为串式打印机与行式打印机；按所采用的技术，分为柱形、球形、喷墨式、热敏式、激光式、静电式、磁式、发光二极管式等打印机。

图 1.21 打印机

绘图仪（如图 1.22 所示）是能按照人们的要求自动绘制图形的设备。它可将计算机的输出信息以图形的形式输出。主要可绘制各种管理图表和统计图、大地测量图、建筑设计图、电路布线图、各种机械图与计算机辅助设计图等。最常用的是 X-Y 绘图仪。

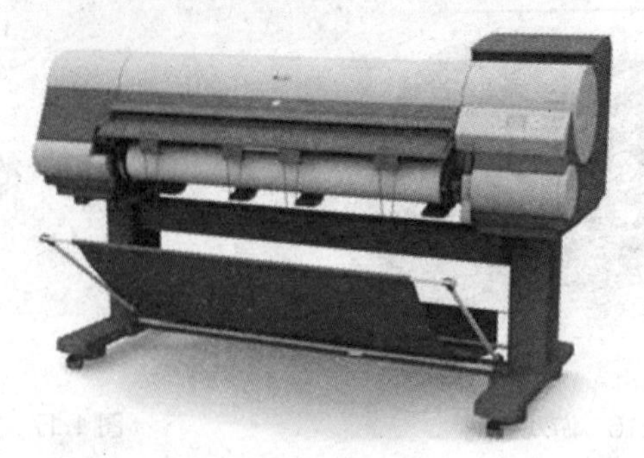

图 1.22 绘图仪

本章小结

计算机是电子计算机技术发展的产物，它的诞生引起了信息技术领域的革命，扩大了计算机的应用领域。计算机的特点是 CPU 由一块超大规模集成电路组成。计算机系统由硬件系统和软件系统组成。软件系统包括系统软件和应用软件。硬件的基本组成主要有主板、CPU、内存、硬盘驱动器、光盘驱动器、显卡、声卡、网卡、机箱和电源、显示器、键盘和鼠标、音箱。通过本章的学习，学生可以了解计算机的系统结构以及特点，从而对计算机的基础知识有一定的认识。

习题一

1．填空题

（1）计算机系统由硬件系统和______两大部分组成。

（2）计算机主要有台式计算机和______两种结构形式。

（3）CPU 在计算机中起着最重要的作用，是计算机系统的控制中心，对各部件进行______。

（4）键盘和鼠标是计算机的______设备。

（5）绘图仪是计算机的______设备。

2．选择题

（1）(　　) 负责将 CPU 送来的影像数据处理成显示器可以接收的信号，再送到显示器形成图像。

A. 显卡　　B. 声卡　　C. 网卡　　D. 硬盘

（2）(　　) 是计算机系统中最主要的输出设备，是一种将电信号设备转换为可见光信号的设备。

A. 键盘　　B. 显示器　　C. 鼠标　　D. 光驱

（3）(　　) 主要用于计算机发音或播放音乐，是一种声音还原设备，它将电信号还原为声音信号，再发出声音。

A. 光盘　　B. 硬盘　　C. 音箱　　D. 网卡

（4）（　　）是实现声波与数字信号相互转换的硬件电路。

A. 网卡　　B. 显卡　　C. 音箱　　D. 声卡

（5）（　　）是计算机的动力核心，它负责向计算机中所有的部件提供电源。

A. CPU　　B. 主板　　C. 电源　　D. 显示器

3. 简答题

（1）计算机系统由哪些部分组成？

（2）计算机的结构形式有哪几种？

（3）计算机的硬件组成包括哪些？

PART 2

第2章 主机设备

本章将通过对CPU、主板、存储设备、显卡、声卡、网络接入设备等主机设备的介绍，让大家了解各设备在主机中的作用，每个设备性能的技术参数，使大家掌握计算机硬件的基础知识，学会选购和组装计算机。

2.1 中央处理器

众所周知，人的一切思考行为都是由大脑控制的，大脑是人体最重要的组成器官。对于计算机而言，它的中央处理器（CPU）就相当于计算机的大脑，可见CPU对于计算机的重要性。所以，我们首先介绍PC的核心——CPU。

2.1.1 CPU简介

CPU的英文全称是Central Processing Unit，我们翻译成中文也就是中央处理器。CPU从雏形出现到发展壮大的今天，由于制造技术越来越先进，在其中所集成的电子元件也越来越多，上万个，甚至是上百万个微型的晶体管构成了CPU的内部结构。CPU的内部结构可分为控制单元、逻辑单元和存储单元三大部分。而CPU的工作原理就像一个工厂对产品的加工过程：进入工厂的原料（指令），经过物资分配部门（控制单元）的调度分配，被送往生产线（逻辑运算单元），生产出成品（处理后的数据）后，再存储在仓库（存储器）中，最后等着拿到市场上去卖（交由应用程序使用）。

1. 双核处理器

核心（Die）又称为内核，是CPU最重要的组成部分。双核处理器是指在一个处理器上集成两个运算核心，从而提高计算能力。“双核”的概念最早是由IBM、HP、Sun等支持RISC架构的高端服务器厂商提出的，主要是指基于X86开放架构的双核技术。在这方面，起领导地位的厂商主要有AMD和Intel两家。而两家的思路又有不同。AMD从一开始设计时就考虑到了对多核心的支持，所有组件都直接连接到CPU，消除系统架构方面的挑战和瓶颈。两个处理器核心直接连接到同一个内核上，核心之间以芯片间传输速度进行通信，进一步降低了处理器之间的延迟。而Intel采用多个核心共享前端总线的方式。专家认为，AMD的架构更容易实现双核乃至多核，Intel的架构会遇到多个内核争用总线资源的瓶颈问题。

2. 64位技术

这里的64位技术是相对于32位而言的，也就是说处理器一次可以运行64bit数据。64bit计算主要有两大优点：可以进行更大范围的整数运算；可以支持更大的内存。

在64位处理器方面，Intel和AMD两大处理器厂商都发布了多个系列多种规格的64位处理器，目前主流CPU使用的64位技术主要有AMD公司的AMD 64位技术、Intel公司的EM64T技术和IA-64技术。其中IA-64是Intel独立开发，不兼容现在的传统的32位计算机，仅用于Itanium（安腾）以及后续产品Itanium 2，一般用户不会涉及，因此这里仅对AMD 64位技术和Intel的EM64T技术做简单介绍。

（1）AMD 64位技术。

AMD 64位技术是在原始32位X86指令集的基础上加入了X86-64扩展64位X86指令集，使这款芯片在硬件上兼容原来的32位X86软件，并同时支持X86-64的扩展64位计算，使得这款芯片成为真正的64位X86芯片。

X86-64新增的几组CPU寄存器将提供更快的执行效率。寄存器是CPU内部用来创建和储存CPU运算结果和其他运算结果的地方。标准的32bit x 86架构包括8个通用寄存器（GPR），AMD在X86-64中又增加了8组（R8-R9），将寄存器的数目提高到了16组。X86-64寄存器默认为64bit，但同时增加了8组128bit XMM寄存器（也叫SSE寄存器，XMM8-XMM15），能给单指令多数据流技术（SIMD）运算提供更多的空间。按照X86-64标准生产的CPU可以更有效地处理数据，可以在一个时钟周期中传输更多的信息。

（2）EM64T技术。

EM64T全称为Extended Memory 64 Technology，即扩展64bit内存技术。EM64T是Intel IA-32架构的扩展，即IA-32e（Intel Architectur-32 extension）。IA-32处理器通过附加EM64T技术，便可在兼容IA-32软件的情况下，允许软件利用更多的内存地址空间，并且允许软件进行32bit线性地址写入。EM64T特别强调的是对32bit和64bit的兼容性。Intel为新核心增加了8个64bit GPR（R8-R15），并且把原有的GPR全部扩展为64bit，这样可以提高整数运算能力。增加8个128bit SSE寄存器（XMM8-XMM15），是为了增强多媒体性能，包括对SSE、SSE2和SSE3的支持。

Intel为支持EM64T技术的处理器设计了两大模式：传统IA-32模式（legacy IA-32 mode）和IA-32e扩展模式（IA-32e mode）。

3. 四核处理器

四核处理器即是基于单个半导体的一个处理器上拥有4个一样功能的处理器核心。换句话说，将4个物理处理器核心整合入一个核中。但实际上Intel是将两个Conroe双核处理器封装在一起，这样可以提高处理器成品率，因为如果四核处理器中如果有任何一个有缺陷，都能够让整个处理器报废。Core 2 Extreme QX6700在WindowsXP系统下被视作4颗CPU，但是分属两组核心的两颗4MB的二级缓存并不能够直接互访，影响执行效率。Core 2 Extreme QX6700功耗130W，在多任务及多媒体应用中性能提升显著，但是尚缺乏足够的应用软件。

Intel于2005年5月发布了全球第一款桌面级双核处理器Pentium D，对双核电脑的普及贡献很大。2006年7月，酷睿2处理器发布，以高性能低功耗再度问鼎桌面双核处理器之巅。在2006年，AMD推出了AM2平台，迅速地完成了与前代产品的替换。而Intel在两个月后，将Conroe推向了市场。2006年11月12日，Intel推出全新的四核心处理器——Kentsfield。从双核到四核，Intel用了仅仅不到半年时间，让人感到非常意外。

Conroe 核心来源于 PIII 的 P6 架构，结合了 Netburst 优点。特点是大缓存、短流水线、低功耗、低漏电、高性能。Intel 宣称可将功耗降低 40%的同时性能提升 40%，这点已得到许多评测的证实。

Kentsfield 依然基于 Core 微架构，拥有包括 Wide Dynamic Execution（宽区动态执行技术）、Intelligent Power Capability（智能功率管理能力）、Advanced Smart Cache（高级智能高速缓存）、Smart Memory Access（智能内存访问技术）以及 Advanced Digital Media Boost（高级数字媒体增强技术）在内的 5 项创新技术，支持 Intel 的 VT 虚拟技术、EMT64 和防病毒技术等，不支持超线程。

2.1.2 CPU 的性能参数

CPU 是决定微机运行速度的最重要的部件，CPU 的配置基本上能反映出微机配置的基本性能。CPU 的性能参数非常重要，它使用户在配置微机过程当中能有一个正确的选择。

1. CPU 的主频、外频、倍频

主频也叫时钟频率，简单地说也就是 CPU 的工作频率（一秒内发生的同步脉冲数），单位是 MHz，用来表示 CPU 的运算速度。

外频是 CPU 的基准频率，单位也是 MHz。外频是 CPU 与主板之间同步运行的速度，而且目前的绝大部分微机系统中外频也是内存与主板之间的同步运行的速度。在这种方式下，可以理解为 CPU 的外频直接与内存相连通，实现两者间的同步运行状态。

倍频技术能使 CPU 内部工作频率变为外部频率的倍数，从而通过提升倍频而达到提升主频的目的。

主频、外频、倍频的关系为：主频=外频 × 倍频。

2. 前端总线（FSB）频率

总线是多个部件间的公共连线，用于在各个部件之间传输信息。人们常常以 MHz 为单位表示的速度来描述总线频率。前端总线是将 CPU 连接到北桥芯片的总线，计算机的前端总线频率是由 CPU 和北桥芯片共同决定的。

CPU 通过前端总线连接到北桥芯片，进而通过北桥芯片和内存、显卡交换数据。前端总线是 CPU 和外界交换数据的最主要通道，因此前端总线的数据传输能力对计算机整体性能作用很大。

3. 缓存

缓存英文名为 Cache。目前 CPU 的缓存已经成为衡量 CPU 性能的一个必要指标，CPU 缓存的作用是为 CPU 和内存在进行数据交换时提供一个高速的数据缓冲区。

（1）L1 高速缓存（一级高速缓存，L1 Cache）。

CPU 内置的 L1 高速缓存用于暂存部分数据和指令，是与 CPU 完全同步运行的存储器，其容量和结构对 CPU 的性能影响较大。

（2）L2 高速缓存（二级高速缓存，L2 Cache）。

L2 高速缓存的容量和频率对 CPU 的性能影响也较大。它的作用是协调 CPU 运算速度与内存存取速度之间的差异。

4. 超线程技术

超线程技术是在一个 CPU 中同时执行多个程序，而共同分享一个 CPU 内的资源。采用超线程技术，应用程序可在同一时间里使用芯片的不同部分。虽然单线程芯片每秒钟能够处

理成千上万条指令，但是在任一时刻只能够对一条指令进行操作；而超线程技术可使芯片同时进行多线程处理，使芯片性能得到提升。

5．制造工艺

通常所说的 CPU 的“制造工艺”，指的是在生产 CPU 过程中，进行加工各种电路和电子元件、制造导线连接各个元器件的工艺水平。通常，其生产的精度以微米为单位，通常看到的有“0.35μm”“0.25μm”“0.18μm”“0.13μm”。精度越高，表明 CPU 生产工艺越先进。在同样的材料中可以制造更多的电子元件，连接线也越细，提高了 CPU 的集成度，CPU 的功耗也越小。

6．指令集

CPU 依靠指令来计算和控制系统，每款 CPU 在设计时就规定了一系列与其硬件电路相配合的指令系统。指令的强弱也是 CPU 的重要指标，指令集是提高微处理器效率的最有效工具之一。如 Intel 公司的 MMX（Multi Media Extended，多媒体扩展指令集）有 57 条指令，SSE（Streaming-Single instruction multiple data-Extensions，数据流单指令扩展）有 71 条指令，SSE 2 有 144 条指令，AMD 的 3DNow!有 27 条指令，分别增强了 CPU 的多媒体、图形图像和 Internet 等的处理能力。通常把 CPU 的扩展指令集称为“CPU 的指令集”。

2.1.3　CPU 编码的识别

在我们购买 CPU 时，经常能看到 CPU 的序列号编码，虽然这些数字与字母的组合有些晦涩难懂，但是它往往内置了 CPU 规格等重要信息。CPU 序列号不仅拥有着诸如核心数等信息，还内置有生产日期以及产地等保修信息，对于维修更换起着重要作用。在购买 CPU 时最需要注意的是处理器型号等信息。Intel/AMD 在处理器顶盖上都刻有处理器型号与序列号编码等信息，通过解读能够了解很多 CPU 的信息。

1．IntelCPU 编码识别

Intel 处理器在顶盖印有处理器型号、主频以及 S-Spec 编码，其中型号以及主频十分容易辨认。图 2.1 所示是一款酷睿 i3 3220 处理器，通过这款处理器的编码我们可以了解酷睿 i3 3220 这款处理器的基本信息。

图 2.1　酷睿 i3 3220 处理器顶盖编码

① 顶盖编码第二行，主要标注的是处理器的型号。

Intel 与 Core 表明的是生产厂商为 Intel，产品系列为 Core 系列；

i3-3220 则表明了该处理器的型号为酷睿 i3 3220；

TM 标识等为注册商标信息。

② 顶盖编码第三行，主要标识的是处理器主频。

3.30GHz 表明了这款酷睿 i3 3220 处理器的默认主频为 3.3GHz。而在 3.30GHz 前边的引文与数字的排列组合，即 SR0RG，这就是 S-Spec 编码。S-Spec 编码的一个作用就是可以通过网络查询这款处理器的主频、缓存、前端总线等信息。尤其是在购买盒装处理器时，CPU 包装盒贴纸标识了 S-Spec 码（见图 2.2），只有两个编码完全相同才代表了你买到的处理器并非假货。

③ 顶盖编码第四行，主要标识的是 CPU 封装产地。

图 2.2　S-Spec 编码在包装盒上的标识

MALAY，代表了该处理器是在马来西亚进行封装。Intel 在马来西亚、哥斯达黎加、中国的 CPU 封装厂分别标识为 MALAY、COSTA RICA、CHINA。

④ 顶盖编码最后一行，为一组字母与数字结合的文字链，它起到一个非常重要的作用——保修。由于 Intel 禁止合作商与个人通过非法途径销售 CPU 产品，并通过该组代码进行监控，购买非法渠道的处理器是无法获得 Intel 提供的质保服务的。

2．AMD CPU 编码识别

AMD 处理器顶盖编码采用的是另一套标识方法，通过 OPN 代码来体现处理器规格等信息。如图 2.3 所示为 AMD A8-5600 处理器。

① 在顶盖的第一行，主要是用来表示 CPU 产品系列。比如说下面的 A8 5600K 处理器，它的顶盖第一行则标识了 AMD A8-5600 Series，这代表了该处理器属于 AMD A8-5600 系列。

图 2.3　AMD A8-5600 处理器

② 第二行编码中，AD560KW0A44HJ 代表了处理器名称以及规格等信息。

其中 560K 代表的是该款处理器的型号是 A8 5600K，A 则代表了产品系列的首字母，比如 A 是 APU 与 Athlon 的缩写，而 FX 系列则使用 F 进行标识。在该段编码的倒数第四个数字，则代表了处理器的核心数，2 代表双核、4 代表四核、8 代表八核。

③ 第三行编码的最主要用途在于标示处理器的生产周期。AMD 与 Intel 在生产处理器

时使用的是周期标示法，即××年××周生产，而不是使用日期标示法。处理器第三行编码为“GA 1203PGT”，这代表了这款处理器是在 2012 年第三周生产的。

④ 第四行编码则是 AMD 核心的流水号定义，对于用户来说并没有什么用处，可能只是在保修时才有用。而在顶盖最下方的标注说明了制造产地，图中这款处理器生产于马来西亚（MALAYSIA）。

2.1.4 CPU 的选购

选购 CPU 要注意以下四个方面。

一、根据应用选择处理器。AMD 公司和 Intel 公司的处理器相比较，AMD 在三维制作、游戏应用和视频处理方面表现突出，Intel 的处理器在商业应用、多媒体应用、平面设计方面有优势；性能方面，同档次的，Intel 公司的整体比 AMD 公司的有优势；价格方面，AMD 公司的肯定便宜。

二、选择散装还是盒装。散装和盒装没有本质区别，质量上是一样的，主要差别是质保时间的长短以及是否带散热风扇，通常盒装 CPU 保修期要长一些，一般为三年，散装的 CPU 质保时间一般是一年，不带风扇。

三、购买时机。新 CPU 价格比较贵，可以选择上市一年到半年的 CPU，技术也比较成熟。

四、预防买到假的 CPU。以 Intel 公司的 CPU 为例。首先看封装线，正品盒装的 Intel CPU 的塑料封纸的封装线不在盒右侧条形码处。其次看水印，Intel 公司在处理器包装盒上包裹的塑料薄膜使用了特殊的印制工艺，薄膜上“inteLcorporation”的水印文字很牢固，刮不下来的，假盒装处理器上的水印能搓下来。同时还要看激光标签，正品盒装处理器外壳左侧的激光标签处采用了四重着色技术，层次丰富，字迹清晰，盒装标签上有一串很长的编码，可以拨打 Intel 公司的查询热线 800-820-1100 查询真伪。

2.2 主　　板

主板（Mainboard）是计算机系统中最大的一块电路板，是用来承载计算机各类关键设备的基础平台，而且它还起着硬件资源调度中心的作用。计算机的大多数的硬件都连接在主板上，它可以称为计算机的“神经系统”。计算机的整体运行速度和稳定性在相当程度上取决于主板的性能。

2.2.1 主板结构与组成

1．主板的结构

由于主板是微机中各种设备的连接载体，而这些设备各不相同，而且主板本身由芯片组、各种 I/O 控制芯片、扩展插槽、扩展接口、电源插座等元器件组成，因此制定一个标准以协调各种设备的关系是必须的。主板结构就是根据主板上各元器件的布局排列方式、尺寸大小、形状，以及所使用的电源规格等制定出的通用标准，所有主板厂商都必须遵循。

2．主板的组成

主板结构从大体上来分的话，可以分为以下几个部分。

（1）CPU 插座。

CPU 插座用来安装 CPU。CPU 插座的结构要根据相应主板所采用的处理器架构来具体决定。

Intel CPU 接口目前主流的是 LGA 1155 针接口。还有 LGA 775 接口、LGA 1156、LGA 1366 接口。

Socket 775 又称为 Socket T，是应用于 Intel LGA 775 封装的 CPU 所对应的接口，目前采用此种接口的有 LGA 775 封装的 Pentium 4、Pentium 4 EE、Celeron D 和 Conroe 等 CPU。Socket 775 接口 CPU 的底部没有传统的针脚，而代之以 775 个触点，即并非针脚式而是触点式，通过与对应的 Socket 775 插槽内的 775 根触针接触来传输信号。Socket 775 接口不仅能够有效提升处理器的信号强度、也可以提升处理器频率。

LGA 1156 又称 Socket H，是 Intel 在 LGA 775 与 LGA 1366 之后推出的 CPU 插槽。它也是 Intel Core i3/i5/i7 处理器（Nehalem 系列）的插槽，读取速度比 LGA 775 高。

LGA 1366 接口又称 Socket B，逐步取代了 LGA 775。LGA 1366 要比 LGA 775 A 多出约 600 个针脚，这些针脚会用于 QPI 总线、三条 64bit DDR3 内存通道等的连接。Bloomfield、Gainestown 以及 Nehalem 处理器的接口为 LGA 1366，其比使用 LGA 775 接口的 Penryn 的面积大了 20%。

LGA 1155 是 Intel 继 LGA 1356（Socket B2）之后推出的 CPU 插槽。是最新的 SNB 平台处理器平台标准，Sandy Bridge 是将取代 Nehalem 的一种新的微架构，将采用 32 纳米芯片加工技术制造。Sandy Bridge 将是第一个拥有高级矢量扩展指令集（Advanced Vector Extensions）的微架构（之前称作 VSSE），新的指令能够以 256 位数据块的方式处理数据，因此数据传输将获得显著提升，从而加快图像、视频和音频等应用程序的浮点计算。

如图 2.4 所示的是 Socket T 处理器插座。图 2.5 所示的是 LGA 1155 接口处理器插座。

图 2.4 Socket T 接口

图 2.5 LGA 1155 接口

AMD 目前主流的 CPU 接口有 AM3、AM3+、FM1、FM2，对应的可以支持闪龙系列、速龙系列、翼龙系列、推土机系列、打桩机系列。

AM3 接口支持 45nm Athlon II 和 Phenom II 处理器，如图 2.6 所示，与 700、800 系列主板都能搭配。

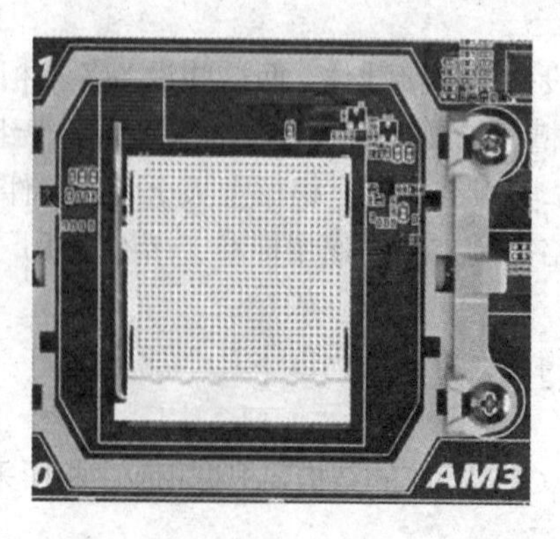

图 2.6　AM3 接口

AM3+接口支持推土机 CPU，但不能与 AM3 接口兼容，只能搭配 9 系列主板使用。

FM1 接口支持 Llaon APU，Athlon II X4 631、Athlon II X4 641、Athlon II X4 651 也是采用的这个接口。这类处理器应当与 A55、A75 主板进行搭配。

FM2 接口则主要用于 Trinity APU，如图 2.7 所示。核心代号为 Trinity 的 Athlon II X4 740、Athlon II X4 740k 也用的是 FM2 接口。

图 2.7　FM2 接口

（2）内存插槽。

内存插槽是主板上用来安装内存的地方。目前常见的内存插槽为 SDRAM 内存插槽、DDR 内存插槽。需要说明的是不同的内存插槽它们的引脚、电压、性能功能都是不尽相同的，不同的内存在不同的内存插槽上不能互换使用。对于 168 线（pin）的 SDRAM 内存和 184 线的 DDR SDRAM 内存，其主要外观区别在于 SDRAM 内存金手指上有两个缺口，而 DDR SDRAM 内存只有一个。DDR2 为 240pin 接口，金手指每面有 120pin，只有一个缺口。DDR3 也为 240pin 接口，有一个缺口，如图 2.8 所示，但由于金手指中缺口位置的不同，和 DDR2 插槽无法兼容。图 2.9 所示为 DDR2 与 DDR3 内存插槽的区别。

图 2.8　DDR3 内存插槽

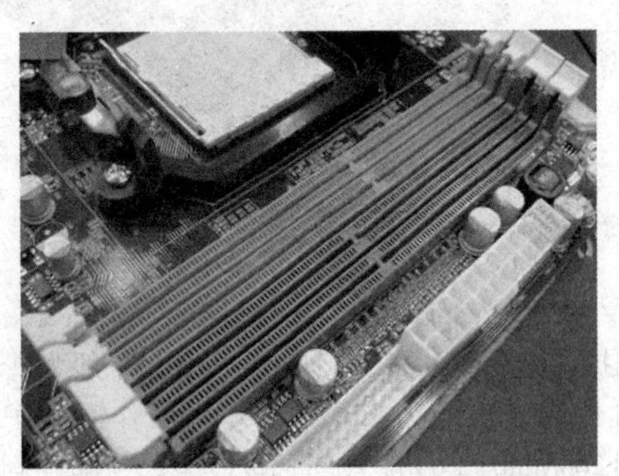

图 2.9　DDR2 与 DDR3 内存插槽的区别

（3）芯片组。

芯片组（Chipset）是主板的核心组成部分，按照在主板上的排列位置的不同，通常分为北桥芯片和南桥芯片。它是主板的核心部件，起到协调和控制数据在 CPU、内存及各种主板部件之间的传输。在主板上可以看到的两片较大的方形芯片，就是芯片组。北桥芯片如图 2.10 所示，南桥芯片如图 2.11 所示。

图 2.10　北桥芯片

图 2.11　南桥芯片

（4）AGP 插槽。

AGP（Accelerated-Graphics-Port，加速图形端口）插槽是为提高视频带宽而设计的总线结构。如图 2.12 所示，它将显示卡与主板的芯片组直接相连，进行点对点传输。它并不是正规总线，因为它只能和 AGP 显卡相连，故不具通用和扩展性。其工作的频率为 66MHz，是 PCI 总线的一倍，颜色一般为棕色。AGP 接口主要可分为 AGP 1X/2X/PRO/4X/8X 等类型。随着显卡速度的提高，AGP 插槽已经不能满足显卡传输数据的速度，目前 AGP 插槽已经被逐渐淘汰，取代它的是 PCI Express 插槽。

图 2.12　AGP 插槽

（5）PCI 插槽。

PCI（Pedpherd Component Interconnect，周边元件扩展接口）插槽是基于 PCI 局部总线的扩展插槽。如图 2.13 所示，其颜色一般为乳白色，位于主板上 AGP 插槽的下方，ISA 插槽的上方。其位宽为 32 位或 64 位，工作频率为 33MHz，最大数据传输率为 133Mbit/s（32 位）和 266Mbit/s（64 位）。可插接显卡、声卡、网卡、内置 Modem、内置 ADSL Modem、USB 2.0 卡、IEEE 1394 卡、IDE 接口卡、RAID 卡、电视卡、视频采集卡，以及其他种类繁多的扩展卡。PCI 插槽是主板的主要扩展插槽，通过插接不同的扩展卡可以获得目前微机能够实现的几乎所有外接功能。

图 2.13 PCI 插槽

PCI Express（PCI-E）插槽基于现有的 PCI 系统，拥有更快的速率，可以取代几乎全部现有的内部总线（包括 AGP 和 PCI）。如图 2.14 所示。它的主要优势就是数据传输速率高，目前最高可达到 10GB/s 以上，而且还有相当大的发展潜力。PCI Express 也有多种规格，从 PCI Express 1X 到 PCI Express 16X，能满足现在和将来一定时间内出现的低速设备和高速设备的需求。能支持 PCI Express 的主要是英特尔的 i915 和 i925 系列芯片组。

图 2.14 PCI-E 插槽

PCI-E 的接口根据总线位宽不同而有所差异，包括 X1、X4、X8、X16 和 X32。而 X2 模式将用于内部接口而非插槽模式。PCI-E 规格从 1 条通道连接到 32 条通道连接，有非常强的伸缩性，以满足不同系统设备对数据传输带宽不同的需求。此外，较短的 PCI-E 卡可以插入较长的 PCI-E 插槽中使用，PCI-E 接口还能够支持热拔插。PCI-E X1 的 250MB/s 传输速度已经可以满足主流声效芯片、网卡芯片和存储设备对数据传输带宽的需求，用于取代 AGP 接口的 PCI-E 接口位宽为 X16，能够提供 5GB/s 的带宽，即便有编码上的损耗但仍能够提供约为 4GB/s 左右的实际带宽，可以满足图形芯片对数据传输带宽的需求。远远超过 AGP 8X 的 2.1GB/s 的带宽。

从目前来看，PCI-E X1 和 PCI-E X16 已成为 PCI-E 主流规格，同时很多芯片组厂商在南桥芯片当中添加对 PCI-E X1 的支持，在北桥芯片当中添加对 PCI-E X16 的支持。除去提供极高的数据传输带宽之外，PCI-E 因为采用串行数据包方式传递数据，所以 PCI-E 接口每个针脚可以获得比传统 I/O 标准更多的带宽，这样就可以降低 PCI-E 设备的生产成本和体积。另外，PCI-E 也支持高阶电源管理，支持热插拔，支持数据同步传输，为优先传输数据进行带宽优化。

（6）IDE 接口。

IDE 接口是用来连接硬盘和光驱等设备的。主流的 IDE 接口有 ATA 33/66/100/133。如图 2.15 所示。ATA 33 又称 Ultra DMA/33，它是一种由 Intel 公司制定的同步 DMA 协定，传统的 IDE 传输使用数据触发信号的单边来传输数据。而 ATA 66/100/133 则是在 Ultra DMA/33 的基础上发展起来的，它们的传输速度分别达到 66MB/s、100MB/s 和 133MB/s。

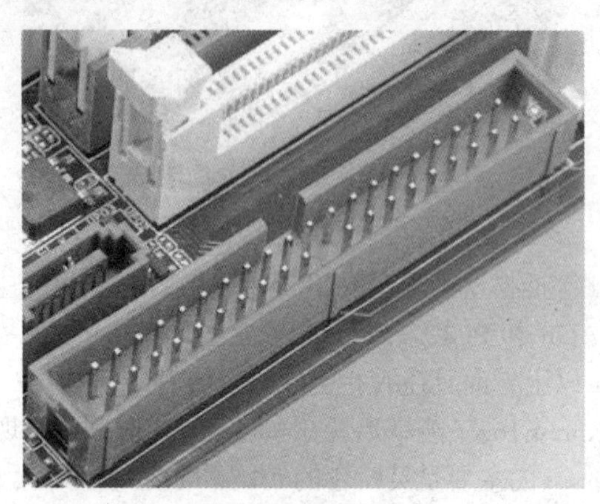

图 2.15　IDE 接口

目前很多新型主板提供了 Serial ATA（SATA），即串行 ATA 插槽，取代并行 ATA（PATA）的硬盘接口。如图 2.16 所示。Serial ATA 以连续串行的方式传送数据，可以在较少的位宽下使用较高的工作频率来提高数据传输的带宽。Serial ATA 一次只会传送 1 位数据，这样能减少 SATA 接口的针脚数目，使连接电缆数目变少，效率也会更高。Serial ATA 仅用四支针脚就能完成所有的工作，分别用于连接电缆、连接地线、发送数据和接收数据，同时这样的架构还能降低系统能耗和减小系统复杂性。而 Serial ATA 的起点更高、发展潜力更大，Serial ATA 1.0 定义的数据传输率可达 150MB/s，高于最快的并行 ATA（即 ATA/133）所能达到的 133MB/s 最高数据传输率，而在已经发布的 Serial ATA 2.0 的数据传输率可达 300MB/s，最终 Serial ATA 3.0 将实现 600MB/s 的最高数据传输率。

图 2.16　SATA 接口

（7）电源插口及主板供电部分。

在主板上，我们可以看到一个长方形的插槽，这个插槽就是电源为主板供电的插槽。目前主板供电的接口主要有 24 针与 20 针两种，在中高端的主板上，一般都采用 24 针的主板供电接口设计，如图 2.17 所示。低端的产品一般为 20 针，如图 2.18 所示。不论采用 24 针和 20 针，其插法都是一样的。

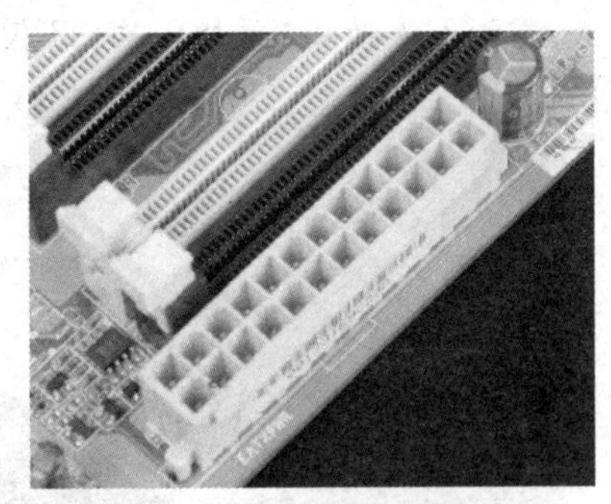

图 2.17 主板上 24 针的供电接口

图 2.18 主板上 20 针的供电接口

电源接头为主板供电的接口采用了“防呆式”的设计，如图 2.19 所示。所以只有按正确的方法才能够插入，如图 2.20 所示。通过仔细观察也会发现在主板供电的接口上的一面有一个凸起的槽，而在电源的供电接口上的一面也采用了卡扣式的设计，这样设计的好处一是为防止用户反插，另一方面也可以使两个接口更加牢固地安装在一起。

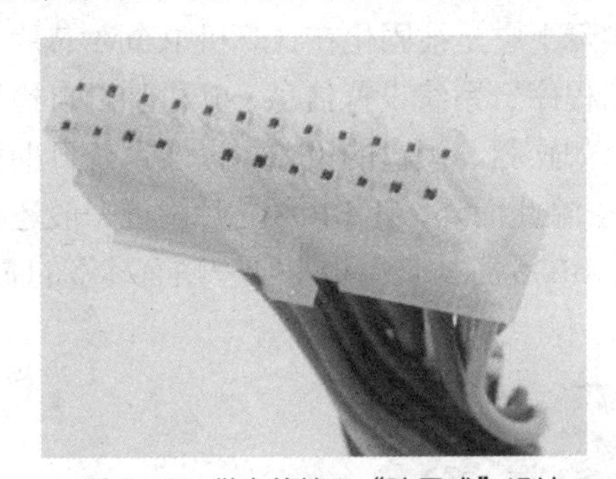

图 2.19 供电的接口“防呆式”设计

图 2.20 接口正确的安装

（8）USB 接口。

USB 如今已成为用户日常使用得最多的接口，大部分主板提供多达 8 个 USB 接口，但一般在背部的面板中仅提供 4 个，4 个需安装到机箱前置的 USB 接口上，以方便使用。目前主板上均提供前置的 USB 接口，如图 2.21 所示。主板上提供的两组前置 USB 接口，每一组可以外接两个 USB 接口，分别是 USB4、5 与 USB6、7 接口，总共可以在机箱的前面板上扩展 4 个 USB 接口。

图 2.21 主板前置 USB 接口

如图 2.22 所示是机箱前面板前置 USB 的连接线，其中 VCC 用来供电，USB2−与 USB2+分别是 USB 的负正极接口，GND 为接地线。在连接 USB 接口时要注意参见主板的说明书，如果连接不当，很容易造成主板的烧毁。为了方便用户的安装，很多主板的 USB 接口的设置相当人性化，如图 2.23 所示的 USB 接口有些类似于 PATA 接口的设计，采用了“防呆式”的设计方法，只有以正确的方向才能够插入 USB 接口，方向不正确是无法接入的，不仅提高了工作效率，也避免因接法不正确而烧毁主板的现象出现。

图 2.22 机箱前面板前置 USB 的连接线

图 2.23 “防呆式”设计 USB 接口

（9）BIOS 及电池。

BIOS（Basic Input/Output System，基本输入输出系统）是一块装入了启动和自检程序的 EPROM 或 EEPROM 集成块。如图 2.24 所示。实际上它是被固化在计算机 ROM 芯片上的一组程序，用于保存计算机最重要的基本输入输出程序、系统设置信息、开机加电自检和系统自检初始化程序。它记录系统的一些重要信息，如软驱、硬盘的设置，以及系统日期和时间等。计算机每次启动时，都要先读取里面的信息。除此而外，在 BIOS 芯片附近一般还有一块电池组件，它为 BIOS 提供了启动时需要的电流。BIOS 芯片是主板上唯一贴有标签的芯片，上面一般印有“BIOS”字样。

图 2.24 BIOS 芯片

（10）机箱前置面板接头。

机箱前置面板接头是主板用来连接机箱上的电源开关、系统复位、硬盘电源指示灯等排线的地方。如图 2.25 所示。其中，POWER SW 是电源接口，对应主板上的 PWR SW 接口；RESET SW 为重启键的接口，对应主板上的 RESET 插孔；HDD LED 为机箱面板上硬盘工作指示灯，对应主板上的 HDD LED；剩下的 POWER LED 为电脑工作的指示灯，对应插入主板即可，如图 2.26 所示。SPEAKER 为机箱的前置报警喇叭接口，如图 2.27 所示。需要注意的是，硬盘工作指示灯与电源指示灯分为正负极，在安装时需要注意，一般情况下红色代表正极。

图 2.25 机箱前置面板主板接头

图 2.26 机箱前置面板接头

图 2.27 前置报警喇叭接口

（11）外部接口。

主板的外部接口都是统一集成在主板后半部的。有 PS/2 接口、串行接口、并行接口、RJ-45 网络接口、USB 2.0 接口、音频接口，高档的主板还有 IEEE 1394 接口和无线模块等。PS/2 接口用来连接 PS/2 鼠标和 PS/2 键盘，绿色接口接入鼠标，而蓝色接口则接入键盘；串行接口用来接入外置 Modem 和录音笔一类的设备；并行 LPT 接口用来接入老式的针式、喷墨打印机；IEEE 1394 接口主要用来接入数码摄像机；无线模块则用来建立无线网络；RJ-45 接口用来接入局域网或连接 ADSL 等上网设备；USB 2.0 接口用来连接 MP3、摄像头、打印机、扫描仪、移动硬盘、闪存盘等高速 USB 设备；音频设备接口用来连接 7.1 声道的有源音箱；而数字光纤接口则负责传输质量更高的数字音频信号。外部接口如图 2.28 所示。

图 2.28 外部接口

2.2.2 控制芯片组

芯片组（Chipset）是主板的核心组成部分。对于主板而言，芯片组几乎决定了这块主板的功能，进而影响到整个微机系统性能的发挥，可以说芯片组是主板的灵魂。主板芯片组几乎决定着主板的全部功能，其中 CPU 的类型，主板的系统总线频率，内存类型、容量和性能，以及显卡插槽规格是由芯片组中的北桥芯片决定的；而扩展槽的种类与数量、扩展接口的类型（如 USB，IEEE 1394，串口，并口，笔记本的 VGA 输出接口）和数量等，是由芯片组的南桥芯片决定的。

1．北桥芯片

北桥芯片（North Bridge）是主板芯片组中起主导作用的最重要的组成部分，也称为主桥（Host Bridge）。如图 2.29 所示。北桥芯片负责与 CPU 的联系，并控制内存、AGP、PCI 数据在北桥内部传输，提供对 CPU 的类型和主频、系统的前端总线频率、内存的类型和最大容量、ISA/PCI/AGP 插槽、ECC 纠错等支持，整合型芯片组的北桥芯片还集成了显示核心。北桥芯片就是主板上离 CPU 最近的芯片，这主要是考虑北桥芯片与处理器之间的通信最密切，为了提高通信性能而缩短传输距离。因为北桥芯片的数据处理量非常大，发热量也越来越大，所以现在的北桥芯片都覆盖着散热片，用来加强北桥芯片的散热，有些主板的北桥芯片还会配合风扇进行散热。因为北桥芯片的主要功能是控制内存，而内存标准与处理器一样变化比较频繁，所以不同芯片组中北桥芯片是不同的。

2．南桥芯片

南桥芯片（South Bridge）是主板芯片组的重要组成部分，如图 2.30 所示，一般位于主板上离 CPU 插槽较远的下方，PCI 插槽的附近。这种布局是考虑它所连接的 I/O 总线较多，离处理器远一点有利于布线。相对于北桥芯片来说，其数据处理量并不算大，所以南桥芯片一般都没有覆盖散热片。南桥芯片负责 I/O 总线之间的通信，如 PCI 总线、USB、LAN、ATA、SATA、音频控制器、键盘控制器、实时时钟控制器以及高级电源管理等。

图 2.29　北桥芯片

图 2.30　南桥芯片

3．芯片组分类命名

以 Intel 芯片组命名为例。Intel 目前主流的芯片组是 H55、P55/45/43、G45 等，支持 ddr2 800 及 ddr3，Intel 5 系列芯片组支持最新的 LGA1156 处理器，以前的芯片组有 845、865、945 等都是支持奔 4 处理器的 Intel 芯片组。Intel 最新的 3 系列芯片组一般都是数字越大，芯片组越新。另外普通芯片组（加字母 P、G 等）是指在台式机上使用的芯片组，而在笔记本上使用的芯片组一般会再加 M（Mobile）的。

Intel 芯片组往往分系列，如 845、865、915、945、975 等，同系列各个型号用字母来区分，命名有一定规则，通过这些规则，可以了解芯片组的定位和特点。

（1）从 845 系列到 915 系列以前。

PE 是主流版本，无集成显卡，支持当时主流的 FSB 和内存，支持 AGP 插槽。

E 只有 845E 这一款，其相对于 845D 增加了 533MHz FSB 支持，而相对于 845G 之类则是增加了对 ECC 内存的支持，所以 845E 常用于入门级服务器。

G 是主流的集成显卡的芯片组，而且支持 AGP 插槽，其余参数与 PE 类似。

GV 和 GL 则是集成显卡的简化版芯片组，并不支持 AGP 插槽，其余参数与 G 相同。

GE 相对于 G 则是集成显卡的进化版芯片组，同样支持 AGP 插槽。

（2）915 系列及之后。

P 是主流版本，无集成显卡，支持当时主流的 FSB 和内存，支持 PCI-E X16 插槽。

PL 相对于 P 则是简化版本，在支持的 FSB 和内存上有所缩水，无集成显卡，但同样支持 PCI-E X16。

G 是主流的集成显卡芯片组，而且支持 PCI-E X16 插槽，其余参数与 P 类似。

GV 和 GL 则是集成显卡的简化版芯片组，并不支持 PCI-E X16 插槽，其余参数 GV 则与 G 相同，GL 则有所缩水。

X 和 XE 相对于 P 则是增强版本，无集成显卡，支持 PCI-E X16 插槽。

总的说来，965 系列之前的 Intel 芯片组的命名方式没有什么严格的规则，但大致上就是上述情况。

（3）965 系列之后。

965 系列之后，Intel 采用了新的命名规则，把芯片组功能的字母从后缀改为前缀。例如 P965 和 Q965 等等。并且针对不同的用户群进行了细分。

P 是面向个人用户的主流芯片组版本，无集成显卡，支持主流的 FSB 和内存，支持 PCI-E X16 插槽。

G 是面向个人用户的主流的集成显卡芯片组，支持 PCI-E X16 插槽，其余参数与 P 系列类似。

目前主流的芯片组 Intel 的就有 P67、H67、X58、P55、H55、P45、P43；AMD 的就有 770、780、785、790、870、880、890 之类。另外还有 NXIDIA、SIS、VIA 等厂商开发的芯片组产品。

2.2.3 主板的主要性能参数

主板的主要性能指标包括所支持的 CPU 类型、内存种类、IDE 设备和 I/O 接口标准、扩展槽数量、主板质量及工艺水平。

1．主板对 CPU 的支持

CPU 的发展速度相当快，不同时期 CPU 的类型是不同的，而主板支持此类型就代表着属于此类的 CPU 大多能在该主板上运行。每种类型的 CPU 在针脚、主频、工作电压、接口类型、封装等方面都有差异，尤其在速度性能上差异很大。只有购买与主板支持 CPU 类型相同的 CPU，二者才能配套工作。

2．主板对内存的支持

主板对内存的支持是指主板所支持的具体内存类型。不同的主板所支持的内存类型是不相同的。内存类型主要有 FPM、EDO、SDRAM、RDRAM 以及 DDR DRAM 等。一般情况下，一块主板只支持一种内存类型，但也有例外，有些主板具有两种内存插槽，可以使用两种内存。

3．主板的接口标准和数量

前面介绍了主板上的接口类型，如 IDE 接口、SATA 接口、PCI 接口以及扩展接口等，这些接口的数量直接关系到主板能够支持的硬件数量，决定微机升级的空间和支持硬件的种类。

4．主板质量及工艺水平

主板的做工是否精细，电路板的层数是否为多层板（一般要大于 4 层，最好在 6 层以上），各焊接点是否整洁，走线是否清晰简洁。主板的元件是否是高质量的贴片元件、高质量的电容，主板拿在手上是否有一定的分量。主板设计结构是否合理，是否利于安装其他配件以及散热处理，设计是否符合升级的需要，是否通过相应的安全认证测试。

2.2.4　主板产品的认识及选购

1．主板产品的认识

（1）技嘉 B85-HD3。

技嘉 B85-HD3 属于 B85 主板，是 Intel 8 系 Haswell 的一员，其处理器底座采用 LGA 1150，如图 2.31 所示。支持 Intel Haswel 全系列处理器，如 i7-4770、i5-4570、i3-4230 以及奔腾 G 320 等。Intel 处理器采用 22nm 制造工艺，拥有更强的图像处理性能，使集成显卡运行 3D 网络游戏更流畅。技嘉 B85-HD3 配备了 4 相 CPU 供电，采用高效的数字模块供电，配合 Haswell 内置处理器 VAM 可以为 CPU 的长时间工作提供强大的供电。如图 2.32 所示。

图 2.31　处理器底座

图 2.32　CPU 供电区

同时技嘉 B85-HD3 主板配备了高防静电网络接口，通过硬件防静电的方式防止静电对网络接口以及芯片的伤害，为我们的安全使用增添了安全防护。

视频接口方面，技嘉 B85-HD3 采用了非常主流的 D-Sub/DVI/HDMI 组合方式，如图 2.33 所示。由于 Haswell 处理器集成了显卡的性能，提高了主板的板载视频接口利用率，这些视频接口更便于我们的使用。配备 2 条 PCI-E X16 插槽，支持两块 AMD 显卡交火（CrossFire），让游戏玩家有更好的游戏体验。如图 2.34 所示。

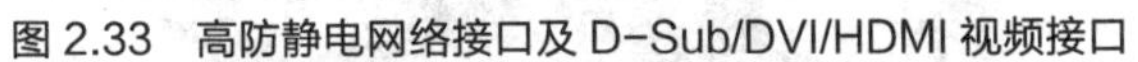
图 2.33　高防静电网络接口及 D-Sub/DVI/HDMI 视频接口

图 2.34　两条 PCI-E X16 插槽

技嘉主板超长固态电容的使用不但可以降低平台温度，还避免了电容的“爆浆”，超低电阻式晶体管的设计，大幅度降低了元器件的工作温度，使技嘉主板的使用超耐久。技嘉 B85-HD3 不光有抗静电芯片，还有防雷 IC 芯片，确保主板免受电流突波的伤害，确保主板电压稳定。

此外，这款主板还配备了高清图形化的双 BIOS 设计，即使其中一个 BIOS 损坏，备用的 BIOS 也会立即被启用，保证主板的正常工作。图形化的双 BIOS 分辨率高达 1080P，主板还提供了视觉效果更佳的图形化 UEF IBIOS，在该模式下用户可以获得比传统高端模式更加直观的操作方式。

技嘉主板的 USB 3.0 接口大大提高了外存储器设备的传输速度，SATA 3 接口也拥有远快于 SATA 2 的磁盘传输速度，它的出现让现在的高性能 SSD 发挥了真正的作用。技嘉主板的 USB 3.0 还支持 3 倍电力输出，最高电流高达 1.5A，完全满足 iPad 等平板电脑设备的充电需求。

技嘉的 ON/OFF Charge 2 技术可以实现在关机状态下的 USB 接口对移动设备的充电。因此在没有电源适配器的情况下，可以用一根 USB 数据线完成对如平板电脑、手机以及移动电源的充电。

（2）华硕 B85M-E 主板。

该主板 CPU 底座为 LGA 1150 插槽，支持全系列的 Haswell 架构处理器。CPU 供电配备了 3 相全固供电设计，如图 2.35 所示。PCI-E 扩展槽部分，主板有 2 条 PCI-E X16 显卡插槽，不仅支持高性能独立显卡，还支持 AMD 的 CrossFire X 交火技术，同时主板还有 1 条 PCI-E X1 和 1 条 PCI 插槽。磁盘接口部分，主板提供了 4 个 SATA 3 接口和 2 个 SATA 2 接口，如图 2.36 所示，这样用户可以配备高速 SSD，因而使硬盘的读取速度更加提高。该主板还提供了 4 条 DIMM 内存插槽，如图 2.37 所示，支持双通道内存，支持的内存最高频率达到 1600MHz。

图 2.35　主板 CPU 供电系统

图 2.36　SATA 2 和 SATA 3 接口

主板的背板接口提供了 1 个 PS/2 鼠标接口、1 个 PS/2 键盘接口，1 组视频输出接口

（VGA/DVI/HDMI/DP），4 个 USB 2.0 接口，2 个 USB 3.0 高速接口，1 个网络接口，1 组音频输出接口。如图 2. 38 所示。

音频芯片方面，主板选用了 RealtekAL 887 这颗支持最高 8 声道输出的芯片。网卡部分，主板板载了 Realtek RTL 811 F 千兆网卡芯片，使主板的实用性和稳定性都有保障。

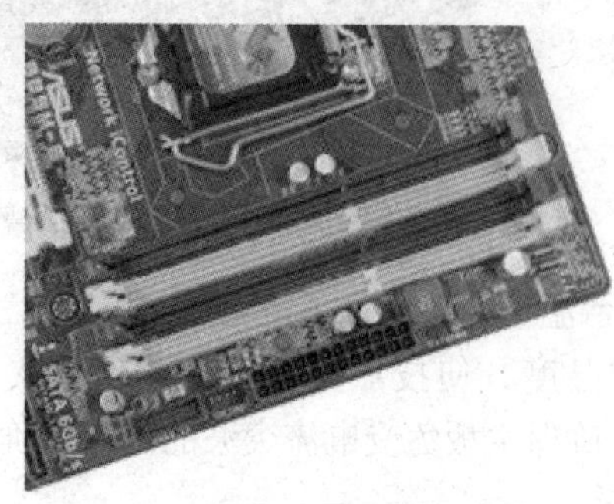

图 2.37　DIMM 内存插槽

图 2.38　主板背板接口

2．主板的选购

主板是微机的主要部件，购买主板时应从以下几个方面来综合考虑。

（1）是否与 CPU 配套。

目前，市场上的主板根据 CPU 的不同类型，一般可以分为 Intel 和 AMD 两大类。这个时候，可以按照使用需求决定选择哪个系列。如果很多时间用来处理一些文件或是上网等，或者很多时间用来玩游戏的话，建议选择 AMD 的，性价比很出色；相反，Intel 系列主板在稳定性和速度方面是有绝对优势的。

（2）注意主板采用的芯片组以及主板的特色功能。

比如选择的 CPU 具有超线程的功能，但是主板芯片不具备这个功能，那 CPU 就浪费了。所以，在购买之前一定要了解清楚主板芯片的功能。

（3）稳定性。

选择主板之前要了解主板的兼容性，比如会不会跟某些产品发生不兼容现象，从而影响系统的稳定性。

（4）查看主板的用料和制作工艺。

选主板还需要一些小窍门。拿到一块主板的时候，首先要看它的做工如何，一般好的厂家生产的主板做工都比较精细，一般市场上同一个型号的主板有大板和小板之分，通常大板在设计方面都是比较正规的厂家设计出来的；相对来说，小板很多都是公板设计。因此，在主板稳定性能方面大板要好于小板。

在用料方面，先要看的是 PCB 的用料，线路板的洗刷。好的 PCB 板周边光滑整洁，没有毛刺，各处厚度一致；而杂牌厂的就不同了。好的主板用料都是正规的配件厂商提供的，而且在焊接等方面都是精工细作。

2.3　存储设备

计算机中用来存储数据的部分称为存储部件，存储部件分为外存和内存两种。外存又叫辅助存储器，常见的设备有硬盘、软盘、CD-ROM 等；内存又叫主存，用来存储执行中的数据，常见的有内存条、高速缓存等。下面简单介绍这些存储设备。

2.3.1 内存

内存是微机中作用十分重要的数据存储和交换设备。CPU 在工作时需要与其他设备进行数据交换，但是其他设备的速度却大大低于 CPU 的速度，所以就需要一种工作速度较快的设备在其中完成数据暂时存储和交换的工作，这个工作就由内存完成。内存主要为硬盘与 CPU 之间传输数据。

1．内存的分类

内存类型有 SDRAM、DDR 和 RDRAM 三种。其中，DDR 内存占据了市场的主流；而 SDRAM 内存规格已不再发展；RDRAM 则始终未成为市场的主流，只有部分芯片组支持，这些芯片组也逐渐退出了市场。内存所采用的内存类型有所不同，不同类型的内存传输类型也各有差异，在传输率、工作频率、工作方式和工作电压等方面都有不同。

（1）SDRAM。

SDRAM，即 Synchronous DRAM（同步动态随机存储器），如图 2.39 所示。SDRAM 内存又分为 PC 66、PC 100、PC 133 等不同规格，而规格后面的数字就代表着该内存最大正常工作时的系统总线速度，比如 PC 100，此内存可以在系统总线为 100MHz 的微机中同步工作。SDRAM 采用 3.3V 工作电压，168pin 的 DIMM 接口，有 2 个缺口。带宽为 64 位。SDRAM 不仅应用在内存上，在显存上也较为常见。

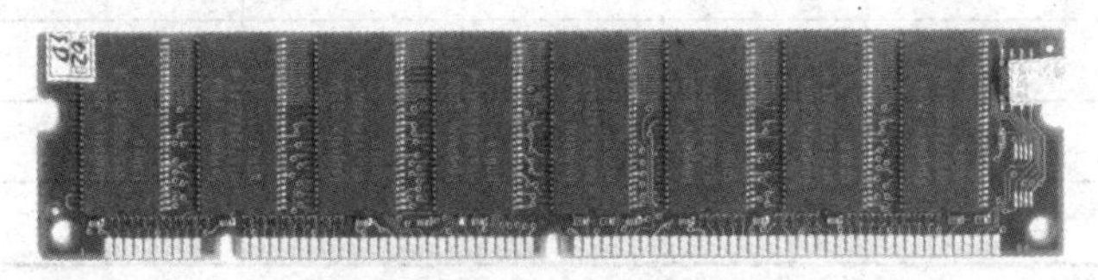

图 2.39 SDRAM 内存

（2）DDR。

严格地说，DDR 应该叫 DDR SDRAM，人们习惯简称其为 DDR，如图 2.40 所示。从外形、体积上看，DDR 与 SDRAM 相比差别并不大，它们具有同样的尺寸和同样的针脚距离，但 DDR 为 184 针脚，比 SDRAM 多出了 16 个针脚，且只有一个缺口。主要包含新的控制、时钟、电源和接地等信号。DDR 内存采用的是支持 2.5V 电压的 SSTL 2 标准，而不是 SDRAM 使用的 3.3V 电压的 LVTTL 标准。

图 2.40 DDR SDRAM 内存

（3）DDR 2 内存。

DDR 2（Double Data Rate 2）SDRAM 是由 JEDEC（电子设备工程联合委员会）进行开发的新生代内存技术标准，它与上一代 DDR 内存技术标准最大的不同就是，虽然采用在时钟的上升/下降期同时进行数据传输的基本方式，但 DDR 2 内存却拥有两倍于上一代 DDR 内存的预读取能力（即 4bit 数据预读取）。换句话说，DDR 2 内存每个时钟能够以 4 倍外部总线的速度读/写数据，并且能够以内部控制总线 4 倍的速度运行，如表 2.1 所示。

表 2.1　DDR 与 DDR 2 内存技术标准

	DDR	DDR 2
数据传输率	200/266/333/400 MHz	400/533/667 MHz
总线频率	100/133/166/200 MHz	200/266/333 MHz
内存频率	100/133/166/200 MHz	100/133/166 MHz
排量认别大小	2/4/8	4/8
数据选通	Single DQS	Differential Strobe:DQS
CAS 延时	1，5，2，2，5	3+，4，5
写等待	1T	读等待-1
封装	TSOP	FBGA
发热量	大	小
针脚模组	184pin	240pin

（4）DDR 3 内存。

DDR 3 如今已被 JEDEC 定义为业界标准技术。DDR 3 是继 DDR 2 以及更早的 DDR 内存技术之后的新一代产品，DDR 3 内存具有更快的速度、更高的数据带宽、更低的工作电压和功耗以及更好的散热性能。DDR 3 内存设计的目的是支持需要更高数据带宽的下一代四核处理器，使其性能更出色。它打破了千兆赫速度的局限性，将内存速度提升到一个更高的水平。DDR 3 相比于 DDR 2 的工作电压，从 DDR 2 的 1.8V 降低到 1.5V，性能更好更为省电；数据传输位宽从 DDR 2 的 4bit 升级为 8bit 预读。

（5）DDR 内存命名规则。

无论 DDR、DDR 2，还是 DDR 3，其工作频率主要有以下几种：100MHz、133MHz、167MHz、200MHz 等。DDR 采用一个周期来回传递一次数据，因此传输在同时间加倍，就像工作在两倍的工作频率一样。为了直观，以等效的方式命名，因此命名为 DDR 200、DDR 266、DDR 333、DDR 400。

尽管 DDR 2 工作频率没有变化，数据传输位宽由 DDR 的 2bit 变为 4bit，同时间传递数据是 DDR 的两倍，因此也用等效频率命名，分别为 DDR 2400、533、667、800。

DDR 3 内存也没有增加工作频率，继续提升数据传输位宽变为 8bit，为 DDR 2 的两倍，因此在同样工作频率下带宽更高，也用等效方式命名为 DDR 3800、1066、1333、1600。可以看到，如 DDR 2400、DDR 3800、DDR 31600 内存工作频率没有区别，只是由于传输数据位宽倍增，导致带宽的增加。而内存的真正工作频率决定了延迟，DDR 400 与 DDR 2 800 真实工作频率相同，后者带宽是前者一倍，延迟上一样。如果是 DDR 400 与 DDR 2 667，那后者虽然带宽更大，不过其真实频率反而低一些，延迟上略大。另外，内存在升级发展过程中，其工作电压一直在降低，因此在性能提升的同时，功耗也在逐渐变小。对于内存的接口，三者都不一样，虽然都是在内存上有一个小缺口，但三种内存的小缺口都不在同一位置，因此只能插在对应的插槽上。不能兼容。

2．内存的性能指标

（1）容量。

内存容量是指该内存条的存储容量。内存容量以 MB 为单位，可以简写为 M。内存的容量一般都是 2 的整次方倍，比如 64MB、128MB、256MB 等。一般而言，内存容量越大，越有利于系统的运行。系统中内存的数量等于插在主板内存插槽上所有内存条容量的总和。

（2）CL 设置。

在实际工作时，无论什么类型的内存，在数据被传输之前，传送方必须花费一定时间去等待传输请求的响应。通俗地说，就是传输前传输双方必须进行必要的通信，而这会造成传输的一定延迟时间。CL 设置一定程度上反映该内存在 CPU 接到读取内存数据的指令后，到正式开始读取数据所需的等待时间。不难看出，同频率的内存，CL 设置低的更具有速度优势。

（3）错误检查校正（ECC）。

ECC 内存即纠错内存。简单地说，其具有发现错误、纠正错误的功能，一般应用在高档台式微机/服务器及图形工作站上。这将使整个微机系统在工作时更趋于安全稳定。

使用带 ECC 校验的内存，会对系统的性能造成不小的影响。不过，这种纠错对服务器等应用而言是十分重要的，带 ECC 校验的内存价格比普通内存要昂贵许多。

（4）奇偶校验。

为了保证内存正确存取数据，需要通过奇偶校验进行正确校验，这需要在内存条上额外加装一块奇偶校验芯片来配合主板上的奇偶校验电路才能得以实现。

（5）内存电压。

即内存正常工作所需要的电压值。不同类型的内存电压也不同，但各自均有自己的规格，超出其规格，容易造成内存损坏。SDRAM 内存一般工作电压都在 3.3V 左右；DDR SDRAM 内存一般工作电压都在 2.5V 左右；而 DDR 2 SDRAM 内存的工作电压一般在 1.8V 左右，DDR 3 在 1.5V 左右。

（6）SPD。

从 PC 100 标准开始，内存条上就带有称为 SPD 的小芯片。SPD 是内存条正面右侧的一块 8 管脚小芯片，里面保存着内存条的速度、工作频率、容量、工作电压、CAS、tRCD、tRP、tAC、SPD 版本等信息。当开机时，支持 SPD 功能的主板 BIOS 就会读取 SPD 中的信息，按照读取的值来设置内存的存取时间。

3．内存编号的识别

（1）现代（HYUNDAI）内存编号。

现有一条现代 DDR SDRAM，内存编号为 HY5DU28822T-H，几个重要的编号解释如下。

① HY 表示内存颗粒是现代生产的。

② 5D 表示芯片类型（57 为一般的 SDRAM，5D 为 DDR SDRAM）。

③ U 代表工作电压（空白为 5V，“V”为 3.3V，“U”为 2.5V）。

④ H 代表工作速度：55 代表 133MHz、5 代表 200MHz、45 代表 222MHz、43 代表 223MHz 4 代表 250MHz、33 代表 300MHz，而最后位 L 代表 DDR 200、H 代表 DDR 266 B、K

代表 DDR 266 A。

（2）三星内存。

现有一条三星 DDR SDRAM，内存编号为：K4H560838D-TCB3，标识格式如表 2.2 所示。编号解释如下。

表 2.2 DDR SDRAM 内存编号

K	4	H	5	6	0	8	3	8	D	-	T	C	B	3
①	②	③	④	⑤	⑥	⑦	⑧	⑨	⑩	⑪	⑫	⑬	⑭	⑮

① 表示内存颗粒是三星生产的。

② 表示内存芯片的类型：4 代表 DDR SDRAM。

③ 代表内存芯片的进一步说明：H 代表 DDR SDRAM。

④、⑤ 代表容量和刷新速度：56 代表 256M，8K/64ms。

⑥、⑦ 代表数据线引脚个数：08 代表 8 位数据；16 代表 16 位数据；32 代表 32 位数据；64 代表 64 位数据。

⑧ 表示芯片的组成：1 代表 1 个 Bank、2 代表 2 个 Bank、3 代表 4 个 Bank、4 代表 8 个 Bank、5 代表 16 个 Bank、6 代表 32 个 Bank。

⑨ 代表内存使用的电压：1 表示 SSTL，5.0V；2 表示 SSTL_3，3.3 V；8 表示 SSTL_2，2.5 V。

⑩ 表示内存版本号。

⑪ 代表连线。

⑫、⑬表示封装方式：TC 表示 TSOP 封装。

⑭、⑮表示内存的速度。

4．内存的选购

随着微机运算速度的加快，各种软件越来越大，而市场上常见的内存品牌就有现代、三星、东芝等，众多的内存品牌，不同的规格、价格、性能，用户应该如何选择内存呢？

（1）看品牌。

和其他产品一样，内存芯片也有品牌的区别，不同品牌的芯片质量自然也是不同。一般来说，一些久负盛名的内存芯片在出厂的时候都会经过严格的检测，而且在对一些内存标准的解释上也会有所不同。另外一些名牌厂商的产品通常会给最大时钟频率留有一定的宽裕空间。

（2）看内存颗粒。

用手摩擦内存芯片上的速度和容量标记，看其是否褪色。如果摩擦几次后，字迹变得模糊，可以肯定内存条是假的。

（3）看印刷电路板。

内存条由内存芯片和 PCB 组成。PCB 对内存性能也有着很大的影响。决定 PCB 好坏有几个因素。首先就是板材，一般来说，如果内存条使用 4 层板，这样内存条在工作过程中由于信号干扰所产生的杂波就会很大，有时会产生不稳定的现象。而使用 6 层板设计的内存条相应的干扰就会小得多。好的内存条表面有比较强的金属光洁度，色泽也比较均匀，部件焊接也比较整齐划一，没有错位；金手指部分也比较光亮，没有发白或者发黑的现象。

（4）用软件检测。

用软件检测内存时，正品一般会显示内存容量、带宽、生产商、颗粒编号、序列号、生产日期、频率等各项参数；不全或根本无数据显示的，则此类内存一般为劣质假冒内存，不宜购买。

2.3.2 硬盘

硬盘是计算机的数据存储中心，用户所使用的应用程序和数据文档基本上都是保存在硬盘上的，因此硬盘是微机中不可缺少的存储设备。

1．硬盘的组成

硬盘采用温彻斯特（Winchester）架构，由头盘组件（HeadDiskAssembly，HDA）与印刷电路板组件（Print CircuitBoardAssembly，PCBA）组成。温氏硬盘是一种可移动头固定盘片的磁盘存储器，磁头定位的驱动方式主要有步进电机驱动（已淘汰）和音圈电机驱动两种。其盘片及磁头均密封在金属盒中，构成一体，不可拆卸。在硬盘工作期间，磁头悬浮在盘片上面。这个悬浮是靠一个飞机头来保持平衡的。飞机头与盘片保持一个适当的角度，高速旋转的时候，用气体的托力，就像飞机飞行在大气中一样，而磁头（GMR 磁头）与盘片的距离一般在 0.15μm 左右，对气体中的悬浮颗粒要求直径不超过 0.08μm，否则对磁头的读写及其运动、寿命都会造成很大的影响。图 2.41 所示为硬盘内部结构。

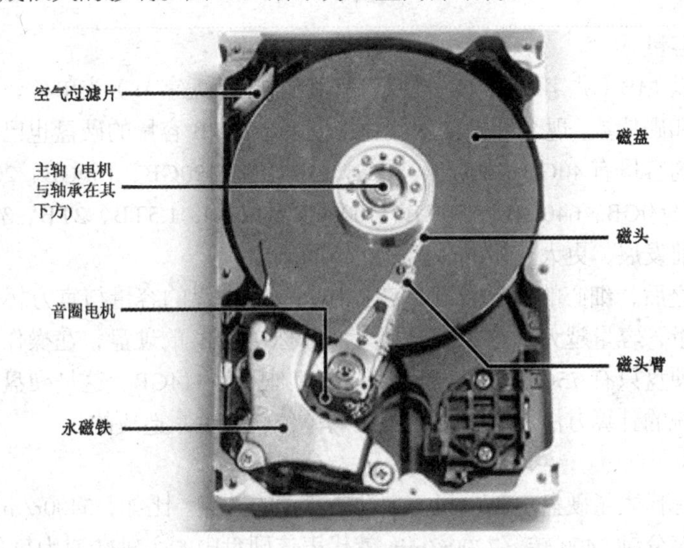

图 2.41　硬盘的内部结构

工作时，磁盘在中轴电机的带动下，高速旋转，而磁头臂在音圈电机的控制下，在磁盘上方进行径向的移动，进行寻址。

2．硬盘的接口类型

硬盘接口是硬盘与主机系统间的连接部件，作用是在硬盘缓存和主机内存之间传输数据。不同的硬盘接口决定着硬盘与计算机之间的连接速度。整体的角度上，硬盘接口分为 IDE、SATA、SCSI 和光纤通道四种，IDE 接口硬盘现在已经淘汰，SCSI 接口的硬盘则主要应用于服务器市场，而光纤通道只用于高端服务器上，价格昂贵。只有 SATA 是现在家用市场的主流，有 SATA 1.0、SATA 2.0、SATA 3.0 之分。

SATA（Serial ATA）口的硬盘又叫串口硬盘，是一种完全不同于并行 ATA 的新型硬盘接口类型，采用串行方式传输数据。Serial ATA 以连续串行的方式传送数据，一次只会传送 1 位数据。这样能减少 SATA 接口的针脚数目，使连接电缆数目变少，效率也会更高。Serial ATA 仅用 4 支针脚就能完成所有的工作，分别用于连接电缆、连接地线、发送数据和接收数据。其次，Serial ATA 有更高的数据传输率。Serial ATA 1.0 定义的数据传输率可达 150MB/s，Serial ATA 2.0 的数据传输率达到 300MB/s，最终 SATA 将实现 600MB/s 的最高数据传输率。串行接口还具有结构简单、支持热插拔的优点。SATA 不需要设置主从盘跳线。BIOS 会为它按照 1、2、3 顺序编号。这取决于驱动器接在哪个 SATA 连接器上。而 IDE 硬盘需要通过跳线来设置主从盘。

3．硬盘尺寸和用途分类

0.85 英寸：多用于手机等便携装置中；

1 英寸： 多用于数码相机（CF type II 接口）；

1.8 英寸：用于部分笔记本电脑及外置硬盘盒；

2.5 英寸：常用于笔记本电脑及外置硬盘盒；

3.5 英寸：多用于台式机中。采用 3.5 英寸硬盘的外置硬盘盒需要外接电源。

4．硬盘的主要性能指标

为了选购到自己满意的硬盘，我们需要了解一些硬盘的性能指标。下面就介绍一些硬盘的相关参数和技术。

（1）硬盘的容量。

硬盘的容量以 MB（兆字节）、GB（吉字节）和 TB（太字节）为单位，影响硬盘容量的因素有单碟容量和碟片数。现今硬盘技术飞速地发展，数 TB 容量的硬盘也已进入家庭用户的手中。常见硬盘的容量有 40GB、60GB、80GB、100GB、120GB、160GB、200GB、250GB、300GB、320GB、500GB、640GB、750GB、1000GB（1TB）、1.5TB、2TB、3TB、4TB。硬盘技术还在继续向前发展，更大容量的硬盘还将不断推出。

在购买硬盘之后，细心的人会发现，在操作系统中硬盘的容量与官方标称的容量不符，都要少于标称容量，容量越大则这个差异越大。标称 40GB 的硬盘，在操作系统中显示只有 38GB；80GB 的硬盘只有 75GB；而 120GB 的硬盘则只有 114GB。这是硬盘厂商对容量的计算方法和操作系统的计算方法不同，以及不同的单位转换关系造成的。

（2）转速。

转速这一指标代表了硬盘主轴电机（带动磁盘）的转速。比如，5400r/min 就代表该硬盘中的主轴转速为每分钟 5400 转，7200r/min 就代表该硬盘中的主轴转速为每分钟 7200 转。

（3）平均寻道时间。

如果没有特殊说明，一般指读取时的寻道时间，单位为 ms。这一指标的含义是指硬盘接到读/写指令后到磁头移到指定的磁道上方所需要的平均时间。选购硬盘时应该选择平均寻道时间低于 9ms 的产品。

（4）最大内部数据传输率。

最大内部数据传输率也称为持续数据传输率。单位是 Mbit/s，它是指磁头到硬盘高速缓存之间的传输速度。目前硬盘在容量、平均访问时间、转速等方面差别不大，但在内部传输率上的差别较大，因而硬盘的数据传输率直接决定了微机的整机性能。由于硬盘的外部数据传输率远远高于内部数据传输率，因此硬盘的内部数据传输率对系统的整体性能具有很大的影响。

（5）外部数据传输率

外部数据传输率也称为突发数据传输率。它是指硬盘高速缓存与系统总线之间的数据传输率。外部数据传输率一般和硬盘的接口类型和高速缓存的大小有关。目前 SATA 硬盘采用 Ultra ATA 100 接口，它的最大外部数据传输率为 100Mbit/s；在 SCSI 硬盘中，采用 Ultra 160/m 接口标准，它的最大外部数据传输率为 160Mbit/s。

（6）缓存

缓存是硬盘控制器上的一块内存芯片，具有极快的存取速度，它是硬盘内部存储和外界接口之间的缓冲器。由于硬盘的内部数据传输速度和外界数据传输速度不同，缓存在其中起到一个缓冲的作用。

5．硬盘编号的识别

对于硬盘的识别，主要依靠硬盘标签所印制的编号。通过硬盘的编号可以了解各硬盘厂家的产品规格，从而辨别所购买产品的真伪，下面就介绍一下当前主流硬盘的编号规则。

（1）希捷硬盘，编号为 ST3120026AS。

ST：希捷（Seagate）

3：外形尺寸为 3.5 英寸

1200：硬盘容量（单位为 100MB）为 1200×100MB=120GB

2：代表此硬盘由两张盘片组成

6：硬盘代数（只在前一位数字相同或者无效时才有用）

AS：代表该硬盘为 SATA 接口

（2）西部数据硬盘，编号为 WD2500JD－00FYBO。

WD：西部数据（West Digital）

2500：硬盘容量（单位为 100MB）2500×100MB=250GB

J：代表该硬盘拥有 7200r/min 转速，并具有 8MB 缓存

D：代表硬盘采用的是 SATA 150 接口

00：代表该硬盘是面向零售市场的产品（若是其他字符则代表不同 OEM 客户的代码）

F：硬盘的单碟容量是 90GB

YBO：同系列硬盘的版本代码

（3）三星硬盘，编号为 SP1614C。

S：代表硬盘产品系列为 SpinPoint（目前市面上所见到的三星硬盘均为此系列）

P：代表该硬盘属于转速为 7200r/min 的 P 系列

16：硬盘容量为 160GB

1：代表该硬盘的缓存为 8MB

4：代表硬盘的磁头数（一个磁头对应一张碟片）

C：代表该硬盘为 SATA 接口

6．硬盘的选购

硬盘是电脑数据存储的主要载体，其质量和性能需要有可靠的保证，下面我们就来了解硬盘选购的一些知识。

（1）判定硬盘性能的主要参数。

判定硬盘性能的主要参数有单碟容量、转速、缓存容量和速度。一块大容量的硬盘往往都是由几张碟片所组成。单碟容量越大，硬盘读取数据的速度也就越快。

目前主流的硬盘单碟容量一般都是 80GB，最大已经做到了 160GB，而两者间的价格差距并不明显，因此选购时应尽量选择较大单碟容量的产品。

硬盘的转速越快，其数据传输速度就越快，整体性能也就越高。目前，主流硬盘的转速分为 5400r/min 和 7200r/min 两种。7200r/min 转速的硬盘，内部传输速率可以比普通的 5400r/min 转速的硬盘快 33%以上，因此在选购时，应尽量选择 7200r/min 转速的产品。

缓存的容量与速度直接关系到硬盘的传输速度，在玩游戏或大量读取数据时，大容量缓存所带来的硬盘性能的提升是非常明显的。目前，大部分 SATA 硬盘都提供 8MB 的缓存，250GB 以上的海量硬盘缓存容量更是提升至了 16MB，而且价格也比普通 2MB 硬盘贵不了多少。选购时应尽量考虑大容量缓存产品。

（2）购买大容量硬盘。

现在的许多应用软件都离不开大容量的硬盘，比如储存高清晰视频和玩最新的 3D 游戏等，所以硬盘应该是越大越好，购买主流容量的产品或比主流产品容量稍大的产品，都是不错的选择。但也要考虑预算，量力而行。

（3）硬盘编号的识别。

对于硬盘的识别，主要依靠硬盘标签所印制的编号。通过硬盘的编号可以了解各硬盘厂家的产品规格，从而辨别所购买产品的真伪。

（4）正品与水货硬盘的辨识。

硬盘同样也有水货与行货之分，水货产品一般指应在国外销售的产品，通过某种渠道流入国内，在质保方面与行货有一定差距，但质量上一般与行货无异。市场中主流品牌的硬盘产品，都各有其相应的代理商，他们在其代理的产品上也会贴上相应的标签。

2.3.3 其他存储设备

1．光存储设备

光存储设备是 PC 中常见的设备，随着多媒体的应用越来越广泛，使得光驱在 PC 诸多配件中已经成为标准配置。目前，光驱可分为 CD-ROM 光驱、DVD-ROM 光驱、康宝（COMBO）和刻录机等，如图 2.42 所示。

图 2.42　DVD-ROM 光驱

CD-ROM 光驱又称致密盘只读存储器，是一种只读的光存储介质。它是利用原本用于音频 CD 的 CD-DA（Digital Audio）格式发展起来的。

DVD-ROM 光驱是一种可以读取 DVD 碟片的光驱，除了兼容 DVD-ROM、DVD-VIDEO、DVD-R、CD-ROM 等常见的格式外，对于 CD-R/RW、CD-I、VIDEO-CD、CD-G 等都能很好地支持。

“康宝”是人们对 COMBO 光驱的俗称。而 COMBO 光驱是一种集合了 CD 刻录、

CD-ROM 和 DVD-ROM 为一体的多功能光存储产品。

刻录光驱包括 CD-R、CD-RW 和 DVD 刻录机等，其中 DVD 刻录机又分 DVD+R、DVD-R、DVD+RW、DVD-RW（W 代表可反复擦写）和 DVD-RAM。刻录机的外观和普通光驱差不多，只是其前置面板上通常都清楚地标识着写入、复写和读取 3 种速度。

从光存储产品出现至今，出现了众多标准的盘片，不同标准的盘片在性能、功能方面都各有差异。现今的光存储产品都支持较多标准的盘片，都能顺利地读取其上数据信息。盘片标准有以下几种：CD-ROM、CD-R、CD-RW、DVD-ROM、DVD-R、DVD-RW、DVD+RW 等。它们的容量大小不同，一般 CD 盘的最大容量为 600MB～800MB，而普通 DVD 盘的容量最大为 4.7GB。

2．移动硬盘

移动硬盘是以硬盘为存储介质，计算机之间交换大容量数据，强调便携性的存储产品。市场上绝大多数的移动硬盘都是以标准硬盘为基础的，而只有很少部分的是以微型硬盘（1.8 英寸硬盘等）为基础的。因为采用硬盘为存储介制，因此移动硬盘在数据的读写模式与标准 IDE 硬盘是相同的。移动硬盘多采用 USB、IEEE 1394、eSATA 等传输速度较快的接口。其外观如图 2.43 所示。

图 2.43 移动硬盘

移动硬盘具有体积小、容量大、速度快、使用方便等特点。移动硬盘（盒）的尺寸分为 1.8 英寸、2.5 英寸和 3.5 英寸三种。2.5 英寸移动硬盘盒可以使用笔记本电脑硬盘，2.5 英寸移动硬盘盒体积小重量轻，便于携带，一般没有外置电源。移动硬盘绝大多数是 USB 接口的。由于移动硬盘大多采用 USB、IEEE 1394、eSATA 接口，能提供较高的数据传输速度。USB 2.0 接口传输速率是 60MB/s，USB 3.0 接口传输速率是 625MB/s, IEEE 1394 接口传输速率是 50~100MB/s。

现在计算机基本都配备了 USB功能，主板通常可以提供 2～8 个 USB 口，USB 接口已成为计算机的必备接口。USB 设备在多数版本的 Windows 操作系统中，都可以不需要安装驱动程序，使用起来灵活方便。但由于 160G 以上大容量硬盘转速高达 7200r/min，所以需要外接电源。

移动硬盘可以提供相当大的存储容量，市场中的移动硬盘能提供 320GB、500GB、600GB、640GB、900GB、1000GB、1.5TB、2TB、2.5TB、3TB、3.5TB、4TB 等，最高可达 12TB 的容量。1.8 英寸移动硬盘大多提供 10GB、20GB、40GB、60GB、80GB；2.5 英寸有 120GB、

160GB、200GB、250GB、320GB、500GB、640GB、750GB、1TB 的容量；3.5 英寸的移动硬盘还有 500GB、640GB、750GB、1TB、1.5TB、2TB 的大容量，除此之外还有桌面式的移动硬盘，容量更达到 4TB 的超大容量。随着技术的发展，移动硬盘的容量将越来越大，而体积则会越来越小。

3．固态硬盘

固态硬盘（Solid State Disk）是用固态电子存数芯片阵列制成的硬盘，由控制单元和存储单元（FLASH 芯片、DRAM 芯片）组成。固态硬盘在接口的规范和定义、功能及使用方法上与普通硬盘完全相同，在产品外形和尺寸上也完全与普通硬盘一致，被广泛应用于军事、车载、工控、视频监控、网络监控、电力、医疗、航空、导航设备等领域。其外观如图 2.44 所示。

固态硬盘的存储介质分为两种，一种是采用闪存（FLASH 芯片）作为存储介质，另一种是采用 DRAM 芯片作为存储介质。

基于闪存的固态硬盘（IDE Flash Disk、Serial ATA Flash Disk）：采用 FLASH 芯片作为存储介质，这也是通常所说的 SSD。它的外观可以被制作成多种模样，例如：笔记本硬盘、微硬盘、存储卡、U 盘等样式。这种 SSD 固态硬盘最大的优点就是可以移动，而且数据保护不受电源控制，能适应于各种环境，但是使用年限不高，适合于个人用户使用。

基于 DRAM 的固态硬盘：采用 DRAM 作为存储介质，应用范围较窄。它仿效传统硬盘的设计，可被绝大部分操作系统的文件系统工具进行卷设置和管理，并提供工业标准的 PCI 和 FC 接口用于连接主机或者服务器。应用方式可分为 SSD 硬盘和 SSD 硬盘阵列两种。它是一种高性能的存储器，而且使用寿命很长，美中不足的是需要独立电源来保护数据安全。DRAM 固态硬盘属于比较非主流的设备。

图 2.44　固态硬盘

4．优盘

U 盘即 USB 盘的简称，而优盘只是 U 盘的谐音称呼。U 盘是闪存的一种，因此也叫闪盘，是移动存储设备之一。其最大的特点就是：小巧便于携带、存储容量大、价格便宜。U 盘是采用闪存技术来存储数据信息的可移动存储盘，闪存技术与传统的电磁存储技术相比有许多优点：一是这种存储技术在存储信息的过程中没有机械运动，这使得它的运行非常的稳定，从而提高了它的抗震性能，使它成为所有存储设备里面最不怕震动的设备；二是由于它不存在类似软盘，硬盘，光盘等的高速旋转的盘片，所以它的体积往往可以做得很小。U 盘的外观如图 2.45 所示。

图 2.45　U 盘

2.4　显卡的基本结构

显示卡（又称显示适配器）的作用是控制显示器的显示方式。作为计算机的重要组成部分，显卡的作用是不容忽视的，几乎每个应用程序都会使用显卡。简单地说，显卡的作用就是控制显示器上的每一个点的亮度和颜色，使显示器描绘出想要看到的图像。

2.4.1　显卡的结构

显卡的全称为显示接口卡（Video card/Graphics card），又称为显示适配器（Video adapter）或显示器配置卡，是计算机的最基本配置之一。显卡的用途是将计算机系统所需要的显示信息进行转换驱动，并向显示器提供行扫描信号，控制显示器的正确显示，是连接显示器和个人计算机主板的重要元件。显卡的外观如图 2.46 所示。

图 2.46　显卡

1. 显卡的基本结构

（1）GPU。

GPU 中文名称为“图形处理器”，是一个专门的图形核心处理器。其概念是 NVIDIA 公司在发布 GeForce 256 图形处理芯片时首先提出的。GPU 使显卡减少了对 CPU 的依赖，并进行部分原本 CPU 的工作，尤其是在 3D 图形处理时。GPU 所采用的核心技术有硬件 T&L（几何转换和光照处理）、立方环境材质贴图和顶点混合、纹理压缩和凹凸映射贴图、双重纹理四像素 256 位渲染引擎等，而硬件 T&L 技术可以说是 GPU 的标志。GPU 主要由 NVIDIA 与 AMD 两家厂商生产。

（2）显存。

显存是显示内存的简称，其主要功能就是暂时储存显示芯片要处理的数据和处理完毕的数据。图形核心的性能愈强，需要的显存也就越多。以前的显存主要是 SDR 的，容量也不大。现在市面上的显卡大部分采用的是 DDR 5 显存。

（3）显示 BIOS。

显示 BIOS 是显卡与驱动程序之间的控制程序，储存有显卡的型号、规格、生产厂家及出厂时间等信息。打开计算机时，通过显示 BIOS 内的一段控制程序，将这些信息反馈到屏幕上。早期显示 BIOS 是固化在 ROM 中的，不可以修改，而现在多数显卡采用了大容量的 EPROM，即所谓的 Flash BIOS，可以通过专用的程序进行改写或升级。

（4）显卡接口。

① PCI 接口。

PCI（Peripheral Component Interconnect，外围部件互连）接口最早是由 Intel 公司推出的，用于定义局部总线的标准。此标准允许在计算机内安装多达 10 个遵从 PCI 标准的扩展卡。最早提出的 PCI 总线工作在 33MHz 频率之下，传输速率达到 133MB/s，基本上满足了当时处理器的发展需要。随着计算机性能的提高，又提出了 64bit 的 PCI 总线，后来又提出把 PCI 总线的频率提升到 66MHz。PCI 接口的传输速率最高只有 266MB/s，不久即被 AGP 接口代替。

② AGP 接口。

AGP（Accelerate Graphical Port，加速图像处理端口）接口是 Intel 公司开发的一个视频接口技术标准，是为了解决 PCI 总线的低带宽而开发的接口技术。它通过将图形卡与系统主内存连接起来，在 CPU 和图形处理器之间直接开辟了更快的总线。其发展经历了 AGP 1.0（AGP 1X/2X）、AGP 2.0（AGP 4X）、AGP 3.0（AGP 8X）。最新的 AGP 8X 的理论速率为 2.1Gbit/s。到现在，PCI-E 接口基本取代了 AGP 接口。

③ PCI-E 接口。

PCI Express（简称 PCI-E）是新一代的总线接口，是 Intel 公司提出的取代 PCI 总线和多种芯片的内部连接的新一代的技术，并称之为第三代 I/O 总线技术。随后在 2001 年底，包括 Intel、AMD、DELL、IBM 在内的二十多家业界主导公司开始起草新技术的规范，并在 2002 年完成，对其正式命名为 PCI Express。而采用此类接口的显卡产品，在 2004 年正式面世。

2．显卡分类

（1）核芯显卡。

核芯显卡是 Intel 的新一代图形处理核心，和以往的显卡设计不同，Intel 凭借其在处理器制程上的先进工艺以及新的架构设计，将图形核心与处理核心整合在同一块基板上，构成一颗完整的处理器。这种智能处理器架构的设计，缩减了处理核心、图形核心、内存及内存控制器间的数据周转时间，有效提升了处理效能并大幅降低了芯片组整体功耗，有助于缩小核心组件的尺寸，为笔记本电脑、一体机等产品的设计提供了更大的选择空间。

核芯显卡的优点：核芯显卡的最主要优势是低功耗。由于新的精简架构及整合设计，核芯显卡对整体能耗的控制更加优异，高效的处理性能大幅缩短了运算时间，进一步缩减了系统平台的能耗。高性能也是它的主要优势：核芯显卡拥有诸多优势技术，可以带来充足的图形处理能力，相较前一代产品，其性能的进步十分明显。核芯显卡可支持 DX 10/DX 11、SM 4.0、OpenGL 2.0 以及全高清 Full HD MPEG 2/H.264/VC-1 格式解码等技术，其将加入的性能动态调节更可大幅提升核芯显卡的处理能力，令其完全满足普通用户的需求。

核芯显卡的缺点：配置核芯显卡的 CPU 通常价格较高，同时其难以胜任大型游戏。

（2）集成显卡。

集成显卡是将显示芯片、显存及其相关电路都集成在主板上，集成显卡的显示芯片有单独的，但大部分都集成在主板的北桥芯片中；一些主板集成的显卡也在主板上单独安装了显存，但其容量较小，集成显卡的显示效果与处理性能相对较弱，不能对显卡进行硬件升级，但可以通过 CMOS 调节频率或刷入新 BIOS 文件实现软件升级来挖掘显示芯片的潜能。

集成显卡的优点：功耗低、发热量小、部分集成显卡的性能已经可以媲美入门级的独立显卡，所以不用花费额外的资金购买独立显卡。

集成显卡的缺点：性能相对低点，而且固化在主板或 CPU 上，本身无法更换，如果必须换，就只能换主板。

（3）独立显卡。

独立显卡是指将显示芯片、显存及其相关电路单独做在一块电路板上，自成一体而作为一块独立的板卡存在，它需占用主板的扩展插槽（ISA、PCI、AGP 或 PCI-E）。

独立显卡的优点：单独安装有显存，一般不占用系统内存，在技术上也较集成显卡先进得多，比集成显卡能得到更好的显示效果和性能，容易进行显卡的硬件升级。

独立显卡的缺点：系统功耗有所加大，发热量也较大，需额外花费购买显卡的资金，同时（特别是对笔记本电脑）占用更多空间。

由于显卡性能和要求不同，独立显卡实际分为两类，一类是专门为游戏设计的娱乐显卡，另一类则是用于绘图和 3D 渲染的专业显卡。

3．输出接口

显卡所处理的信息最终都要输出到显示器上，显卡的输出接口就是微机与显示器之间的桥梁，它负责向显示器输出相应的图像信号。

（1）VGA 接口。

CRT 显示器因为设计制造上的原因，只能接收模拟输入信号，这就需要显卡能够输出模拟信号。VGA 接口就是显卡上输出模拟信号的接口。VGA（Video Graphics Array）接口，也叫 D-Sub 接口。虽然液晶显示器可以直接接收数字信号，但很多低端产品为了与 VGA 接口显卡相匹配，因而采用 VGA 接口。VGA 接口是一种 D 型接口，上面共有 15 个针脚，分成 3 排，每排 5 个。VGA 接口是显卡上应用最为广泛的接口类型，绝大多数的显卡都带有此种接口，如图 2.47 所示。

图 2.47　VGA 接口

（2）S 端子接口。

TV-Out 是指显卡具备输出信号到电视的相关接口。目前应用最广泛、输出效果也好的 TV-Out 是 S 端子接口，如图 2.48 所示。S 端子也就是 Separate Video，而“Separate”的中文意思就是“分离”。它是在 AV 接口的基础上将色度信号 C 和亮度信号 Y 进行分离，再分别以不同的通道进行传输，减少影像传输过程中的“分离”、“合成”的过程，减少转化过程中的损失，以得到最佳的显示效果。

图 2.48　S 端子接口

（3）DVI 接口。

DVI 全称为 Digital Visual Interface，即数字视频信号接口，如图 2.49 所示。DVI 接口用于连接具有数字接口的显示设备，如液晶显示器。目前的 DVI 接口分为两种：一种是 DVI-D 接口，只能接收数字信号，接口上只有 3 排 8 列共 24 个针脚，其中右上角的一个针脚为空，不兼容模拟信号；另外一种则是 DVI-I 接口，可同时兼容模拟和数字信号。兼容模拟信号并不意味着模拟信号的接口 D-Sub 接口可以连接在 DVI-I 接口上，而是必须通过一个转换接头才能使用，一般采用这种接口的显卡都会带有相关的转换接头。

图 2.49　DVI 接口

（4）HDMI 接口。

HDMI（High Definition Multimedia Interface，高清晰度多媒体接口）是一种数字化视频/音频接口技术，是适合影像传输的专用型数字化接口，如图 2.50 所示。其可同时传送音频和影音信号，最高数据传输速度为 5Gbit/s，同时无需在信号传送前进行数/模或者模/数转换。HDMI 可搭配宽带数字内容保护（HDCP），以防止非法复制。

图 2.50　HDMI 接口及其接线

HDMI接口不仅可以满足1080P的分辨率，还能支持Dolby TrueHD和DTS-HD Master Audio等先进音频格式，同时HDMI支持EDID、DDC2B，因此具有HDMI的设备具备“即插即用”的特点，信号源和显示设备之间会自动进行“协商”，自动选择最合适的视频/音频格式。与DVI相比，HDMI接口的体积更小，同时DVI的线缆长度不能超过8m，否则会影响画质，而HDMI最远可传输15m。只要一条HDMI缆线，就可以取代最多13条模拟传输线，能有效解决家庭娱乐系统背后连线杂乱纠结的问题。但是使用HDMI接口需要支付一定的技术协议授权费用。

2.4.2　显卡的主要性能参数

1．最大分辨率

最大分辨率就是表示显卡输出给显示器，并且能在显示器上描绘像素点的数量。目前的显示芯片都能提供2048像素×1536像素的最大分辨率。

2．色深

色深是指某个确定的分辨率下，描述每个像素点的色彩所使用的数据的长度，单位是“位”。它决定了每个像素点可以有的色彩种类。通常用颜色数来代替色深作为挑选显卡的指标，如16位、24位、32位色等。颜色数越多，所描述的颜色就越接近于真实的颜色。

通常人们定义“增强色”的概念来描述色深。它是指16位（2^{16}=65 535色）色，就是通常所说的“64K 色”。在此基础上还定义了真彩24位和32位色。对于普通用户来讲，16色已经接近人眼的分辨极限。

3．刷新率

刷新率指显示器每秒能对整个画面重复更新的次数。若此数为100Hz，表示显卡每秒将送出100张画面信号给显示器。一般而言，此数值越高，画面就越柔和、眼睛就越不会觉得屏幕闪烁。更新频率最好要在72Hz~75Hz或以上，才能避免在日光灯下出现闪烁现象，也不会造成眼睛的疲劳与伤害。不过现在一般显示器都能达到85Hz以上的刷新率。

4．显存大小

显示内存与系统内存的功能一样，用于暂时存放显示芯片处理的数据。我们在屏幕上看到的图像数据都是存放在显存内的，因此显卡的分辨率越高，屏幕上显示的像素点越多，所需的显存就越多。例如分辨率为1024像素×768像素必须有2MB的显存才能实现。

2.4.3　显卡的选购

显卡现在已经成为了决定微机性能的一个重要因素。因此在显卡的选择上，一定要进行细致的对比，最终去挑选一款相对来说性价比比较高的产品。

1．显卡芯片

图形处理芯片是显卡的心脏，一款显卡所使用的图形处理芯片基本决定了这块显卡的性能和档次。现在的显卡市场中可以说是NVIDIA与ATi两雄争霸的局面，这两大厂商针对高、中、低三类不同市场都推出了相对应的图形芯片产品，以此来满足不同消费者的需求。选择图形芯片时首先自然是考虑购买什么型号的芯片产品，图形芯片的类型直接决定了这款显卡产品像素填充率以及多边形生成率等重要指数。

2．教你如何看显存

目前显卡产品的显存封装形式主要分为TSOP和MicroBGA两种，采用TSOP显存封装类型的产品现在的制造工艺比较成熟，可靠性也比较高。同时这类封装显存具有成品率高、价格便宜等优势，因此为现在大多数显卡所采用。Micro BGA 封装类型的显存虽然在功耗方面有所增加，但其采用的可控塌陷芯片焊接方法使得产品在电气性能方面有了明显的改善。同时由于这类显存在厚度和重量上都比 TSOP 封装的产品有所改善，因此产品的寄生参数减少、信号传输延迟减小，产品的工作频率及超频性能都有了显著的提高。

3．散热

随着显卡产品制造工艺越来越精密以及工作频率的不断提高，显卡的散热问题也逐渐突显在人们面前。目前显卡的散热产品种类主要有散热片、散热风扇以及热管散热器这三种，散热片和散热风扇相信是显卡中使用最为广泛的散热方式。热管散热工艺式显卡散热器配备了纯铜热管，在铜管外镀上了一层银，提高了导热效率。

4．看显卡接口

2004 年 PCI–Express 接口规范的确立及逐渐普及已经并还将会对日后显卡产品的发展产生重大的影响，PCI–Express 作为第三代 I/O 总线技术，采用了业界流行的点对点串行连接方式，使得这类产品的数据传输速度要比 AGP 接口的显卡快了很多。其中 PCI–E 16X 最高可以提供 8GB/s 的传输速率，远远超过了 AGP 8X 产品 2.1GB/s 的带宽。同时 PCI–Express 技术还能够支持热插拔。

5．其他方面注意事项

除了上述四个方面以外，购买显卡时还有一些值得留意的事项。首先是显卡的做工，一款高性能的产品往往在做工上就能体现出来，PCB 板层数的多少、焊点及走线的情况、各种元部件的选择，这些都能反映出显卡生产厂商的制造工艺水平如何。对于那些使用 6 到 8 层 PCB 板工艺，使用高品质电容同时产品做工也比较精良的显卡，一般在产品的稳定性以及超频表现上都会令人满意。其次，还应当注意图形输出接口是否全面。现在的主流显卡应当都包括 VGA 接口、S 端子接口以及 DVI 接口，这样才能够保证使产品能够连接各种显示设备。

2.5 网络接入设备

计算机发展到今天这个网络时代，上网已经是微机的一个最基本的功能之一。实现这项功能，计算机必须具备网卡。

2.5.1 网卡

网卡也叫“网络适配器”，英文全称为“Network Interface Card”，简称“NIC”。网卡是局域网中最基本的部件之一，它是连接计算机与网络的硬件设备。无论用双绞线连接、同轴电缆连接还是光纤连接，都必须借助于网卡实现数据的通信。

网卡的主要工作原理是整理计算机上发往网线上的数据，并将数据分解为适当大小的数据包之后，向网络上发送出去。对于网卡而言，每块网卡都有一个唯一的网络节点地址，它是网卡生产厂家在生产时烧入 ROM（只读存储芯片）中的，叫做 MAC 地址（物理地址）。

1．网卡的分类

网卡可按总线接口（BUS）、网络接口以及带宽（Bandwidth）3 种方式进行分类。

（1）按总线接口类型分。

按总线接口划分有以下 4 种：ISA 接口、PCI 接口、USB 接口和 PCMCIA 接口。

① ISA 总线。

随着 PC 架构的演化，ISA 总线因速度缓慢、安装复杂等自身难以克服的问题，完成了历史使命，ISA 总线的网卡也随之消失了。一般来讲，10Mbit/s 网卡多采用 ISA 总线，大多用于低档的电脑中，现在基本不用了。

② PCI 总线。

PCI 总线在服务器和桌面机中有不可替代的地位。32 位 33MHz 下的 PCI，数据传输率可达到 132MB/s，而 64 位 66MHz 的 PCI，最大数据传输率可达到 267MB/s，从而适应了电脑高速 CPU 对数据处理的需求和多媒体应用的需求，所以，现在的网卡是几乎都是使用 PCI 总线接口，如图 2.51 所示。

图 2.51　PCI 接口网卡

③ PCMCIA 总线。

PCMCIA 网卡是用于笔记本电脑的一种网卡，大小与扑克牌差不多，只是厚度厚一些，为 3～4mm。PCMCIA 是笔记本电脑使用的总线，PCMCIA 插槽是笔记本电脑用于扩展功能使用的扩展槽。PCMCIA 总线分为两类，一类为 16 位的 PCMCIA，另一类为 32 位的 CardBus。CardBus 是一种用于笔记本电脑的新的高性能 PC 卡总线接口标准，不仅能提供更快的传输速率，而且可以独立于主 CPU，与电脑内存间直接交换数据，减轻了 CPU 的负担，其外观如图 2.52 所示。

图 2.52　32-bit CarBus

④ USB 接口。

USB 作为一种新型的总线技术，由于传输速率远远大于传统的并行口和串行口，设备安装简单又支持热插拔，已被广泛应用于鼠标、键盘、打印机、扫描仪、Modem、音箱等各种设备，网络适配器自然也不例外。USB 网络适配器其实是一种外置式网卡，如图 2.53 所示。

图 2.53　USB 接口的网卡

（2）按网络接口划分。

除了可按网卡的总线接口类型划分外，还可以按网卡的网络接口类型来划分。网卡最终要与网络进行连接，所以也就必须有一个接口使网线通过它与其他计算机网络设备连接起来。不同的网络接口适用于不同的网络类型，常见的接口主要有以太网的 RJ-45 接口，如图 2.54 所示；细同轴电缆的 BNC 接口，如图 2.55 所示；以及粗同轴电缆 AUI 接口、FDDI 接口、ATM 接口等。有的网卡为了适用于更广泛的应用环境，提供两种或多种类型的接口，如有的网卡同时提供 RJ-45 接口、BNC 接口或 AUI 接口。

图 2.54　RJ-45 端口的 10M/100Mbit/s 网卡

图 2.55　用来连接 RG-58 网线的 BNC 接口

（3）按带宽划分。

随着网络技术的发展，网络带宽也在不断提高，但是不同带宽的网卡所应用的环境也有所不同。网卡主要有 10Mbit/s 网卡、100Mbit/s 以太网卡、10M/100Mbit/s 自适应网卡、1 000Mbit/s 吉以太网卡 4 种。

（4）按网卡应用领域来分。

如果根据网卡所应用的计算机类型来分，可将网卡分为应用于工作站的网卡和应用于服务器的网卡。前面所介绍的基本上都是工作站网卡，其实通常也应用于普通的服务器上。在大型网络中，服务器通常采用专门的网卡。它相对于工作站所用的普通网卡来说，在带宽（通常在100Mbit/s以上，主流的服务器网卡都为64位吉网卡）、接口数量、稳定性、纠错等方面都有比较明显的提高。还有的服务器网卡支持冗余备份、热拔插等服务器专用功能。

2．网卡的选购

网卡看似只是一个简单的网络设备，但它起的作用却是决定性的。加上目前网卡品牌、规格繁多，稍不留意，很可能所购买的网卡根本就用不上，或者质量太差。如果网卡性能不好，其他网络设备性能再好也无法实现预期的效果。

（1）网卡的材质和制作工艺。

网卡属于电子产品，所以它与其他电子产品一样，制作工艺也主要体现在焊接质量、板面光洁度和网卡的板材上。网卡在布线方面应作充分的优化，通过合理的设计缩短各个线路长度的差别和过孔的数量，同时因为网卡上大部分走线为信号线，在布线上应遵循信号线和地线之间回路面积最小的原则，大大减小信号之间串扰的可能性。劣质网卡在布线上常常不合理，线路的长度差距很大，而且过孔数量较多，这样的网卡容易造成信号传输的偏差，可靠性很差，而且会影响到系统的稳定性。

（2）选择恰当的品牌。

如果为较大型的企业网络购买网卡，建议购买信誉较好的名牌产品，如3COM、Intel、D-Link、Accton、实达、TP-Link、D-link 等。其实普通网卡各大品牌所采用的技术也差不多，只不过体现在制作工艺上，现在一些知名的国内品牌也在这方面做得比较好，可以放心选购，而且价格上会比国外大品牌便宜许多。

（3）根据网络类型选择网卡。

由于网卡种类繁多，不同类型的网卡它的使用环境可能是不一样的。因此，大家在选购网卡之前，最好应明确所选购网卡使用的网络及传输介质类型、与之相连的网络设备带宽等情况。网卡除了按上面接口来划分外还有带宽的不同。一般个人用户和家庭组网时因传输的数据信息量不是很大，主要选择10M和10M/100M自适应网卡。如果局域网传输信息量很大或者考虑到以后的升级，100M网卡是一个不错的选择。只是要注意一点，就是与网卡相联的各网络设备在速度参数方面必须保持兼容才能正常工作。

（4）根据计算机插槽总线类型选购网卡。

由于网卡是要插在计算机的插槽中的，这就要求所购买的网卡总线类型必须与装入机器的总线相符。总线的性能直接决定了从服务器内存和硬盘向网卡传递信息的效率。

（5）根据使用环境来选择网卡。

为了能使选择的网卡与计算机协同高效地工作，我们还必须根据使用环境来选择合适的网卡。比如服务器端网卡由于技术先进，价钱会贵很多，为了减少主CPU占有率，服务器网卡应选择带有自高级容错、带宽汇聚等功能，这样服务器就可以通过增插几块网卡提高系统的可靠性。此外，如果要在笔记本电脑中安装网卡的话，我们最好要购买与计算机品牌相一致的专用网卡，这样才能最大限度地与其他部件保持兼容，并发挥最佳性能。

2.5.2 宽带路由器

宽带路由器是近几年来新兴的一种网络产品，它伴随着宽带的普及应运而生。宽带路由器在一个紧凑的盒子中集成了路由器、防火墙、带宽控制和管理等功能，具备快速转发能力。宽带路由器具有灵活的网络管理和丰富的网络状态等特点。多数宽带路由器针对中国宽带应用优化设计，可满足不同的网络流量环境，具备良好的电网适应性和网络兼容性。多数宽带路由器采用高度集成设计，集成了 10/100Mbit/s 宽带以太网 WAN 接口、并内置多口 10/100Mbit/s 自适应交换机，方便多台机器连接内部网络与 Internet。其外观如图 2.56 所示。

图 2.56　宽带路由器

1．宽带路由器的功能

宽带路由器一般通过连接宽带调制解调器，如 ADSL、Cable MODEM 的以太网口接入 Internet，也支持与运营商宽带以太网接入的直接连接，当然也支持其他任何如 DDN 转换成以太网接口形式后的连接，并支持路由协议，如静态路由、RIP、RIPv2 等。宽带路由器的主要功能的实现来自以下三方面。

（1）内置 PPPoE。

在宽带数字线上进行拨号，不同于模拟电话线上用调制解调器的拨号，其一般采用专门的协议 PPPoE（Point-to-Point Protocol over Ethernet），拨号后直接由验证服务器进行检验，用户需输入用户名与密码，检验通过后就建立起一条高速的用户数字，并分配相应的动态 IP。宽带路由器或带路由的以太网接口 ADSL 等都内置有 PPPoE 虚拟拨号功能，可以方便地替代手工拨号接入宽带。

（2）内置 DHCP 服务器。

宽带路由器都内置有 DHCP 服务器的功能和交换机端口，便于用户组网。DHCP（Dynamic Host Configuration Protocol，动态主机分配协议）允许服务器向客户端动态分配 IP 地址和配置信息。通常，DHCP 服务器至少给客户端提供以下基本信息：IP 地址、子网掩码、默认网关。它还可以提供其他信息，如域名服务（DNS）服务器地址和 WINS 服务器地址。通过宽带路由器内置的 DHCP 服务器功能，用户可以很方便地配置 DHCP 服务器分配给客户端，从而实现联网。

（3）NAT 功能。

宽带路由器一般利用网络地址转换功能（NAT）以实现多用户的共享接入，NAT 比传统的采用代理服务器（Proxy Server）的方式具有更多的优点。NAT 提供了连接互联网的一种简单方式，并且通过隐藏内部网络地址的手段为用户提供了安全保护。

内部网络用户（位于 NAT 服务器的内侧）连接互联网时，NAT 将用户的内部网络 IP 地址转换成一个外部公共 IP 地址（存储于 NAT 的地址池），当外部网络数据返回时，NAT 则反向将目标地址替换成初始的内部用户的地址，好让内部网络用户接受。

2．无线宽带路由器

无线路由器是无线接入点 AP 与宽带路由器的一种结合体，是带有无线覆盖功能的路由器，主要应用于用户上网和无线覆盖。无线路由器可以看作一个转发器，将家中墙上接入的宽带网络信号通过天线转发给附近的无线网络设备。市场上流行的无线路由器一般都支持专线 XDSL/ Cable，动态 XDSL，PPTP4 种接入方式，它还具有 DHCP 服务、NAT 防火墙、MAC 地址过滤等等功能。越来越多地运用于金融、保险、电力、监控、交通、气象、水文监测等行业。

无线路由器借助于路由器功能，可实现家庭无线网络中的 Internet 连接共享，实现 ADSL 和小区宽带的无线共享接入，另外，无线路由器可以把通过它进行无线和有线连接的终端都分配到一个子网，这样子网内的各种设备交换数据就非常方便。无线路由器就是 AP、路由功能和集线器的集合体，支持有线无线组成同一子网，直接接上上层交换机或 ADSL 猫等，因为大多数无线路由器都支持 PPPoE 拨号功能。无线路由器的外观如图 2.57 所示。

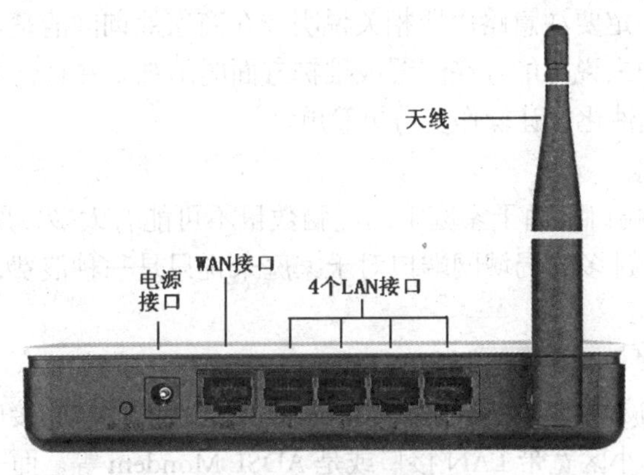

图 2.57　无线路由器

常见的无线路由器一般都有一个 RJ-45 口为 WAN 口，也就是 UPLink 到外部网络的接口，其余 2~4 个口为 LAN 口，用来连接普通局域网，内部有一个网络交换机芯片，专门处理 LAN 接口之间的信息交换。通常无线路由的 WAN 接口和 LAN 接口之间的路由工作模式都采用 NAT 方式。

所以，其实无线路由器也可以作为有线路由器使用。

（1）设备连接。

常见的家庭接入 Internet 一般分采用电话线接入和采用超五类双绞线接入两种，区别在于前者无线路由 WAN 接口连接的是 ADSL Modem 的 LAN 接口，后者则直接将引入家中的超五类双绞线（RJ-45）接入无线路由的 WAN 接口，采用电话线的 ADSL 接入无线网络的连接，如图 2.58 所示。

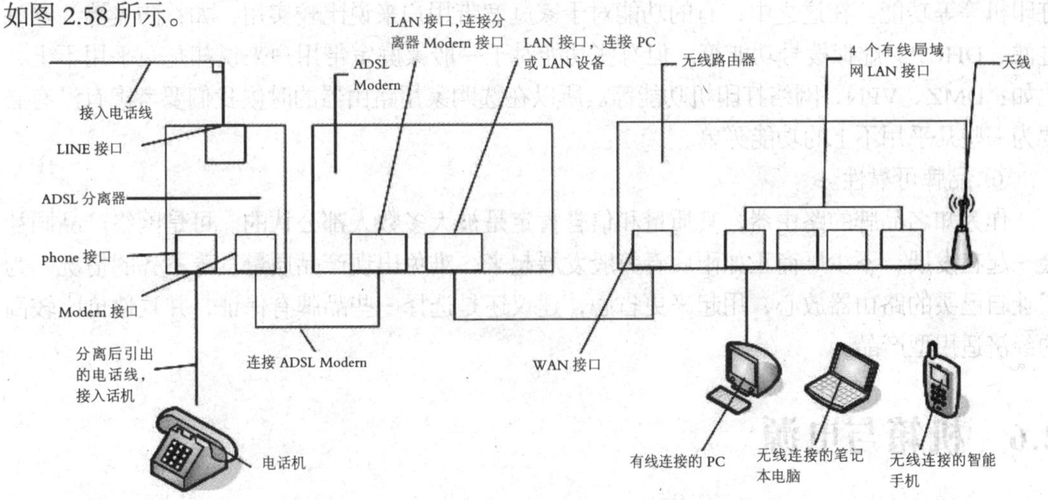

图 2.58　无线宽带路由器小型局域网连接示意图

（2）选购技巧。

随着宽带网络的逐步普及，宽带路由器已经得到越来越广泛的应用，衍生并发展了宽带路由市场，路由器产品也是种类繁多，使大多数想要购买路由器但又缺乏基本知识的消费者无从选择，这里对选购宽带路由器的主要性能指标逐一进行分析解读，希望对大家选择宽带路由器有所帮助。

① 使用方便。

在购买路由器时一定要注意路由器相关说明或在商家处询问清楚是否提供 Web 界面管理，否则对于家庭用户来说可能存在配置或维护方面的困难。并且许多路由器维护界面已经是全中文，界面更加人性化，让操作变得更简单。

② LAN 端口数量。

LAN 口即局域网端口，由于家庭中的电脑数量不可能有太多，所以局域网端口数量只要能够满足需求即可，过多的局域网端口对于家庭来说只是一种浪费，而且会增加不必要的开支。

③ WAN 端口数量。

WAN 端口即宽带网端口，它是用来与 Internet 网连接的广域网接口。通常在家庭宽带网络中 WAN 端口都接如小区宽带 LAN 接口或是 ADSL Mondem 等。而一般家庭宽带用户对网络要求并不是很高，所以，路由器的 WAN 端口一般只需要一个就够了，不必要为了过分追求网络带宽而采用多 WAN 端口路由器，也不必要花多余的钱。

④ 带宽分配方式。

需要了解您所购买的路由器 LAN 端口的带宽分配方式。到 2013 年，市面上有些不知名品牌厂商所生产的家用路由器实际上是采用了集线器的共享宽带分配方式，即在局域网内部的所有计算机共同分享这 10/100Mbit/s 的带宽，而不是路由器的独享带宽分配方式。路由器的独享宽带分配方式是在局域网内所有计算机都能单独拥有 10/100Mbit/s 的带宽，因此这种产品在局域网内部传送数据时对网络传输速度有很大影响。

⑤ 功能适用。

2013 年，市面上很多宽带路由器都提供了防火墙、动态 DNS、网站过滤、DMZ、网络打印机等等功能。在这之中，有的功能对于家庭宽带用户来说比较实用，如：防火墙、网站过滤、DHCP、虚拟拨号功能等。但有些功能对于一般家庭宽带用户来说却是几乎用不上，比如：DMZ、VPN、网络打印机功能等。所以在选购家用路由器的时候我们要考虑有没有必要为一些几乎用不上的功能买单。

⑥ 品牌可靠性。

作为知名品牌的路由器，其质量和信誉肯定是被大多数人都公认的。可是网络产品同社会一起在发展，不少厂商正如雨后春笋般发展起来，难免出现产品质量良莠不齐的情况。为了让自己买的路由器放心，用起来更省心，建议还是选择一些品牌有保证，并且性价比较高的经济适用型产品。

2.6 机箱与电源

买计算机自然少不了机箱和电源。虽然机箱和电源比起动辄几百上千的主板、硬盘这些大件来说，似乎无关紧要，一个好的电源至少可以工作好几年，不用担心会对主板特别是硬盘等重要部件造成损害，但其实里面还是大有学问的。下面就简单地介绍机箱和电源，其外观如图 2.59 所示。

图 2.59　机箱与电源

2.6.1　机箱

机箱是计算机主机的外壳，也可以说是计算机主机的骨架，它支撑并固定组成主机的各种板卡、线缆接口、数据存储设备以及电源等零配件。除此之外，机箱还要有良好的电磁兼容性，能有效屏蔽电磁辐射，保护用户的身心健康；扩展性能良好，有足够数量的驱动器扩展仓位和板卡扩展槽数，以满足升级扩充的需要；通风散热设计合理，能满足微机主机内部众多配件的散热需求。在易用性方面，现在的机箱还具备前置 USB 接口，前置 IEEE 1394 接口，前置音频接口，读卡器接口等。现在，许多机箱对驱动器、板卡等配件和机箱的自身紧固，都采用了免螺丝设计，方便用户拆装；有些机箱还外置了 CPU、主板以及系统等的温度显示功能，使用户对微机的运行和散热情况一目了然。在外观方面，机箱也越来越美观新颖，色彩缤纷，满足人们在审美和个性化方面的需求。选购机箱时必须检查机箱是否具备以下 5 点。

1．坚固性

主机中的硬盘是除 CPU 之外最重要的硬件。硬盘最怕振动剧烈的环境，里面的盘片在高速运转，剧烈的振动很容易导致盘片的损害。劣质的机箱由于一般钢皮都非常薄，因此 CPU 散热风扇和电源风扇旋转时产生的振动，除会导致机箱钢皮共振发出了很大的噪声外，同时会引起硬盘的剧烈振动而导致出现物理坏道。

2．扩充性

为了方便微机主机的日后升级，机箱应该预留足够的扩充空间，方便日后更换升级硬件。

3．散热性

散热是机箱非常重要的功能，而一般的劣质机箱的散热情况非常糟糕，没有设计必要的散热孔，甚至连散热风扇的位置也节省了。这样，使得机箱里面温度升高时散热不良从而导致微机的死机，甚至破坏内部硬件。

4．屏蔽性

劣质机箱对人体也存在着极大的危害。由于计算机内部存在大量高频电子器件，因此在运行时，机箱内部会产生大量的高频电磁波。如果这种高频电磁波大量外泄，肯定会对使用者的身体造成一些不利的影响。一个优质的机箱能发挥有效的屏蔽作用，将泄漏的电磁波控制在安全的幅度内。很多机箱在用料上并没有考虑这一点，这些机箱没有通过电磁辐射认证，对于长期在微机旁工作的人来说，这些辐射的危害很大。

2.6.2 电源

计算机属于弱电产品，也就是说部件的工作电压比较低，一般在±12V 以内，并且是直流电。而普通的市电为 220V（有些国家为 110V）交流电，不能直接在计算机部件上使用。因此计算机和很多家电一样需要一个电源部分，负责将普通市电转换为计算机可以使用的电压，一般安装在计算机内部。

计算机的核心部件工作电压非常低，并且由于计算机工作频率非常高，因此对电源的要求比较高。目前计算机的电源为开关电路，将普通交流电转为直流电，再通过斩波控制电压，将不同的电压分别输出给主板、硬盘、光驱等计算机部件。计算机电源的工作原理属于模拟电路，负载对电源输出质量有很大影响，因此计算机最重要的一个指标就是功率。这就是常说的：足够功率的电源才能提供纯净的电压。

1．电源分类

AT 电源功率一般为 150W～220W，共有 4 路输出（±5V、±12V），另向主板提供一个 P.G.信号。输出线为两个六芯插座和几个四芯插头，两个六芯插座给主板供电。AT 电源采用切断交流电网的方式关机。AT 电源如今已经淡出市场。

ATX 电源（如图 2.60 所示）和 AT 电源相比，其外形尺寸没有变化，主要增加了+3.3V 和+5V StandBy 两路输出和一个 PS-ON 信号，输出线改用一个 20 芯线给主板供电。随着 CPU 工作频率的不断提高，为了降低 CPU 的功耗以减少发热量，需要降低芯片的工作电压，所以，由电源直接提供 3.3V 输出电压成为必须。+5V StandBy（SB）也叫辅助+5V，只要插上 220V 交流电它就有电压输出。PS-ON 信号是主板向电源提供的电平信号，低电平时电源启动，高电平时电源关闭。利用+5V SB 和 PS-ON 信号，就可以实现软件开关机器、键盘开机、网络唤醒等功能。辅助+5V 始终是工作的，有些 ATX 电源在输出插座的下面加了一个开关，可切断交流电源输入，彻底关机。

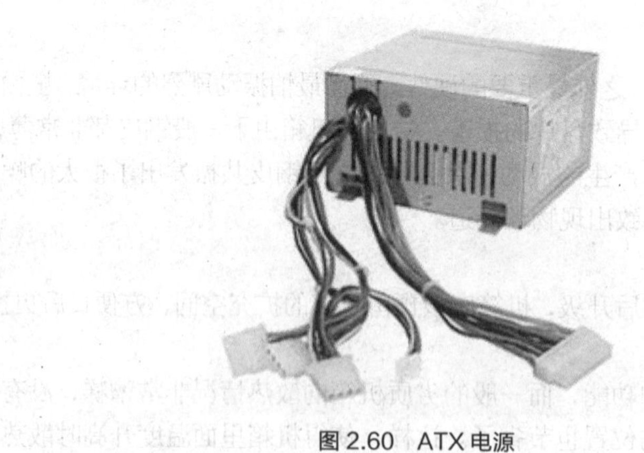

图 2.60 ATX 电源

Micro ATX 电源是 Intel 在 ATX 电源之后推出的标准，主要目的是降低成本。与 ATX 电源相比，其显著变化是体积和功率减小了。ATX 的体积是 150mm×140mm×86mm，Micro ATX 的体积是 125mm×100mm×63.51mm；ATX 的功率在 220W 左右，Micro ATX 的功率是 90W～145W。

2．计算机电源输出线颜色的含义与功率的分配

计算机电源的输出线路远比大多数电器的输出线路复杂，电源线非常多。其实其中大部分输出线都连接在同样的焊点上，只是输出设备不同所以需要多根连线而已。

同样颜色的输出线，其输出电压都是一致的。计算机电源上的输出线共有 9 种颜色，其中在主板 20 针插头上的绿色和灰色线，是主板启动的信号线；而黑色线则是地线。其他的各种颜色的输出线的含义如下。

红色线：+5V DC 输出，用于驱动除磁盘、光盘驱动器电机以外的大部分电路，包括磁盘、光盘驱动器的控制电路。

黄色线：+12V DC 输出，用于驱动磁盘驱动器电机、冷却风扇，或通过主板的总线槽来驱动其他板卡。

橙色线：+3.3V DC 输出，这是随着 ATX 电源增加的输出。以前电源供应的最低电压为+5V，供给主板、CPU、内存、各种板卡等，从 PentiumⅡ时代开始，Intel 公司为了降低能耗，把 CPU、内存等的电压降到了 3.3V 以下。为了减少主板产生热量和节省能源，现在的电源直接提供 3.3V 电压，经主板变换后用于驱动 CPU、内存、显卡等电路。强大的+3.3V DC 有利于内存、显卡等设备的稳定与超频。

以上三种输出，是微机电源的主要电能输出，它们的输出线明显多于其他输出，而且输出电流也要大得多。

白色线：−5V DC 输出，在较早的 PC 中用于软驱控制器及某些 ISA 总线板卡电路。在许多新系统中已经不再使用−5V 电压，现在的某些形式电源如 SFX、FLEX ATX 一般不再提供−5V 输出。在 Intel 发布的最新的 ATX 12V 1.3 版本中，已经明确取消−5V 的输出，但大多数电源为了保持向上兼容，还是有这条输出线。

蓝色线：−12V DC 输出，主要用于某些串口电路，其放大电路需要用到+12V 和−12V，通常输出小于 1A，在目前的主板设计上也几乎已经不使用这个输出，而是通过对+12V DC 的转换获得需要的电流。

紫色线：+5V SB。与+5V 电压完全一样，但自己独自为一条电路，与其他供电电路无关，而且微机无论开机与否，只要电源通电就可以永远保持开通状态。这种电源支持一些可以对系统激活的设备，例如支持网络唤醒的网卡等。

绿色线：PS-ON 线。复杂操作系统管理电源的开关，是一种主板信号，和+5V SB 一起成为软电源，实现软件开机、网络唤醒等功能。

灰色线：PG（Power Good）信号。PG 信号线连接到主板上，并且受主板的监控软件控制开机。系统启动前电压进行内部检查和测试就是通过这条线路完成的，如果没有 PG 信号是无法开机的。

很明显，考量一个电源的功率支持能力，最主要就是要看红色、黄色、橙色 3 条线的最大输出能力。而不同配置的系统，则对于这 3 条线的输出能力有不同的要求。对于大多数新装配的计算机，显然+12V DC 输出是最重要的。

3．购买电源时还应该注意以下几点

① 电源的功率必须要大于计算机机箱内全部配件所需电源功率之和，并要留有一定的储备功率。

② 另一方面，在选购电源时要注意电源散热是否正常，散热风扇是否运转稳定，确保电源低噪声。

③ 在选购电源时，还要注意电源是否带有过压、过流、短路、开路等保护电路。

④ 注意电源是否有 3C 安全认证标志（见图 2.61）。

图 2.61　电源与 3C 认证标志

本章小结

计算机的主机设备主要由 CPU、主板、内存、硬盘、光驱、显卡、声卡、网卡等组成。通过本章的学习，学生可掌握它们的作用、工作原理和技术性能指标，以及对这些配件进行选购时需要注意的事项。结合这些知识，读者可以在购买计算机主机配件时有所选择，配置一台适合自己需求的主机。

习题二

1．填空题

（1）计算机的______是由 CPU 和北桥芯片共同决定的。

（2）______是个人计算机系统中最大的一块电路板，是用来承载计算机各类关键设备的基础平台。

（3）芯片组（Chipset）是主板的核心组成部分，通常分为______和南桥芯片。

（4）______是继 DDR2 以及更早的 DDR 内存技术之后的新一代产品，其特点是具有更快的速度、更高的数据带宽、更低的工作电压和功耗，以及更好的散热性能。

（5）硬盘接口分为 IDE、SATA、SCSI 和______ 4 种。

2．选择题

（1）DDR3 内存工作电压为（　）。

A．2.0V　　B．1.8V　　C．1.5V　　D．2.5V

（2）刷新率指显示器每秒能对整个画面重复更新的次数。刷新率最好要在（　）以上，才能避免在日光灯下出现闪烁现象。

A．72Hz　　B．76Hz　　C．80Hz　　D．85Hz

（3）通常人们用定义“增强色”的概念描述色深。它是指（　）位色。

A．16　　B．28　　C．32　　D．24

（4）由于移动硬盘大多采用 USB、IEEE 1394、eSATA 接口，能提供较高的数据传输速度。USB 3.0 接口传输速率是（　）。

A．700KB　　B．60MB　　C．30p0KB　　D．625MB

（5）电源的橙色线代表（　　）DC 输出。

A. ＋12 V　　B. ＋3.3V　　C. ＋5V　　D. －12V

3. 简答题

（1）CPU 的主频、外频和倍频之间的关系怎样表示？

（2）主板的组成主要包括哪几部分？

（3）常用的无线网络设备有哪些？

PART 3

第 3 章 外部设备及笔记本电脑

计算机外部设备是计算机硬件系统的重要组成部分，其性能的好坏将直接影响计算机系统的性能，同时，还影响使用者的工作效率和工作效果，甚至影响使用者的身体健康。常见的外部设备有显示器、键盘、鼠标、打印机、扫描仪等。本章主要介绍外部设备的工作原理、性能指标、选购常识，同时介绍笔记本电脑和平板电脑的基本知识。

3.1 显 示 器

显示器与显卡组成的显示系统是 PC 的主要输出设备之一。它的基本功能是把计算机处理的结果以图形、图像或字符的形式显示出来。计算机显卡与显示器通过一根电缆连接，实现信号传输。

3.1.1 显示器的分类

1. CRT 显示器

CRT 显示器是目前应用最广泛的显示器，CRT 显示器的调控方式从早期的模拟调节到数字调节，再发展到 OSD 调节。模拟调节是在显示器外部设置一排调节按钮，来手动调节亮度、对比度等一些技术参数。由于此调节所能达到的功效有限，不具备视频模式功能。另外，模拟器件较多，出现故障的机率较大，而且可调节的内容极少，已经淡出市场。数字调节是在显示器内部加入专用微处理器，操作更精确，能够记忆显示模式，而且其使用的多是微触式按钮，寿命长故障率低。OSD 调节从严格意义来说是数控方式的一种。它能以量化的方式将调节方式直观地反映到屏幕上。OSD 的出现，使显示器的调节方式上了一个新台阶。CRT 显示器外观如图 3.1 所示。

2. LCD 显示器

LCD 显示器（液晶显示器）是利用液晶的各种电光效应，把液晶对电场、磁场、光线和温度等外界条件的变化在一定条件下转换成为可视信号，具有功耗低，机身薄，占地小，辐射小、平板显示等优点。平常所见的液晶显示器件除了 LCD 属扭曲向列型（TN）之外，还有不用偏振片，具有存储效应的相变型（PC）；有电流效应的动态散射型（DS）；有加入染料的宾主彩色型（GH）；有彩色偏振片型（CTN）；有超扭曲向列型（STN）；有可以作液晶电视的有源矩阵型（TFT）；还有正在开发的后起之秀的铁电型（FE）及 MLC、LCOS 等。其外观如图 3.2 所示。

图 3.1 CRT 显示器

图 3.2 LCD 显示器

液晶显示器具有以下优点。

（1）低压、微功耗。

极低的工作电压，只要 2V~3V 即可工作，而工作电流仅几个微安，在工作电压和功耗上液晶显示正好与大规模集成电路的发展相适应。从而使液晶与大规模集成电路相辅相成。使电子手表、计算器、便携仪表，以至手提电脑、GPS 全球定位系统等的产品化成为可能。

（2）平板型结构。

液晶显示器件的基本结构是由两片玻璃基板制成的薄形盒。这种结构最利于用作显示窗口，而且它可以在有限的面积上容纳最大量的显示内容，显示内容的利用率最高。同时这种结构不仅可做得很小，如照像机上所用的显示窗，也可以做得很大，如大屏幕液晶电视及大型液晶广告牌。

（3）被动型显示。

液晶显示器件本身不能发光，它靠调制外界光达到显示目的。就是说单纯依靠对外界光的不同反射形成的不同对比度来达到显示目的。而在自然界中，人类所感知的视觉信息中，90%以上是靠外部物体的反射光，而并非靠物体本身的发光。所以，被动显示更适合于人的眼视觉，更不易引起疲劳。这个优点在大信息量、高密度、快速变换、长时间观察的显示时尤为重要。此外被动显示不怕光冲刷，所谓光冲刷是指当环境光较亮时，被显示的信息被冲淡，从而显示不清晰。而被动型显示，由于它是靠反射外部光达到显示目的的，所以，外部光越强，反射的光也越强，显示的内容也就越清晰。

（4）显示信息量大。

与 CRT 相比，液晶显示器件没有荫罩限制，因此像素点可以做得更小、更精细；与等离子显示相比，液晶显示器件像素点处不需要像等离子显示那样，像素点间要留有一定的隔离区。因此，液晶显示在同样大小的显示窗面积内，可以容纳更多的像素，显示更多的信息。

（5）易于彩色化。

液晶本身虽然一般是没有颜色的，但它实现彩色化的确很容易，方法很多。一般使用较多的是滤色法和干涉法。由于滤色法技术的成熟，使液晶的彩色化具有更精确、更鲜艳、更没有彩色失真的彩色化效果。

（6）工作寿命长。

液晶材料是有机高分子合成材料，具有极高的纯度，而且其他材料也都是高纯物质，在极净化的条件下制造而成。液晶的驱动电压又很低，驱动电流更是微乎其微，因此，这种器件的劣化几乎没有，寿命很长。一般使用中，除撞击、破碎或配套件损坏外，液晶显示器件自身的寿命终结几乎不会出现。

（7）无辐射，无污染。

液晶显示器件在使用时不会产生 CRT 使用中产生的软 X 射线及电磁波辐射。这种辐射不仅污染环境还会产生信息泄露，而液晶显示不会出现这类问题，它对于人身安全和信息保密都是十分理想的。

3．LED 显示器

LED 是一种通过控制半导体发光二极管的亮灭而进行显示的显示方式，LED 显示器是用来显示文字、图形、图像、动画、行情、视频、录像信号等各种信息的显示屏幕。LED 显示器集微电子技术、计算机技术、信息处理于一体，以其色彩鲜艳、动态范围广、亮度高、寿命长、工作稳定可靠等优点，成为最具优势的新一代显示媒体，目前，LED 显示器已广泛应用于大型广场、商业广告、体育场馆、信息传播、新闻发布、证券交易等，可以满足不同环境的需要。其外观如图 3.3 所示。

图 3.3　LED 显示器

LED 显示器的优点如下。

① 亮度高：户外 LED 显示屏的亮度大于 8000mcd/m^2，是目前唯一能够在户外全天候使

用的大型显示终端；户内 LED 显示屏的亮度大于 2000md/m²。

② 寿命长：LED 寿命长达 100 000 小时（十年）以上，该参数一般都指设计寿命。

③ 视角大：室内视角可大于 160 度，户外视角可大于 120 度。视角的大小取决于 LED 发光二极管的形状。

④ 屏幕面积可大可小，小至不到一平米，大则可达几百、上千平米。

⑤ 易与计算机连接，支持软件丰富。

4．等离子显示器

PDP（Plasma Display Panel，等离子显示器）是采用了近年来高速发展的等离子平面屏幕技术的新一代显示设备。等离子显示技术的成像原理是在显示屏上排列上千个密封的小低压气体室，通过电流激发使其发出肉眼看不见的紫外光，然后紫外光碰击后面玻璃上的红、绿、蓝 3 色荧光体发出肉眼能看到的可见光，以此成像。其外观如图 3.4 所示。

图 3.4　等离子显示器

等离子显示器的优点如下。

① 具有高亮度和高对比度。对比度达到 500∶1，完全能满足眼睛需求；亮度也很高，所以其色彩还原性非常好。

② 纯平面图像无扭曲。等离子显示器的 RGB 发光栅格在平面中呈均匀分布，这样就使得图像即使在边缘也没有扭曲的现象发生。而在纯平 CRT 显示器中，由于在边缘的扫描速度不均匀，很难控制到不失真的水平。

③ 超薄设计、超宽视角。由于等离子技术显示原理的关系，使其整机厚度大大低于传统的 CRT 显示器，与 LCD 相比也相差不大，而且能够多位置安放。用户可根据个人喜好，将等离子显示器挂在墙上或摆在桌上，大大节省了房间空间，整洁、美观又时尚。

④ 具有齐全的输入接口。为配合接驳各种信号源，等离子显示器具备了 DVD 分量接口、标准 VGA/SVGA 接口、S 端子、HDTV 分量接口（Y、Pr、Pb）等，可接收电源、VCD、DVD、HDTV 和电脑等各种信号的输出。

⑤ 环保无辐射。等离子显示器一般在结构设计上采用了良好的电磁屏蔽措施，其屏幕前置环境也能起到电磁屏蔽和防止红外辐射的作用，对眼睛几乎没有伤害。

3.1.2　显示器主要技术指标

1．CRT 显示器的主要技术指标

（1）分辨率。

分辨率是指构成显示图像的像素的总和。屏幕上每个发光的点就称之为一个像素，像素是组成图像的最小单位。分辨率反映显示器对图像的解析能力，通常用水平点/行×垂直行数来表示。如 800 像素 × 600 像素的分辨率，就是指在显示图像时使用每行线为 800 个水平点且为 600 行来构成画面。分辨率越高，屏幕上所能呈现的图像也就越精细。常见的分辨率有 800 像素 × 600 像素、1024 像素 × 768 像素、1280 像素 × 1024 像素。

（2）点距。点距是指荧光屏上两个同样颜色荧光点之间的距离，主要是针对使用孔状荫罩的 CRT 显示器来说的。点距越小，显示图像越清晰细腻，分辨率和图像质量也就越高。例如采用 0.24mm 点距的有 SONY 的特丽珑和三菱的钻石珑，采用 0.25mm（ACER、部分飞利浦）和 0.26mm 点距的也不少。在纯平显示器中，由于采用了栅状荫罩式显像管，这项指标是用栅距表示的。

（3）带宽。带宽是显示器一个非常重要的参数，又称视频带宽，是衡量显示器综合性能的最直接的指标。带宽决定着一台显示器可以处理的信号范围，即指电路工作的频率范围。

（4）刷新频率。刷新频率就是指显示屏幕刷新的速度，它的单位是 Hz。刷新频率越低，图像闪烁和抖动得就越厉害，眼睛疲劳得就越快。刷新频率越高，图像显示就越自然清晰，一般来说，如能达到 80Hz 以上的刷新频率就可完全消除图像闪烁和抖动感，眼睛也不会太容易疲劳。

水平刷新率，又叫行频（Horizontal Scanning Frequency），它是显示器每秒钟内扫描水平线的次数，它的单位是 kHz。

垂直刷新率，又叫场频（Vertical Scanning Frequency），单位是 MHz，它是由水平刷新率和屏幕分辨率所决定的，垂直刷新率表示屏幕的图像每秒种重绘多少次，也就是指每秒钟屏幕刷新的次数，一般来说，垂直刷新率不应低于 85Hz。

（5）显示器尺寸。显示器尺寸实际是指屏幕的大小。通常用多少英寸表示，如 15 英寸、17 英寸等。它表示的是屏幕上对角线的长度。由于显示器外壳的边框会遮盖一部分，所以实际可视尺寸必然小于其标称尺寸。如 15 英寸和 17 英寸的显示器的实际显示尺寸分别在 14 英寸左右和 16 英寸左右，这与显示器外壳的边框结构及采用的 CRT 形状等因素有关。

（6）辐射和环保标准。由于显示器在工作时产生的辐射对人体有不良影响，在环保越来越受到重视的今天，各类标准相继出台。现在的 TCO 标准共分为 TCO'92、TCO'95、TCO'99 和 TCO'03。TCO'03 认证是目前最全面、最严格的，通过这一认证的显示器能把对人体的伤害降低到最小的程度。如图 3.5 所示。

图 3.5　TCO 系列认证标志

2．LCD 的主要技术指标

（1）可视角度。一般而言，LCD 的可视角度都是左右对称的，但上下可就不一定了。而且，常常是上下角度小于左右角度。可视角是越大越好。

（2）亮度、对比度。TFT 液晶显示器的可接受亮度为 150cd/m^2 以上，目前国内能见到的 TFT 液晶显示器亮度都在 200cd/m^2 左右，对比度则普遍达到了 300：1 以上。

（3）响应时间。响应时间越小越好，它反映了液晶显示器各像素点对输入信号反应的速度，响应时间越小则使用者在看运动画面时越不会出现尾影拖曳的感觉。现在主流的显示器的显示时间已经到了 16ms 和 12ms，部分高端显示器更是达到了超快的 8ms。

（4）显示色素。几乎所有 15 英寸 LCD 都只能显示高彩（256K），因此许多厂商使用了所谓的 FRC （Frame Rate Control）技术以仿真的方式来表现出全彩的画面。当然，此全彩画面必须依赖显示卡的显存，并非使用者的显示卡可支持 16 百万色全彩就能使 LCD 显示出全彩。

（5）坏点。坏点是指液晶显示器屏幕上无法控制的恒暗或恒亮的点。一般来说，有 3~5 个坏像素都是属于正常范围的。坏点分为两种：亮点与暗点。亮点就是在任何画面下恒亮的点，切换到黑色画面就可以发现；暗点就是在任何画面下恒暗的点，切换到白色画面就可以发现。

3．LED 的主要技术指标

（1）LED 的颜色。LED 的颜色是一项非常重要的指标，是每一个 LED 相关灯具产品必须标明的。目前 LED 的颜色主要有红色、绿色、蓝色、青色、黄色、白色、暖白、琥珀色等。因为颜色不同，相关的参数也有很大的变化。

（2）LED 的电流。LED 的正向极限电流（IF）多在 20MA，而且 LED 的光衰电流不能大于 IF/3，大约为 15MA 和 18MA。LED 的发光强度仅在一定范围内与 IF 成正比，当 IF>20MA 时，亮度的增强已经无法用肉眼分出来。因此，LED 的工作电流一般选在 17~19MA 比较合理。

（3）LED 的电压。通常所说的 LED 电压是正向电压（VF），就是说 LED 的正极接电源正极，负极接电源负极。电压与颜色有关系，红、黄、黄绿的电压是 1.8~2.4V 之间；白、蓝、翠绿的电压是 3.0~3.6V 之间。这里笔者要提醒的是，同一批生产出的 LED 电压也会有一些差异，要根据厂家提供的为准，在外界温度升高时，VF 将会下降。

（4）LED 的反向电压。反向电压（VRm）是指允许增加的最大反向电压。超过这个数值，发光二极管可能被击穿损坏。

（5）LED 的色温。LED 的色温以绝对温度 K 来表示，即将一标准黑体加热，温度升高到一定程度时颜色开始由深红—浅红—橙黄—白—蓝，逐渐改变，某光源与黑体的颜色相同时，将黑体当时的绝对温度称为该光源之色温。

（6）发光强度。发光强度（I、Intensity）的单位是坎德拉（cd）。光源在给定方向的单位立体角中发射的光通量定义为光源在该方向的（发）光强（度），发光强度是针对点光源而言的，或者发光体的大小与照射距离相比比较小的场合。这个量是表明发光体在空间发射的会聚能力的。比如 LED 是 15 000，单位是 mcd，1000mcd=1cd，因此 15 000mcd 就是 15cd。

（7）LED 光通量。LED 光通量（F，Flux）单位是流明（LM）。光源在单位时间内发射出的光量称为光源的发光通量。同样，这个量是对光源而言，是描述光源发光总量的大小的，与光功率等价。光源的光通量越大，则发出的光线越多。光通量也是人为量，对于其他动物可能就不一样的，更不是完全自然的东西，因为这种定义完全是根据人眼对光的响应而来的。

人眼对不同颜色的光的感觉是不同的，此感觉决定了光通量与光功率的换算关系。以常用的白光 LED 流明列举来说：0.06W 对应 3~5LM，0.2W 对应 13~15LM，1W 对应 60~80LM。

（8）LED 光照度。LED 光照度（E，Illuminance）单位是勒克斯，即 lx（以前叫 lux）。1lx 即是 1 流明的光通量均匀分布在 1 平方米表面上所产生的光照度。

（9）显色性。显色性是指光源对物体本身颜色呈现的程度，也就是颜色逼真的程度。光源的显色性是由显色指数（Ra）来表明，它表示物体在光下颜色与基准光（太阳光）照明时颜色的偏离，能较全面地反映光源的颜色特性。显色性高的光源对颜色表现较好，我们所见到的颜色也就越接近自然色，显色性低的光源对颜色表现较差，我们所见到的颜色偏差也较大。

国际照明委员会 CIE 把太阳的显色指数定为 100，各类光源的显色指数各不相同，如：高压钠灯显色指数 Ra 为 23，荧光灯管显色指数 Ra 为 60～90。

显色还分为以下两种。

① 忠实显色：能正确表现物质本来的颜色，需使用显色指数高的光源，其数值越接近 100，显色性越好。

② 效果显色：要鲜明地强调特定色彩，表现美的生活，可以利用加色法来加强显色效果。

（10）眩光。眩光是指视野内有亮度极高的物体或强烈的亮度对比，造成视觉不舒适的光。眩光是影响照明质量的重要因素。

（11）LED 的使用寿命。LED 一般都可以使用 50 000 小时以上。LED 之所以持久，是因为它不会产生灯丝熔断的问题。LED 不会直接停止运作，但它会随着时间的流逝而逐渐退化。

（12）LED 发光角度。二极管发光角度也就是其光线散射角度，主要靠二极管生产时加散射剂来控制。

4．等离子显示器的主要技术指标

（1）分辨率。分辨率是显示器（及电视）的基础技术指标，等离子显示器依照分辨率，分为标准分辨率和高分辨率两种。标准分辨率为 852 像素×480 像素，对眼下的信号来说是够用的，但是对于高分辨率的 720p 与 1080i 的数字信号而言，就不够用了。

（2）对比度和亮度。对比度和亮度是等离子显示器的重要指标。亮度越高的等离子显示器，受周围环境亮度的影响就越小，即使在光亮的环境下也能很清晰地看清屏幕。

（3）视角。目前市场上的等离子产品基本上可视角度都超过了 160 度，对用户观看不会造成任何障碍。

（4）动态清晰度。等离子显示器播放的图像都是动态变化的，等离子的自身特点决定了其动态清晰度要高于其他成像原理的显示器。

3.2 键盘和鼠标

键盘和鼠标是计算机最常见的输入设备之一，是实现人机交互的重要媒介。用户通过它们可以向计算机发出各种指令。

3.2.1 键盘

1．键盘

键盘（如图 3.6 所示）是最常见的计算机输入设备，它广泛应用于计算机和各种终端设备上，用户通过键盘向计算机输入各种指令、数据，指挥计算机的工作。计算机的运行情况输出到显示器显示给操作者，这样操作者可以很方便地利用键盘和显示器与计算机对话，对程序进行修改、编辑，控制和观察计算机的运行。键盘的接口可以分为 PS/2 接口、USB 接口、无线接口。

图 3.6 键盘

2．键盘的分类

键盘按照应用可以分为台式机键盘、笔记本电脑键盘、工控机键盘三大类。

传统的台式机键盘现在仍然是市场上的主流。台式机键盘采用的是轨道直滑式构架，虽然按键的键程比较长，按键的手感比较好，但是由于构架本身的缺陷，输入文字时声音比较大。因此许多知名厂商针对传统键盘进行了不断的改造。比如超薄手感王 KB-F920。其设计理念延续了“超薄”的概念，键盘最薄处不到 1cm，突破了老式键盘的厚重生硬。线条弧度更加自然流畅，按键微突而富有质感，整个外观也比较精致，让人记忆犹新。与此同时，该设计可以让使用者轻松解决键盘进水的问题。

笔记本电脑键盘的特点是轻薄小巧、外观时尚。不少用户都选择笔记本电脑架构键盘来搭配液晶显示器，这样整个桌面会显得简洁而又时尚。在按键方面，笔记本电脑的架构键盘按键时不会因为敲击力度不均或敲击位置不对而导致键帽倾斜，更不会出现卡键的现象；同时按键的力度比较小，用户长时间输入也不容易感到疲劳。在静音方面，笔记本架构键盘设计得相当不错，用户输入文字时的声音要比传统台式键盘小得多。不过笔记本电脑架构键盘的键程都很短，敲击时远没有传统台式键盘手感好。

此外根据不同用途，键盘发展的趋势越来越向专业化角度考虑，键盘的性能也更加多样化。比如说游戏键盘基本就是带显示屏幕的，或是很多快捷键的；而要经常打字的用户，可选择易水洗的键盘；还有能发光的键盘，分离式键盘等。以前的键盘只是满足对计算机的简单操作，如今键盘有了更多的功能。具有多媒体功能的键盘能让电脑的使用者直接在键盘上控制，不需要用鼠标点选屏幕上 Internet 的小图标。同样，也有特定按键可以控制 CD-ROM，上网键、收发 E-mail 键、声音调节键。有的键盘在键盘的下边有一类似圆形的调节盘，此调节盘可以代替鼠标的功能使用。

目前市场上无线技术也被应用在键盘上。主要有蓝牙、红外线等。而两者在传输的距离及抗干扰性上都有不同。一般来说蓝牙在传输距离和安全保密性方面要优于红外线。红外线的传输有效距离约为 1~2m，而蓝牙的有效距离为 10m 左右。另外，无线键盘的意义不仅在于解决了计算机周边设备配备的问题，也使计算机实现多功能的娱乐化。利用电视的屏幕上网、收看网络电视节目，正是利用无线键盘来控制的。

3.2.2 鼠标

1．鼠标的分类

鼠标（如图 3.7 所示）的分类方法很多，按接口分类鼠标可以分为有线和无线两大类，其中有线鼠标又分为 PS/2 接口鼠标和 USB 接口鼠标两种。随着人们对办公环境和操作便捷性的要求日益增高，无线技术根据不同的用途和频段被分为不同的类别，其中包括蓝牙、Wi-Fi

（IEEE 802.11）、Infrared （IrDA）、ZigBee （IEEE 802.15.4）等多个无线技术标准，但对于当前主流无线鼠标而言，仅有 27MHz、2.4GHz 和蓝牙无线鼠标共三类。

① 27 MHz 的无线鼠标，其发射距离在 2m 左右，而且信号不稳定，相对比较低档。

② 2.4GHz 的无线鼠标，其接收信号的距离在 7~15m，信号比较稳定，我们在市场上见到的无线鼠标大部分为这种。

③ 蓝牙鼠标，其发射频率和 2.4GHz 一样，接收信号的距离也一样，可以说蓝牙鼠标是 2.4GHz 的一个特例。但是由于蓝牙的通用性，所有的蓝牙不分牌子和频率都是通用的，反映在实际中的好处就是如果计算机带蓝牙，那么不需要蓝牙适配器，就可以直接连接，从而节约 USB 插口。而普通的 2.4GHz 和 27MHz 必须要一个专业配套的接收器插在电脑上才能接收信号。

图 3.7 鼠标

2．鼠标的选购

① 先考虑手感较好，按键弹力合适，移动轻快，反应灵敏；然后考虑造型美观，制造工艺精细，连接导线柔软等；建议尽量选用光电鼠标。

② 鼠标的手感。鼠标的手感本身是一种感觉，它因人而异，所以购买前一定要自己使用一下，看看是否适合自己。长期使用手感不好的鼠标容易使上肢疲劳，长时间可能引起一些职业病征。一般的符合人体工程学的鼠标手感较好，要尽量选用这类鼠标。

③ 鼠标接口和连线的选择。在购买鼠标之前，先要了解自己主板上鼠标接口的类型，如果主板支持 PS/2 接口，那么尽量选用 PS/2 接口的鼠标。现在的主板鼠标接口采用 USB 接口，因此可以直接选用 USB 接口的鼠标。鼠标在使用中不断往返移动，其连线也随之不断移动，选择鼠标时要注意检查连线的柔韧性是否合理。在一些使用有线鼠标不方便的情况下，尽量考虑使用无线鼠标。

④ 其他方面。在选购鼠标时，是否选用轨迹球要根据自己的需要和习惯而定。在选用光电鼠标时，尽量不要选择上表面透明的产品，以免因漏光造成光污染。购买时，需要注意一些品牌机的鼠标不一定能与兼容机兼容。尽量选择那些知名品牌的合格产品和当地信誉较好的商家，这样的鼠标有保障，用起来更放心。

3.3 其他外围设备

3.3.1 打印机

在现代办公设备中，打印机是计算机系统中常见的输出设备之一，通过它可以把计算机中的文档、图片打印成印刷品。

1．打印机的分类

打印机可以分为针式打印机、喷墨打印机、激光打印机三类，如图 3.8 所示。

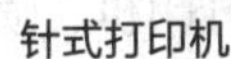

针式打印机　喷墨打印机　激光打印机

图 3.8　各种打印机

（1）针式打印机。针式打印机基本工作原理类似于我们用复写纸复写资料一样。针式打印机中的打印头是由多支金属撞针组成的，撞针排列成几行，每行由几根撞针排列而成；打印头在纸张和色带之上行走，按照一定的规定弹射出来，在色带上打击一下，让色素印在纸上形成其中一个色点，多个点按一定形状组合，就形成了文字和图像。

（2）喷墨打印机。喷墨打印机是靠许多喷头将墨水喷在纸上而完成打印任务。按照喷墨的材料性质又可分为水性油墨、固态油墨和液态油墨等类型，按打印的颜色可分为单色和彩色，按照墨盒的结构分为独立式墨盒和一体式墨盒。独立式墨盒的墨盒和喷头分离，墨水用完后更换墨盒即可；一体式墨盒的喷头与墨盒集成在一起，更换墨盒的同时也就更换了喷头。按打印头的工作方式分类，喷墨打印机可以分为压电喷墨技术和热喷墨技术两大类型。

（3）激光打印机。激光打印机是利用光栅图像处理器产生要打印页面的位图，然后将其转换为电（脉冲）信号送往激光发生器。在列脉冲的控制下，放出有规律的激光。同时反射光束被接收的感光鼓所感光。激光发射时在纸上产生一个点，不发射时显示空白，这样完成打印过程。激光打印机分为黑白激光打印机和彩色激光打印机。

2．打印机的性能参数

目前绝大多数用户都使用激光打印机和喷墨打印机，针对这两种打印机的性能参数大致有以下几种。

（1）打印速度。打印速度是指打印机每分钟打印的页数。单位用每分钟页数（p/min）表示。一般以打印 A4 幅面为参考，其值越大表示打印速度越快。打印速度是打印机的一个重要指标。

（2）打印分辨率。打印分辨率是反映打印质量的指标，用每英寸点数（dots per inch，dpi）表示，即每英寸有多少个像素点。其值越大打印图像的精度越高，图像细节越清晰，质量越好。

（3）打印幅面和接口。目前适合办公和家庭使用的打印机大都是 A4 幅面和 A3 幅面产品，用户可以根据自已的打印需求选择相应的打印幅面。而一般用户可以选择带并口或 USB 接口的打印机。

（4）耗材。打印机耗材包括打印墨水和打印纸张。优质的墨水干燥快、适应性强。打印机的纸张可以是普通的复印纸，适合于大量文件等的日常打印，喷墨打印机最好采用专用打印纸。打印纸分为特制纸、轧光纸、相片纸。特制纸适用于 300dpi 水平打印；轧光纸适用于 600dpi 水平打印；相片纸用于输出图像或者数码相片。

（5）喷嘴数目。对于喷墨打印机还应考虑喷嘴数目。增加喷嘴数目可以提高打印质量，同时不会降低打印速度。

（6）双向打印。双向打印可以明显提高打印速度。以往的喷墨打印机只有在快速打印时才采用双向打印。但是随着墨头定位技术的发展，一些新产品在照片打印和高质量打印中仍然可以双向打印。

3．打印机的选购

目前，打印机市场拥有众多品牌。如何从种类繁多，品牌和功能各异的打印机系列中既经济、又实惠地选购出适合的打印机呢?一般可从以下几个方面进行考虑。

（1）打印质量。人们都希望打印机输出的文字和图形清晰、美观、富有变化。而打印机的输出质量又与打印机的分辨率有关，激光打印机的印字质量优于喷墨打印机，喷墨打印机的印字质量优于针打式打印机。理论上讲，分辨率越高，则打印机的输出质量越好。但是打印机的价格也会因其分辨率、打印速度、打印幅面等功能的不同而相差很大。

（2）打印速度。打印速度即打印机的输出速度。其关系到工作效率的问题，因此是一个重要的选择参数。通常针式打印机的平均打印速度为每秒 50～200 个汉字；喷墨打印机的打印速度为 2～4P/min（页/分钟）；台式激光打印机的打印速度为 3～6P/min。打印速度取决于所用的机芯，机芯的好坏，决定打印机的输出速度。另外，主机的运行速度、支持的软件、数据的传输率等也都是影响打印机打印速度的因素。

（3）性能价格比。

① 不同类型的打印机价格相差很大。选定某种类型的打印机后，还要比较此类不同型号的打印机之间功能、档次及对价格的影响。如打印幅面、彩色能力以及有特殊使用要求需额外选购的配件等，其相应的价格都应考虑进去。

② 购买后，在打印机的使用过程中，有关消耗品支出以及维护的费用也应在购买前加以考虑。针式打印机的色带通常每米打印 10 万次后就须更换，喷墨打印机打印 700 张纸须更换墨盒，激光打印机每打印 2500～6000 页后就须更换硒鼓。一般这类后续投资数目也是相当可观的，都应在选购时加以考虑。

（4）其他因素。选购打印机要根据自己的实际需要来选择机型，切不能因便宜而选购过时的产品，这样会为以后使用和维修带来困难，也不能盲目地追潮流而选择高档次的机型。要考虑自己的经济情况、打印机的使用环境、配套计算机的档次、场地的大小。另外还要考虑打印机生产厂家的可信度，产品的品质保证，以及是否能提供良好的技术支持和售后服务等。

3.3.2 扫描仪

扫描仪是一种集机械、电子和光学于一体的现代化设备，是除键盘和鼠标之外的又一种计算机输入设备。它可以将各种形式的图像信息（如直接的图片、照片、胶片、各类图纸以及文稿资料等）通过扫描、处理转化为数字影像信号，再输入到计算机中，实现对这些图像形式信息的处理、管理、使用、存储、输出等。

1．扫描仪的分类

扫描仪产品种类繁多，按不同的分类标准可以分成许多类型。一般按照它的外形和结构可分为手持式、平板式和滚筒式三大类。

手持式扫描仪重量轻、体积小、携带方便，价格低廉，但是扫描分辨率不高，扫描幅面也不大。目前随着平板式扫描仪的普及，手持式扫描仪在文稿和图像扫描领域已趋于淘汰。

但在专门场合还有使用（如条形码读入器）。

平板式扫描仪又称平台式扫描仪，是现在的主流产品。它能扫描的幅面主要有 A4 和 A3 幅面，其中以 A4 幅面的产品居多。其应用也最为广泛，种类覆盖了高中低三个档次。一般家庭和办公都选用它。如图 3.9 所示。

图 3.9　平台式扫描仪

滚筒式扫描仪一般应用在专业领域，主要是对一些幅面较大的工程图纸进行扫描，为一些工程设计软件和资料管理提供输入。其技术指标一般较其他扫描仪高，价格也昂贵。如图 3.10 所示。

图 3.10　滚筒式扫描仪

2．扫描仪的性能指标

描述扫描仪的性能参数有不少，以下介绍的是一般用户在购买时应该考虑的几项技术指标。

（1）扫描幅面。扫描幅面是指它能扫描的范围大小，常见的有 A4、A4 加长、A3、A1 等规格。由于大幅面的扫描仪价格很高，一般家庭和办公用户采用 A4 幅面的扫描仪即可。A4 加长和 A3 幅面甚至更大幅面的扫描仪在专业使用中比较常见。

（2）光学分辨率。光学分辨率是扫描仪最重要的性能指标之一，它反映扫描时硬件所能达到的精细程度。扫描仪的分辨率越高，扫描出的图像越清晰精细。扫描仪的分辨率通常用每英寸的点数表示。一般办公和家庭用扫描仪的光学分辨率大多为 1200 像素 × 2400 像素。

（3）色彩转换。色彩转换也叫色彩位数，它指扫描仪对扫描出来的图像色彩的区分能力。色彩位数越高的扫描仪，越能保证得到的色彩跟被扫描原始图像的色彩一致；同时，使扫描出来的图像色彩越丰富，效果越真实。色彩位数用二进制位数表示。目前常见的扫描仪色彩位数有 24 位、30 位、36 位、42 位和 48 位等几种。

（4）接口方式。接口方式指扫描仪与电脑的连接方式，常见的有 SCSI 接口、EPP 接口和 USB 接口。SCSI 接口扫描仪通过 SCSI 接口卡与电脑相连，数据传输速度快；缺点是安装时需要在计算机中安装一块接口卡，需要占用一个扩展插槽和有限的电脑资源（中断号和地址）。EPP 接口（打印机并口）用普通并行数据电缆即可把扫描仪、打印机与电脑连接，安装简便，但其数据传输速度较 SCSI 接口的扫描仪会慢很多；USB 接口数据传输速度较快、支持即插即用，使用更方便。现在生产的办公和家庭用扫描仪几乎都采用 USB 接口。

3．扫描仪的选购

在选购扫描仪时，先要考虑自己选购扫描仪的用途，大致确定扫描仪的功能、类型和档次，然后根据扫描仪的性能指标进行选择。

目前选购办公和家庭用扫描仪的主要性能指标方面建议如下。

（1）扫描幅面。扫描幅面一般选用 A4 或 A4 加长的，除非有特殊要求。

（2）光学分辨率。市场上扫描仪的光学分辨率大多为 1200 像素 × 2400 像素和 2400 像素 × 4800 像素两种，一般选用 1200 像素 × 2400 像素就可以满足办公和家庭使用。

（3）色彩位数。色彩位数为 48 位的扫描仪是市场上的主流扫描仪，想选用其他规格的还比较困难，也只能选它。

（4）接口方式。接口方式的选择一般要根据电脑的接口配置，再结合对数据传输速度的要求而定。三种接口各有特点，USB 接口的优势特别突出。因此，目前建议尽量选用 USB 接口的扫描仪。

（5）配套软件。扫描仪的功能都要通过相应的软件来实现，除驱动程序和扫描操作界面以外，几乎每一款扫描仪都会随机赠送一些图像编辑、OCR 文字识别等软件。不同扫描配供软件的性能和操作方法不一。对不熟悉图形处理的用户，建议选择配套软件操作简单、使用方便的扫描仪。扫描仪配套软件的选择对一般用户非常重要，选择不当，掌握操作有一定的困难，最好选择配套提供较详细的中文使用说明书的产品。

（6）品牌。市场上有多种品牌的扫描仪，其中以清华紫光、MICROTEK（全友）等较为出名。此外，国内市场上还有 ARTEC、EPSON、PRIMAXNTEK、PRIMAX、PLUSTEK、LIONHYPER、MUSTEK、VIGOR、UMAX 等公司的产品。

3.4 笔记本电脑介绍

3.4.1 笔记本电脑

随着价格持续走低以及性能不断提升，笔记本电脑现已进入普通百姓家。其外观如图 3.11 所示。由于市场的快速增长以及厂商的激增，用户常常为如何选购一款真正适合自己的笔记本电脑而苦恼。在笔记本电脑选购时，一般来讲，应该从性能、质量、价格和服务 4 个方面综合考虑。

图 3.11 笔记本电脑

1. 性能

笔记本电脑的性能应注重速度、容量、升级潜力和使用方便舒适等方面。速度主要由CPU和主板决定。从容量来说，笔记本电脑内存及硬盘价格较台式机高很多，并且在后期升级时不太容易买到，购买时最好根据使用计划一次扩展到位。下面介绍一下笔记本电脑的几个主要指标。

（1）CPU。笔记本电脑专用的CPU英文称Mobile CPU（移动CPU），Mobile CPU的制造工艺往往比同时代的台式机CPU更加先进，因为Mobile CPU中会集成台式机CPU中不具备的电源管理技术，而且往往比台式机CPU先采用更高的微米精度。除了专用CPU应用于笔记本电脑以外，还有些厂商会采用台式电脑上的CPU。对于目前的技术这样做是可行的，因为笔记本电脑与台式电脑的区别在于散热和功耗的问题。但问题是此类笔记本电脑一般发热量较大，电池待机时间短，因此建议不要选用这类CPU的笔记本电脑。主要笔记本电脑CPU生产厂家有Intel、AMD、IBM、VIA等。

CPU作为电脑发展的标志，一直倍受人们的关注。无论是台式电脑还是笔记本电脑，人们选择时首先要考虑CPU是什么类型的。在以前CPU的速度对整台电脑的性能起着至关重要的作用，随着技术的发展，整机性能的瓶颈已不再是CPU了。同一个档次的CPU在性能上不会有很大的差别，比如说Intel的1.6GHz的CPU与1.7GHz的CPU对于一个普通的用户来说体现出的性能差别不会很大，或许用户根本感觉不到它的变化，还不如多加一条内存来提高整机性能的效果好。虽然0.1GHz对于用户整机的性能不会有很大的提高，但厂家商家会把它作为一个很大的卖点，往往在整机价格上，会多出百元或几百元甚至近千元。所以说在整机选择时，对于CPU的速度无须要求过高，在同一个档次内够用就行，避免造成“大马拉小车”的资源浪费，同时也能兼顾到整机的性价比。即根据自身的需求来选择CPU速度及厂家，最好的不一定是最适合自己的，适合自己的才是最好的。

（2）主板。笔记本电脑的主板是整台笔记本电脑的核心，而一般用户在购买时是看不到其内部的。普通用户需要了解的是主板的主芯片组，也就是我们常说的南北桥芯片组，因为芯片组又是主板的核心。芯片组的不同，决定了CPU类型的不同，对内存的最大支持的不同，以及对接口支持功能的不同等。

Intel的芯片组一般应用在高端笔记本电脑上，而VIA、SIS、ALI、ATI等芯片组厂商的产品应用于中低端笔记本电脑上。芯片组的价格也会对笔记本电脑的成本产生不小的影响。

在芯片组领域，Intel有着得天独厚的优势，不同于别的厂家的芯片组，Intel有专门的移动版本的芯片组。而有些厂家的芯片组是从台式机芯片组改装过来的，在功耗和性能上达不到最优。因此这里建议最好选用Intel的芯片组。

（3）内存。内存在电脑中起着很重要的作用，它是连接CPU与硬盘的桥梁。在CPU速度不变的情况下，内存容量的多少直接影响着整个计算机的性能。内存选择一般以市场上的主流内存为标准，因为此时的内存性价比最好，而且技术比较成熟，性能也比较稳定。

在选择整机时内存不要追求太高，由于内存是个标准体，对笔记本电脑的价格影响很大。如果用户觉得容量不够，可根据自己的需求另外增扩。

目前笔记本电脑的内存以DDR 2为主流，DDR 内存正在被逐步淘汰。内存的容量大小直接影响着笔记本电脑的运行速度，主流的笔记本电脑一般配置大容量的内存。

（4）硬盘。笔记本电脑所使用的硬盘一般是2.5英寸，笔记本电脑的硬盘目前已成为笔记本电脑整体性能与速度的瓶颈，因为硬盘的转数也决定了硬盘数据传输的速度。目前市场主流的笔记本电脑一般配备 40GB～80GB 的硬盘，转速一般为 4200R/min 或 5400R/min，后者比前者的数据传输率快很多。随着技术的发展，最近几年笔记本电脑的硬盘的速度和容量已逐渐可以与台式电脑硬盘相媲美。相信过不了多久硬盘将不再是笔记本电脑性能的瓶颈，而且笔记本电脑的整体性能也将不会再落后于台式电脑。

从整机购买的角度来看，标配硬盘的容量是越大越好，因为硬盘只是用来存放数据资料信息。只要它的电机每分钟转数足够高的话，容量的大小对整机性能不产生任何影响，所以对于普通用户来说当然是越大越好。

（5）显卡。按需选购显卡。笔记本电脑搭配独立显卡和集成显卡各有其优势。对于那些经常进行图文处理和日常上网浏览的商务用户或普通消费者来说，选择搭配集成显卡的笔记本电脑就已经完全够用，不仅价格便宜，而且更加省电。对于游戏爱好者等高端用户来说，选购搭配独立显卡的笔记本电脑会大大提升电脑的图形显示性能，但是无疑会增加整机的购买成本。因此，建议用户在选购前要明确使用需求。

（6）液晶显示器。液晶显示器是笔记本电脑中很重要的一个部件，一般购买者在选择笔记本电脑时除了看 CPU，就是看液晶显示器了，它的大小决定了笔记本电脑的大小及重量。

目前市场上笔记本电脑采用的液晶显示器尺寸分别为：6.4 英寸、8.9 英寸、10.4 英寸、12.1 英寸、14.1 英寸、15.1 英寸、15.4 英寸（宽屏 15：10）和 16.1 英寸。液晶显示器除了尺寸衡量指标外，还有液晶显示器的分辨率。分辨率越高制作液晶屏的难度系数和制作工艺就会越高，它的成本也就会越高。目前一般 12.1 英寸以下（包括 12.1 英寸）的液晶屏用于超轻超薄超小的笔记本，要求分辨率不是特别高（分辨率一般在 1024 像素×768 像素）。

在选择液晶显示器时也要根据自己的用途及预定的机型进行选择。如果经常外出移动办公的用户，建议选择较小尺寸的机型。如果你用来做图或者作为家庭影院来使用的话，建议选择较大尺寸的机型。

（7）光驱的选择。光驱是笔记本电脑的标准配件，在整机中也是不可缺少的器件。目前市场中主流的有 CDROM、DVD-ROM、COMBO 和 DVD-RW 等几种规格。DVD-RW，这种光驱既可以播放 CD、VCD、DVD 等影碟，而且还可以刻录 CD、DVD 等格式文件，是性价比最高的光驱。但是，功能越多越容易损坏。因为在读 DVD 和 CD 以及刻录光盘的时候它们都用的是一个激光头，而激光头的寿命是有限的。由于光驱是一种消耗品，激光头在使用一年以后就会开始老化。如果条件允许的话，可以在台式电脑上再装一个刻录机，专门用来刻录光盘。

（8）电池。电池的续航时间越长越好，最低不能低于 2 个小时。电池续航时间是指笔记本电脑在脱离外接电源，而仅仅通过电池组供电的情况下的运行时间，主流笔记本电脑通常采用锂电池，续航时间大多在 2 ～ 6 小时之间。

（9）扩展接口。扩展接口越多越好，说明笔记本电脑有很强的扩展性。通常的笔记本电脑都应该具有 USB 接口、IEEE 1394 接口、PCMCIA 卡插槽、Express Card 插槽、视频输出接口、音频/输入输出接口、RJ-45 接口、10M /100M 网络接口、红外线接口、读卡器插槽等。

2．质量

笔记本电脑因为经常要携带使用，对质量的要求比较高，购买时如果资金允许，尽可能选购质保完善的品牌机。

3．价格

笔记本电脑价格受下面几种因素影响。

① 配置：由显示屏、CPU、硬盘、内存等部件的规格决定。因此消费者在决定购买笔记本电脑之前，应该将配置相同的产品做比较。

② 品牌：同档次的机型，好的品牌会比一般品牌贵50%甚至100%不等。

③ 先进性：在当前市场上被公认为全球最先进的笔记本电脑，其价格会与相近机型拉开较大差距，当市场上出现更加先进的新机型时，旧机型价格会大幅度下跌。

4．服务

选购者一定要了解具体的维修服务条款，避免某些商家在卖机前把一些模糊的条款解释得天花乱坠，出故障后又随意推卸自己应尽的责任。

3.4.2 笔记本电脑的维护

如何维护保养笔记本电脑是每一个笔记本电脑用户关心的话题，在这里通过对笔记本各个组件维护保养技巧、对数据备份的要领、对典型故障的解决等方面内容的介绍，使大家能正确合理地使用笔记本电脑，延长笔记本电脑寿命，同时保证笔记本电脑的数据安全。

1．外壳的维护

笔记本电脑外壳的材质主要包括三类：硬度塑胶、金属合金和碳纤合金。笔记本电脑的外壳通常比较光滑，大部分笔记本电脑采用铝合金外壳设计。大部分机壳对于指纹、环境问题造成的灰尘玷污、用户使用时留下的汗渍、不小心倒上咖啡而留下的咖啡渍、巧克力融化后的污渍，还有各种签字笔、油性笔留下的痕迹等污痕，一般用柔软的纸巾蘸上少量的清水就可以清除，再顽固一些的可以考虑用软布蘸上少量的清洁剂擦拭。注意软布或纸巾不应该有掉绒出现，水分也越少越好。在清洁的时候首先要注意关机操作，为防止意外，最好也要切断电源、拆下电池。

在携带笔记本电脑的时候，最好选一款结实耐用、具有良好内里防护的笔记本电脑专用包，它不仅能使你便于装载和携带笔记本电脑出外工作，还可以为笔记本电脑提供最贴身的保护，减少和其他物品摩擦而造成损坏的机会。如果是使用普通的背包提包或是不同规格的笔记本包，因为里面的结合并不紧密，往往会造成不必要的磨损。

在工作的时候，不要将笔记本电脑放到粗糙的桌面上，以保护外壳的光亮常新。

2．液晶显示屏幕的维护

笔记本电脑的各个部件都是有使用寿命的，一个液晶屏幕正常的使用时间也就是5年左右，随着时间的推移，笔记本电脑的屏幕会越来越黄，这是屏幕内灯管老化的表现，属于正常现象，那么如何将屏幕老化的时间尽可能推迟呢？以下几个方法可以让液晶显示屏幕延长使用寿命。

① 长时间不使用电脑时，可通过键盘上的功能键暂时仅将液晶显示屏幕电源关闭，除了节省电力外亦可延长屏幕寿命。

② 平时要减少屏幕在日光下暴晒的机会，白天使用，尽量拉上窗帘，以防屏幕受日照后，温度过高，加快老化。

③ 不要用力盖上液晶显示屏幕上盖或是放置任何异物在键盘及显示屏幕之间，避免上盖玻璃因重压而导致内部组件损坏。

④ 不要用手指甲及尖锐的物品（硬物）碰触屏幕表面以造成刮伤。

⑤ 液晶显示屏幕表面会因静电而吸附灰尘，建议购买液晶显示屏幕专用擦拭布来清洁屏幕，不要用手指拍除以免留下指纹，并要轻轻擦拭。不能使用化学清洁剂擦拭屏幕。

3．电池的维护

电池是笔记本电脑实现移动工作不可缺少的部分。其实怎样用好笔记本电脑电池，如何延长其使用时间和使用寿命等问题，是笔记本电脑用户一直关心的问题。

① 当无外接电源的情况下，倘若当时的工作状况暂时用不到 PCMCIA 插槽中的卡片，建议先将卡片移除以延长电池使用时间。

② 室温（20~30℃）为电池最适宜之工作温度，温度过高或过低的操作环境将降低电池的使用时间。在平时使用时要防止曝晒、防止受潮、防止化学液体侵蚀、避免电池触点与金属物接触等情况的发生。

③ 在可提供稳定电源的环境下使用笔记本电脑时，认为将电池移除可延长电池寿命是不正确的。而且就一般笔记本电脑而言，当电池电力满充之后，电池中的充电电路会自动关闭，所以不会发生过充的现象。

④ 建议平均三个月进行一次电池电力校正的动作。为使电池能够达到最佳性能，某些型号的笔记本电脑提供了电池校准功能，在第一次使用电池时，可利用该功能对电池进行校准。校准程序会用尽电量，然后再重新充满电，这能够使 Windows 电池计正确地监督电池状态。

4．键盘的维护

笔记本电脑键盘与台式机键盘一样，主要起向电脑输入字符和操控电脑的作用。笔记本电脑的键盘一般都是与整台机器合为一体的，因而无论是维修还是更换，花费都是比较大的。因此在日常的应用中，注意正确的使用和良好的维护是非常重要的。

① 累积灰尘时，可用小毛刷来清洁缝隙，或是使用一般在清洁照相机镜头时用的高压喷气罐，将灰尘吹出，或使用掌上型吸尘器来清除键盘上的灰尘和碎屑。

② 清洁表面，可在软布上沾上少许清洁剂，在关机的情况下轻轻擦拭键盘表面。

③ 严禁在电脑边吃东西或者喝饮料，尤其不能边操作电脑边吃喝，这样既不卫生又有损电脑。

④ 尽量不要留长指甲，长期使用是可能刮坏键盘的。

⑤ 如果打游戏，请注意按键力度，千万不要太过分。考虑使用寿命问题，可以将一些游戏中使用频率高的键轮流设置到不同位置的键位上。

⑥ 笔记本电脑键盘毕竟和台式键盘不同，需要更加爱护使用和用心维护，万一出现个别键无法使用，可以使用键位设置功能设置到别的键上面。

5．硬盘的维护

硬盘作为笔记本电脑必须的设备之一，保养好的话一般可以用上个 6~7 年，但是如果操作不得当，也会对硬盘造成一定程度的伤害。延长硬盘的使用寿命，应该从硬盘的维护做起。

① 硬盘在工作时不能突然关机。当硬盘开始工作时，一般都处于高速旋转之中，如果中途突然关闭电源，可能会导致磁头与盘片猛烈磨擦而损坏硬盘，因此要避免突然关机。关机时一定要注意面板上的硬盘指示灯是否还在闪烁，只有在其指示灯停止闪烁、硬盘读写结束后方可关闭计算机的电源开关。

② 开关机过程是硬盘最脆弱的时候。此时硬盘轴承的转速尚未稳定，若产生震动，则容易造成坏轨。故建议关机后等待约十秒左右后再移动笔记本电脑。

③ 防止灰尘进入。灰尘对硬盘的损害是非常大的，这是因为在灰尘严重的环境下，硬盘

很容易吸引空气中的灰尘颗粒，使其长期积累在硬盘的内部电路元器件上，影响电子元器件的热量散发，使得电路元器件的温度上升，产生漏电或烧坏元件。

另外灰尘也可能吸收水分，腐蚀硬盘内部的电子线路，造成一些莫名其妙的问题，所以灰尘体积虽小，但对硬盘的危害不可低估。因此必须保持环境卫生，减少空气中的潮湿度和含尘量。切记：一般计算机用户不能自行拆开硬盘盖，否则空气中的灰尘会进入硬盘内，在磁头进行读、写操作时划伤盘片或磁头。

④ 要防止温度过高。温度对硬盘的寿命也是有影响的。硬盘工作时会产生一定热量，使用中存在散热问题。温度以 20～25℃为宜，过高或过低都会使晶体振荡器的时钟主频发生改变。温度还会造成硬盘电路元器件失灵，磁介质也会因热胀效应而造成记录错误。温度过低，空气中的水分会被凝结在集成电路元器件上，造成短路；湿度过高时，电子元器件表面可能会吸附一层水膜，氧化、腐蚀电子线路，以致接触不良，甚至短路，还会使磁介质的磁力发生变化，造成数据的读写错误；湿度过低，容易积累大量的因机器转动而产生的静电荷，从而烧坏 CMOS 电路，吸附灰尘而损坏磁头、划伤磁盘片。机房内的湿度以 45%～65%为宜。注意使空气保持干燥或经常给系统加电，靠自身发热将机内水汽蒸发掉。另外，尽量不要使硬盘靠近强磁场，如音箱、喇叭、电机、电台、手机等，以免硬盘所记录的数据因磁化而损坏。

⑤ 要定期整理硬盘上的信息。在硬盘中，频繁地建立、删除文件会产生许多碎片，碎片积累多了，日后在访问某个文件时，硬盘可能会花费很长的时间，不但访问效率下降，而且还有可能损坏磁道。为此，我们应该经常使用 Windows 系统中的磁盘碎片整理程序对硬盘进行整理，整理完后最好再使用硬盘修复程序来修补那些有问题的磁道。

6．光驱的维护

笔记本电脑的光驱因为使用频率高，使用寿命有限，因此很多商家对光驱部件的保修时间要远短于其他部件。其实影响光驱寿命的主要是激光头，而激光头的寿命实际上就是光驱的寿命。因此延长光驱的使用寿命，应该从激光头的保养做起。

① 保持光驱、光盘清洁。光驱由非常精密的光学部件构成，而光学部件最怕的是灰尘污染。灰尘来自于光盘的装入、退出的整个过程，光盘是否清洁对光驱的寿命也直接相关。所以，光盘在装入光驱前应作必要的清洁，对不使用的光盘要妥善保管，以防灰尘污染。

② 定期清洁保养激光头。光驱使用一段时间之后，激光头必然要染上灰尘，从而使光驱的读盘能力下降。具体表现为读盘速度减慢，显示屏画面和声音出现马赛克或停顿，严重时可听到光驱频繁读取光盘的声音。这些现象对激光头和驱动电机及其他部件都有损害。所以，使用者要定期对光驱进行清洁保养或请专业人员维护。

③ 养成关机前及时取盘的习惯。光驱内一旦有光盘，不仅计算机启动时要有很长的读盘时间，而且光盘也将一直处于高速旋转状态。这样既增加了激光头的工作时间，也使光驱内的电机及传动部件处于磨损状态，无形中缩短了光驱的寿命。建议使用者要养成关机前及时从光驱中取出光盘的习惯。

④ 尽量少放影碟。这样可以避免光驱长时间工作，因长时间光驱连续读盘，对光驱寿命影响很大。用户可将需要经常播放的节目拷入硬盘，以确保光驱长寿。如果确实经常要看影碟，建议买一个廉价的低速光驱专门用来播放 VCD 或 DVD。

7．触控板的维护

使用触控板时请务必保持双手清洁，以免发生光标乱跑之现象。不小心弄脏表面时，可将干布沾湿一角轻轻擦拭触控板表面即可，请勿使用粗糙布等物品擦拭表面。触控板是感应式精密电子组件，请勿使用尖锐物品在触控面板上书写，亦不可重压使用，以免造成损坏。

8．散热

一般笔记本电脑制造厂商是通过风扇、散热导管、大型散热片、散热孔等方式来降低使用中所产生的高温的。为节省电力并避免噪声，笔记本电脑的风扇并非一直运转的，而是 CPU 到达一定温度时，风扇才会启动。如果使用时将笔记本电脑放置在柔软的物品上，如：床上、沙发上，有可能会堵住散热孔而影响散热效果进而降低运作效能，甚至死机。

9．笔记本电脑进行维护时应注意的事项

请务必依照下列步骤来清洁和保养笔记本电脑以及相关外围设备：

① 关闭电源并移除外接电源线，拆除内接电池及所有的外接设备连接线。

② 用小吸尘器将连接头、键盘缝隙等部位之灰尘吸除。

③ 用干布略微沾湿再轻轻擦拭机壳表面，请注意千万不要将任何清洁剂滴入机器内部，以避免电路短路烧毁。

④ 等待笔记本电脑完全干透才能开启电源。

3.4.3 平板电脑

平板电脑（如图 3.12 所示）也叫平板计算机（Tablet Personal Computer，简称 Tablet PC、Flat PC、Tablet、Slates），是一种小型、方便携带的个人电脑，它拥有的触摸屏（也称为数位板技术）允许用户通过触控笔或数字笔来进行作业而不是传统的键盘或鼠标。用户可以通过平板电脑内建的手写识别、屏幕上的软键盘、语音识别或者一个真正的键盘（如果该机型配备的话）进行信息输入。平板电脑支持高通骁龙处理器，Intel、AMD 和 ARM 的芯片架构，平板电脑分为 ARM 架构（代表产品为 iPad 和安卓平板电脑）与 X86 架构（代表产品为 Surface Pro 和 Wbin Magic）。X86 架构平板电脑一般采用 Intel 处理器及 Windows 操作系统，具有完整的电脑及平板功能，支持 exe 程序。

1．平板电脑分类

平板电脑都是带有触摸识别的液晶屏，可以用电磁感应笔手写输入。平板式电脑集移动商务、移动通信和移动娱乐为一体，具有手写识别和无线网络通信功能，被称为“上网本的终结者”。

图 3.12　平板电脑

平板电脑按结构设计大致可分为两种类型，即集成键盘的“可变式平板电脑”和可外接键盘的“纯平板电脑”。平板式电脑本身内建了一些新的应用软件，用户只要在屏幕上书写，即可将文字或手绘图形输入计算机。

平板电脑按其触摸屏的不同，一般可分为电阻式触摸屏跟电容式触摸屏。具体可以按照使用功能进行下列划分。

（1）可打电话的平板电脑。可打电话的平板电脑通过内置的信号传输模块——WIFI信号模块，SIM卡模块（即3G信号模块）——实现打电话功能。按不同拨打方式分为WIFI版和3G版。

① 平板电脑WIFI版，是通过WIFI连接宽带网络对接外部电话实现通话功能。操作中还要安装HHCALL网络电话这类网络电话软件，通过网络电话软件将语音信号数字化后，再通过公众的Internet进而对接其他电话终端，实现打电话功能。

② 平板电脑3G版，其实就是在SIM卡模块中插入了支持3G高速无线网络的SIM卡，通过3G信号接入运营商的信号基站，从而实现打电话功能。国内的3G信号技术分别有CDMA，WCDMA，TD-CDMA。通常3G版具备WIFI版所有的功能。

（2）双触控型。双触控平板电脑的定位是同时支持“电容屏手指触控及电磁笔触控”的平板电脑。简单来说，iPad只支持电容的手指触控，但是不支持电磁笔触控，无法实现原笔迹输入，所以商务性能相对是不足的。双触控平板电脑引入电磁笔触控主要就是为了解决原笔迹书写的问题。

（3）滑盖型。滑盖平板电脑的好处是带全键盘，同时又能节省体积，方便随身携带。合起来就跟直板平板电脑一样，将滑盖推出后能够翻转。它的显著优势就是方便操作，除了可以手写触摸输入，还可以像笔记本一样用键盘输入，输入速度快，尤其适合炒股、网银交易时输入账号和密码。

（4）纯平板型。是将电脑主机与数位液晶屏集成在一起，将手写输入作为其主要输入方式，它更强调在移动中使用，当然也可随时通过USB端口、红外接口或其他端口外接键盘/鼠标（有些厂商的平板电脑产品一开始就带有外接键盘/鼠标）。

（5）商务型。平板电脑初期多用于娱乐，但随着平板电脑市场的不断拓宽及电子商务的普及，商务平板电脑凭借其高性能高配置迅速成为平板电脑业界中的高端产品代表。一般来说，商务平板电脑用户在选择产品时看重的是：处理器、电池、操作系统、内置应用等“常规项目”，特别是Windows之下的软件应用，对于商务用户来说更是选择标准的重点，如搭载了Windows系统的Win7Pad，Win8Pad平板电脑，主要用来创造内容，更侧重于办公，但也同时具有娱乐的功能，可以用于消费内容，例如看网页、看视频、看书籍、玩游戏等。

（6）学生型。平板电脑作为可移动的多用途平台，为移动教学也提供了多种可能性。比如MINI学习吧平板电脑就是专为学生精心打造的一款智能学习机。汇集了触摸式学习与娱乐型教学平台，可让孩子在轻松、愉悦的氛围中提高学习成绩。此类平板电脑一般集合了多种课程和系统学习功能两大学习版块。

（7）工业型。工业型电脑具备市场常见的商用电脑的性能。平板电脑的主要区别在于内部的硬件，多数针对工业方面的产品选择的都是工业主板，它与商用主板的区别在于非量产，产品型号比较稳定。另外就是使用了RISC架构。因此工业主板的价格也较商用主板价格高。此外，工业型电脑的需求比较简单单一，性能要求也不高，但是性能要非常稳定。优点是散热量小，无风扇散热。综上所述，工业平板电脑要求较商用型高出很多。工业平板电脑的另一个特点就是多数都配合组态软件一起使用，实现工业控制。

2．平板电脑的应用软件

平板电脑的最大特点是方便随身携带，用户随时可以稳定地连接到电子邮件、社交网络和应用，可随时随地获知最新资讯。另外，它还安装有 Office Home & Student 2013 RT 预览版，即使在旅途中，也不会影响工作。Windows RT 只预安装在精选平板电脑上，并且只能运行内置应用或从 Windows 应用商店中下载的应用。Metro 是微软为了方便开发者编写 Metro 风格的程序而提供的一个开发平台，可以调用微软 Windows RT 暴露出来的接口编写 Metro 风格的程序。而 Metro 风格的控件拓展了 Win8 标准控件的方法和属性，实现了一些新的功能，如 Component One Studio for WinRT XAML，Component One Studio for WinJS。在 Windows 8 中开放的 Windows 应用程序市场（类似于 iOS 里面的 App Store）也使用并推荐采用 Metro 风格界面的应用程序。

3．平板电脑操作系统

虽然有很多平板电脑运行的是 Windows XP Tablet PC Edition，但现在市场 90%的平板电脑使用 Google 安卓系统。Windows 7 的出现，使平板电脑方面也开始有品牌介入开发并取得成功。如英国福盈氏、台湾华硕等。

Linux 是平板电脑的另一个选择。除非直接购买预装了 Linux 的平板电脑，否则跟早期的 Lycoris Desktop/LX Tablet Edition 工作过程一样，冗长乏味。Linux 缺乏平板电脑专用程序，但随着带有手写识别功能的 EmperorLinux Raven X41 Tablet，Linux 平板电脑已经改善了许多。来自 Novell 公司的 openSUSElinux 也对平板电脑有着部分的支持。作为定制性很强的操作系统。

2011 年 Google 推出了 Android 3.0 蜂巢（Honey Comb）操作系统。Android 是 Google 公司推出的基于 Linux 核心的软件平台和操作系统，自推出便成为了 iOS 最强劲的竞争对手之一。2011 年 5 月 Google 正式推出了 Android 3.1 操作系统。2011 年 8 月由海尔公司推出的 haiPad 搭载了国产核心操作系统，这款平板电脑搭载的核心操作系统是基于 Android 开发的，更符合国人的使用习惯。Android 是国内平板电脑最主要的操作系统，2013 年已经发展到 Android 4.1.1。

2012 年微软推出 Windows 8 两个版本 Surface 分为 Windows RT 与 Windows Pro 同时发行，与国内苹果新 iPad 16GB 与 32GB WiFi 版价格持平。有多款 Windows 8 设备首次亮相，包括华硕、东芝、宏碁、KUPA 等厂商的众多平板产品。大部分产品都配有一个全尺寸键盘底座，不仅可以为平板充电，方便文字录入，而且外形酷似超级本。

4．平板电脑的优势

① 平板电脑的外观：外观上就像一个单独的液晶显示屏，只是比一般的显示屏要厚一些，在上面配置了硬盘等必要的硬件设备。

② 便携移动：体积小而轻，可以随时转移使用场所，比台式机和笔记本更具灵活性。

③ 独特的优点：数字墨水和手写识别输入功能，以及强大的笔输入识别、语音识别、手势识别能力。

④ 特有的操作系统：特有的 Table PC Windows XP 操作系统，不仅具有普通 Windows XP 的功能，普通 XP 兼容的应用程序都可以在平板电脑上运行，此外还增加了手写输入，扩展了 XP 的功能。

⑤ 扩展使用 PC 的方式：使用专用的“笔”，在电脑上操作，使其像纸和笔的使用一样

简单。同时也支持键盘和鼠标，可以像普通电脑一样的操作。

⑥ 数字化笔记：可以像PDA、掌上电脑一样，做普通的笔记本，随时记事，创建自己的文本、图表和图片。同时集成电子“墨迹”，在核心Office XP应用中使用墨迹，即可在Office文档中留存自己的笔迹。

⑦ 方便的部署和管理：Windows XP Tablet PC Edition包括Windows XP Professional中的高级部署和策略特性，极大简化了企业环境下Tablet PC的部署和管理。

⑧ 键数据的保护：Windows XP Tablet PC Edition提供了Windows XP Professional的所有安全特性，包括加密文件系统，访问控制等。Tablet PC还提供了专门的CTRL+ALT+DEL按钮，方便用户的安全登录。

本章小结

计算机外部设备是计算机硬件系统的重要组成部分。常见的计算机外部设备有显示器、键盘、鼠标、音箱、打印机、扫描仪。本章主要介绍了外部设备的工作原理、性能指标、选购常识，结合这些知识，我们可以在购买计算机外部配件时有更合理的选择。接下来介绍了笔记本电脑选购时需要考虑的问题及维护方面的基本知识，使我们在了解台式机的基础上，能正确使用笔记本电脑。最后还介绍了平板电脑的一些基本知识，使我们对平板电脑的市场有所了解。

习题三

1．填空题

（1）CRT显示器的主要技术指标主要包括分辨率、点距、带宽、刷新频率、显示器尺寸、________。

（2）打印机可以分为针式打印机、喷墨打印机、______三类。

（3）鼠标分为有线和无线两种。对于当前主流无线鼠标而言，仅有27MHz、2.4GHz和______三类。

（4）平板电脑按结构设计大致可分为两种类型，即集成键盘的“可变式平板电脑”和可外接键盘的“______”两类。

（5）扫描仪按照它的外形和结构可分为手持式、______和滚筒式三大类。

2．选择题

（1）液晶显示器的响应时间越（　　）越好。

A. 小　　B. 大　　C. 不用考虑

（2）关于液晶显示器的坏点，一般来说，有（　　）坏像素都是属于正常范围的。

A. 3~5个　　B. 6~8个　　C. 8~10个

（3）垂直刷新率，又叫“场频”，单位是MHz，它表示屏幕的图像每秒种重绘多少次，也就是指每秒钟屏幕刷新的次数，一般来说，垂直刷新率不应低于（　　）。

A. 70Hz　　B. 80Hz　　C. 85Hz

（4）对比度和亮度是等离子电视的重要指标。亮度（　　）的等离子电视，受周围环境亮度的影响就越小，即使在光亮的环境下也能很清晰地收看电视节目。

A. 不考虑　　　　B. 越小　　　　C. 越高

（5）打印分辨率反映了打印质量的指标。其值越（　　）打印图像的精度越高，图像细节越清晰，质量越好。

A. 小　　　　B. 不考虑　　　　C. 大

3．简答题

（1）打印机的性能参数有哪些？

（2）如何选择液晶显示器？

（3）选择笔记本电脑应该考虑哪些方面？

PART 4

第4章 计算机的组装

通过前面几章的学习，相信大家已经了解了计算机的组成部件的性能和作用。这样我们就可以组装计算机了。本章主要介绍CPU、内存条、主板、硬盘、光驱、电源、显示器、显卡、声卡、网卡、连接线的安装，以及操作系统及设备驱动程序的安装。通过本章的学习，学生可以熟练掌握组装计算机的基本操作及技巧。

4.1 计算机的组装

对于大多数初接触电脑的读者，将各种各样的配件组装成一台电脑并不是轻而易举的事。其实，在熟悉计算机的各个部件后，就应该尝试完成计算机的组装了。

4.1.1 组装前的准备工作

1．工具准备

组装前我们必须准备好装机工具。首先带磁性的十字螺丝刀必不可少，在安装时非常方便，螺钉不易脱落。由于在机箱内还需要安装固定主板的铜柱，因此一把尖嘴钳也是必需的。再准备一把一字螺丝刀备用就可以了。

2．配件准备

① 准备好装机所用的配件：CPU、主板、内存、显卡、硬盘、光驱、机箱电源、键盘鼠标、显示器、各种数据线/电源线等，如图4.1所示。

② 电源排型插座：由于计算机系统不只一个设备需要供电，所以一定要准备万用多孔型插座一个，以方便测试机器时使用。

③ 器皿：计算机在安装和拆卸的过程中有许多螺丝钉及一些小零件需要随时取用，所以应该准备一个小器皿，用来盛装这些东西，以防止丢失。

④ 工作台：为了方便进行安装，准备一个高度适中的工作台，无论专用的电脑桌还是普通的桌子，只要能够满足使用需求就可以了。

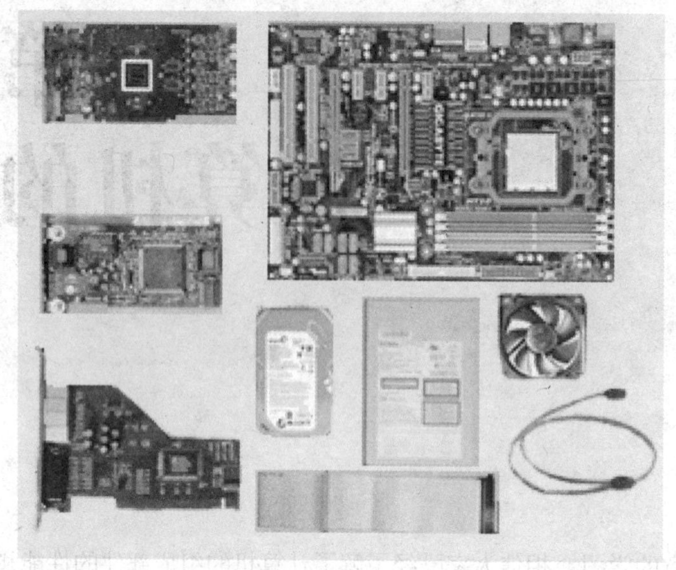

图 4.1　装机配件

4.1.2　组装注意事项

1. 防止静电

由于穿着的衣物会相互摩擦，很容易产生静电。这些静电则可能将集成电路内部击穿，造成设备损坏，这是非常危险的。因此，最好在安装前，用手触摸一下接地的导电体或洗手以释放身上携带的静电荷。

2. 防止液体进入计算机内部

在安装计算机元器件时，也要严禁液体进入计算机内部的板卡上。因为这些液体都可能造成短路，而使器件损坏，所以要注意不要将饮料摆放在机器附近。

3. 使用正常的安装方法

在安装的过程中一定要注意使用正确的安装方法。对于不懂不会的地方要仔细查阅说明书或教材，不要强行安装，如果稍微用力不当就可能使引脚折断或变形。对于安装后位置不到位的设备不要强行使用螺丝钉固定，因为这样容易使板卡变形，日后易发生断裂或接触不良的情况。

4. 检查

建议只装必要的周边设备——主板、处理器、散热片与风扇、硬盘、一台光驱以及显卡；其他东西如 DVD、声卡、网卡等，在确定没问题的时候再装。第一次安装好后把机箱关上，但不要锁上螺丝，因为如果哪儿没装好，还会开开关关好几次。

4.1.3　组装流程

计算机的组装并没有严格的安装顺序规定，但是在一般情况下，为了便于安装，同时兼顾部件的安全，需要遵循一定的原则：先将电源、光驱安装在机箱上；然后安装 CPU、CPU 风扇、内存，接着将主板连同其上面的部件放入机箱，固定主板；安装扩展板卡，如显卡、声卡或网卡等；安装硬盘；连接内部电源线和数据线；连接鼠标、键盘以及显示器等外部设备；检查无误后接通电源测试。当然，顺序不是唯一的，个人习惯不同，安装的顺序也会略有不同。不管怎样的安装顺序，都要遵循快捷方便、安全可靠的原则。下面具体介绍安装过程。

1. 安装CPU

（1）CPU的安装。

在将主板装进机箱前最好先将CPU和内存安装好，以免在主板安装好后机箱内狭窄的空间影响CPU等的顺利安装。

① 稍向外/向上用力拉开CPU插座上的锁杆，与插座呈90° 角，以便让CPU插入处理器插座。如图4.2所示。

图4.2 安装过程

② 取出CPU，把英文字摆正看到正面，左下角会有一个金色三角形记号，将主板上的三角形标记与这个三角形对应后安装就可以了。

③ CPU只在方向正确时才能够被插入插座中，插入后按下锁杆。安装完成，如图4.3所示。

图4.3 安装完成

④在CPU的核心上均匀涂上足够的散热膏（硅脂）。注意不要涂得太多，只要均匀地涂上薄薄一层即可。

【注意】一定要在CPU上涂散热膏或加块散热垫。这有助于将废热由处理器传导至散热装置上。没有在处理器上使用导热介质会导致死机甚至烧毁CPU。

（2）CPU风扇的安装。

① 安装时，将散热片的四角对准主板相应的位置，然后用力压下四角扣具即可。如图4.4所示。有些散热器采用了螺丝设计，因此在安装时还要在主板背面相应的位置安放螺母。

图 4.4　CPU 风扇的安装

② 固定好散热器后，我们还要将散热风扇接到主板的供电接口上。如图 4.5 所示。找到主板上安装风扇的接口（主板上的标识字符为 CPU_FAN），将风扇插头插上即可。

【注意】目前有四针与三针等几种不同的风扇接口，安装时要注意。因为主板的风扇电源插头都采用了防呆式的设计，反方向无法插入，因此安装起来相当的方便。

图 4.5　CPU 风扇电源的安装

（3）CPU 供电接口。

一部分主板采用了四针的加强供电接口设计，这里高端的使用了 8 针设计，以保证给 CPU 稳定的电压供应。如图 4.6 所示。

图 4.6　CPU 供电接口

2．安装内存

① 安装内存前先要将内存插槽两端的卡子向两边扳动，将其打开，这样才能将内存插入。然后再插入内存条，内存条的1个凹槽必须直线对准内存插槽上的1个凸点（隔断）。

② 向下按入内存，在按的时候需要稍稍用力。

③ 紧压内存的两个固定杆，确保内存条被固定住，即完成内存的安装，如图4.7所示。

图4.7 安装内存

3．主板的安装

（1）安装主板。

① 将机箱或主板附带的固定主板用的螺钉丝柱和塑料钉，旋入主板和机箱的对应位置。

② 将机箱上的I/O接口的密封片撬掉。根据主板接口情况，将机箱后相应位置的挡板去掉。这些挡板与机箱是直接连接在一起的，需要先用螺丝刀将其顶开，然后用尖嘴钳将其扳下。外加插卡位置的挡板可根据需要决定，而不要将所有的挡板都取下。

③ 将主板对准I/O接口放入机箱，如图4.8所示。安装主板。

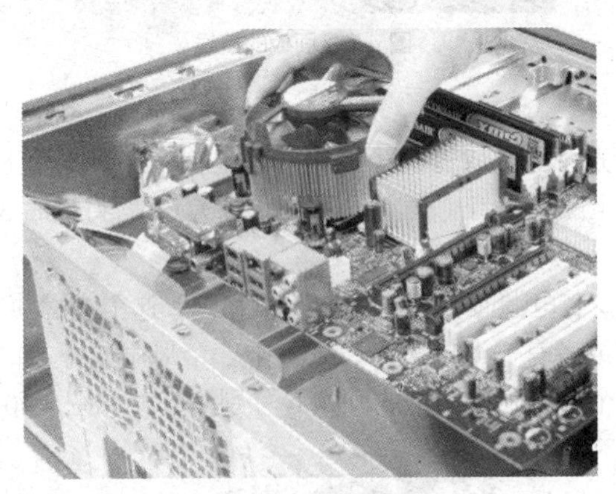

图4.8 安装主板

④ 将主板固定孔对准螺钉丝柱和塑料钉，用螺钉将主板固定好。

⑤ 将电源插头插入主板上的相应插口中。

（2）连接机箱接线。

在安装主板时，在机箱的面板上有连接线需要与主板连接，所以先让我们了解一下机箱连接线。

① PC喇叭的四芯插头，实际上只有1、4两根线，一线通常为红色，它接在主板的Speaker插针上。这在主板上有标记，通常为Speaker。在连接时，注意红线对应1的位置（注：红线对应1的位置——有的主板将正极标为“1”有的标为“+”，视情况而定）。

② RESET 接头连着机箱的 RESET 键，它要接到主板的 RESET 插针上。

③ POWER 接头连着机箱上总电源的开关，是个两芯的插头。它要接到主板的 POWER 插针上。

④ POWER LED 接头连着电源指示灯的接线，使用 1、3 位，1 线通常为绿色。在主板上，插针通常标记为 Power，连接时注意绿色线对应于第一针（+）。

⑤ IDE LED 插针连着硬盘指示灯的接线，1 线为红色。在主板上，通常标着 IDE LED 或 HD LED 的字样，连接时要红线对 1。这条线接好后，当电脑在读写硬盘时，机箱上的硬盘的灯会亮。有一点要说明，这个指示灯只能指示 IDE 硬盘，对 SCSI 硬盘是不行的。

接下来，还需将机箱上的电源，硬盘，喇叭，复位等控制连接端子线插入主板上的相应插针上。连接这些指示灯线和开关线是比较繁琐的，因为不同的主板在插针的定义上是不同的，一定要查阅主板说明书再连接。连好的接线如图 4.9 所示。

图 4.9　面板的接线

4．安装电源

安装电源很简单。先将电源放进机箱上的电源位置，并将电源上的螺丝固定孔与机箱上的固定孔对正，再先拧上一颗螺钉（固定住电源即可），然后将最后 3 颗螺钉孔对正位置，再拧上剩下的螺钉即可。

需要注意的是，在安装电源时先将电源放入机箱内，这个过程中要注意电源放入的方向。有些电源有两台风扇，或者有一个排风口，则其中一个风扇或排风口应对着主板，放入后稍稍调整，让电源上的 4 个螺钉和机箱上的固定孔分别对齐，如图 4.10 所示。

图 4.10　安装电源

【注意】ATX 电源提供多组插头，其中主要是 20 芯的主板插头、4 芯的驱动器插头和 4 芯的小驱动器专用插头。20 芯的主板插头只有一个且具有方向性，可以有效地防止误插，插头上还带有固定装置，可以钩住主板上的插座，不至于让接头松动导致主板在工作状态下突然断电。四芯的驱动器电源插头用处最广泛，所有的 CD-ROM、DVD-ROM、CD-RW、硬盘甚至部分风扇都要用到它。四芯插头提供+12V 和+5V 两组电压，一般黄色电线代表+12V 电源，红色电线代表+5V 电源，黑色电线代表 0V 地线。四芯小驱动器专用插头原理和普通四芯插头是一样的，只是接口形式不同罢了，是专为传统的小驱动器供电设计的，如图 4.11 所示。

图 4.11　ATX 电源插头、插座

5．安装外部存储设备

外部存储设备包含硬盘、光驱（CD-ROM、DVD-ROM、CD-RW）等。

（1）安装硬盘。

① 把硬盘放到插槽中去，单手捏住硬盘（注意手指不要接触硬盘底部的电路板，以防身上的静电损坏硬盘），对准安装插槽后，轻轻地将硬盘往里推，直到硬盘的四个螺丝孔与机箱上的螺丝孔对齐为止。

② 硬盘到位后，就可以上螺丝了。注意，硬盘在工作时其内部的磁头会高速旋转，因此必须保证硬盘安装到位，确保固定。如图 4.12 所示。

图 4.12　安装硬盘

③ 为硬盘连接上数据线和电源线。将数据线在硬盘上的 SATA 接口上插好，再将其插紧在主板 SATA 接口中，最后将 ATX 电源上的扁平电源线接头在硬盘的电源插头上插好即可。如图 4.13 所示。

图 4.13 安装数据线

【注意】SATA 硬盘与传统硬盘在接口上有很大差异，SATA 硬盘采用 7 针细线缆而不是大家常见的 40/80 针扁平硬盘线作为传输数据的通道。细线缆的优点在于它很细，因此弯曲起来非常容易。而传统的硬盘线弯曲起来就非常困难，而且由于其很宽，还经常会造成某个局部散热不良。而细线缆就不存在这些缺点，它不会妨碍机箱内部的空气流动，这样就避免了热区的产生，从而提高了整个系统的稳定性。由于 SATA 采用了点对点的连接方式，每个 SATA 接口只能连接一块硬盘，因此不必像并行硬盘那样设置跳线了，系统自动会将 SATA 硬盘设定为主盘。

（2）安装光驱。

① 光驱的跳线：光驱的跳线非常重要，特别是当光驱与硬盘共用一条数据线的时候，如果设置不正确就会无法识别光驱。一般安装一个光驱的时候，只需将它设置为主盘就行了。

② 将光驱装入机箱：先拆掉机箱前方的一个 5 寸固定架面板，然后把光驱滑入。把光驱从前方滑入机箱时要注意光驱的方向，现在的机箱大多数只需要将光驱平推入机箱就行了。有些机箱内有轨道，在安装光驱的时候就需要安装滑轨。安装滑轨时应注意开孔的位置，并且螺钉要拧紧，滑轨上有前后两组共 8 个孔位，大多数情况下，靠近弹簧片的一对与光驱的前两个孔对齐；当滑轨的弹簧片卡到机箱里，听到“咔”的一声响，光驱就安装完毕了。

③ 固定光驱：在固定光驱时，要用细纹螺钉固定，每个螺钉不要一次拧紧，要留一定的活动空间。如果在上第一颗螺钉的时候就固定死，那么当上其他 3 颗螺钉的时候，有可能因为光驱有微小位移而导致光驱上的固定孔和框架上的开孔之间错位，导致螺钉拧不进去，而且容易滑丝。正确的方法是把 4 颗螺钉都旋入固定位置后，调整一下，最后再拧紧螺钉，如图 4.14 所示。

图 4.14 固定光驱

④ 安装连接线：如图 4.15 所示安装好 IDE 排线，如图 4.16 所示安装好电源线。

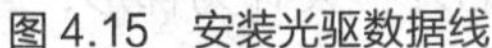

图 4.15 安装光驱数据线

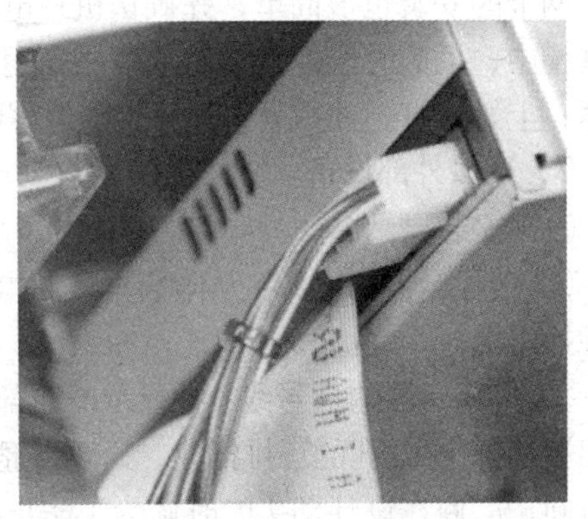

图 4.16 安装光驱电源线

6．安装显卡、声卡、网卡

显卡、声卡、网卡等插卡式设备的安装方法大同小异。

（1）安装显卡。

① 从机箱后壳上移除对应 PCI-E 显卡插槽上的扩充挡板及螺丝。

② 将显卡很小心地对准 PCI-E 显卡插槽且很确实地插入 PCI-E 显卡插槽中。注意，务必确认将卡上的金手指的金属触点很确实地与 PCI-E 显卡插槽接触在一起。

③ 将螺丝锁上，使显卡确实地固定在机箱壳上。

④ 将显示器上的 15 针接脚 VGA 线插头插在显卡的 VGA 输出插头上。

⑤ 确认无误后，重新开启电源，即完成显卡的硬件安装，如图 4.17 所示。

图 4.17 安装显卡

（2）安装声卡。

① 找到一个空余的 PCI 插槽，并从机箱后壳上移除对应 PCI 插槽上的扩充挡板及螺丝。

② 将声卡小心对准 PCI 插槽且很确实地插入 PCI 插槽中。务必确认将卡上的金手指的金属触点很确实地与 PCI 插槽接触在一起。

③ 将螺丝用螺丝刀锁上，使声卡确实固定在机箱壳上。

④ 确认无误后，重新开启电源，既完成声卡的硬件安装。

（3）安装网卡。

网卡的安装也很简单，先确认机箱电源在关闭的状态下，将网卡插入机箱的某个空闲的扩展槽中，插的时候注意要对准插槽；用两只手的大姆指把网卡插入插槽内，一定要把网卡插紧；上好螺钉，并拧紧；最后，将做好的网线上的水晶头连接到网卡的RJ-45接口上。

7．连接外部设备

（1）安装显示器。

① 接显示器的电源：从附袋里取出电源连接线，将显示器电源连接线的另外一端连接到电源插座上。

② 接显示器的信号线：把显示器后部的信号线与机箱后面的显卡输出端相连接。显卡的输出端是一个15孔的三排插座，只要将显示器信号线的插头插到上面就行了。插的时候要注意方向，厂商在设计插头的时候为了防止插反，将插头的外框设计为梯形，因此一般情况下是不容易插反的。如果使用的显卡是主板集成的，那么一般情况下显示器的输出插孔位置在串口的下方，如果不能确定，那么请按照说明书上的说明进行安装。

（2）连接鼠标、键盘。

键盘和鼠标是PC中最重要的输入设备，安装很简单，只需将其插头对准缺口方向插入主板上的键盘/鼠标插座即可。

（3）安装和连接音箱。

在现在的计算机中音箱成为必不可少的放音设备。随着技术的发展，多声道PC有源音箱日成主流。所以，PC音箱大都使用2.1式和4.1式及5.1式的。例如4.1音箱一般由1个低音炮和4个卫星音箱组成，再配上较专业的4.1声卡，就能获得环绕声较强的音响效果。

4.1.4 组装后的检查及常见问题的解决

连接完毕、检查无误后，就要开机检测系统。如果安装无误会听到一声短鸣，表示机器自检顺利，同时出现开机画面。

实际安装中会遇见一些问题，根据现象可以分成如下两大类。

1．开机无显示

开机之后既无显示也没有声音，检查线路连接无误后，则可能是电源的问题。如果开机之后无显示，但是机箱发出警报声不断，则可根据下节所讲的BIOS警报声参数来断定故障发生的原因。

2．开机之后有显示，但是系统自检不能通过，显示出错信息

这种情况下，表明处理器和主板基本上没有大问题。只要根据系统提示的出错信息，就可以轻松找到故障所在。常见的错误信息如下。

（1）Keyboard error or nokeyboard present。

键盘错误或未接键盘。检查一下键盘的连线是否松动或者损坏。

（2）Hard disk install failure。

硬盘安装失败。这是因为硬盘的电源线或数据线可能未接好或者硬盘跳线设置不当。

（3）Secondary slave hard fail。

检测从盘失败。可能是CMOS设置不当，也可能是硬盘的电源线、数据线未接好或者硬盘线设置不当。

（4）Floppy Disk(s) fail 或 Floppy Disk(s) fail(40)。

无法驱动软盘驱动器。检查软驱电源线和数据线有没有松动，或者 CMOS 设置错误。

（5）Hard disk(s) diagnosis fail。

执行硬盘诊断时发生错误。出现这种问题一般是说硬盘本身出现了故障，可以换台机子检查试试，如果有问题应该及时送去维修。

（6）Memory test fail。

内存检测失败。重新拔出内存再安装一次；或者内存条不兼容，换一条试试。

（7）Override enable-Defaults loaded。

当前 CMOS 设定无法启动系统，载入 BIOS 中的预设值以便启动系统。

（8）Hardware Monitor found an error，enter POWER MANAGEMENT SETUP for details，Press F1 to continue，DEL to enter SETUP。

监视功能发现错误，进入 POWER MANAGEMENT SETUP 查看详细信息，按 F1 键继续开机程序，按 Del 键进入 CMOS 设置。

以上是一些常见的错误信息，当然还有一些其他的情况，就不一一介绍了，只要根据提示信息一步步操作就能排除故障。

4.2 CMOS 参数与 BIOS 参数的设置

前面介绍主板的时候已经提到 BIOS 的一些知识，现在对它做更详细的介绍。

4.2.1 BIOS 与 CMOS 的区别

CMOS 是互补金属氧化物半导化的缩写。本意是指制造大规模集成电路芯片用的一种技术或用这种技术制造出来的芯片。而在这里是指主板上一块可读写的存储芯片。它存储了计算机系统的时钟信息和硬件配置信息等，共计 128 个字节。系统加电引导时，要读取 CMOS 信息，用来初始化机器各个部件的状态。它靠系统电源或后备电池供电，关闭电源信息不会丢失。

BIOS 是基本输入输出系统的缩写，指集成在主板上的一个 ROM 芯片，其中保存了计算机系统最重要的基本输入输出程序、系统开机自检程序等。它负责开机时，对系统各项硬件进行初始化设置和测试，以保证系统正常工作。

由于 CMOS 与 BIOS 都跟计算机系统设置密切相关，所以才有 CMOS 设置与 BIOS 设置的说法。CMOS 是系统存放参数的地方，而 BIOS 中的系统设置程序是完成参数设置的手段。因此，准确的说法是通过 BIOS 设置程序对 CMOS 参数进行设置。平常所说的 CMOS 设置与 BIOS 设置是其简化说法，也就在一定程度上造成两个概念的混淆。

4.2.2 BIOS 设置简介

BIOS 全名为（Basic Input Output System）即基本输入输出系统，是电脑中最基础又最重要的程序。它为计算机提供最低级的、最直接的硬件控制，计算机的原始操作都是依照固化在 BIOS 里的内容来完成的。准确地说，BIOS 是硬件与软件程序之间的一个桥梁，或者说是接口（虽然它本身也只是一个程序），负责解决硬件的即时需求，并按软件对硬件的操作要求具体执行。计算机用户在使用计算机的过程中，都会接触到 BIOS，它在计算机系统中起着非常重要的作用。

1．BIOS 的功能

（1）自检及初始化。开机后 BIOS 最先被启动，然后它会对电脑的硬件设备进行完全彻底的检验和测试，即常说的 POST 自检。如果发现问题，分两种情况处理：严重故障停机，不给出任何提示或信号；非严重故障则给出屏幕提示或声音报警信号，等待用户处理。如果未发现问题，则将硬件设置为备用状态，然后启动操作系统，把对电脑的控制权交给用户。

（2）程序服务。BIOS 直接与计算机的 I/O 设备打交道，通过特定的数据端口发出命令，传送或接收各种外部设备的数据，实现软件程序对硬件的直接操作。

（3）设定中断。开机时，BIOS 会告诉 CPU 各硬件设备的中断号。当用户发出使用某个设备的指令后，CPU 就根据中断号使用相应的硬件完成工作，再根据中断号跳回原来的工作。

2．Award BIOS 自检响铃含义

当启动计算机后，BIOS 都会进行自检，当发现硬件错误的时候都会发出警告。下面列出一些常见的信号供大家参考。

1 短：系统正常启动，机器没有任何问题。

2 短：常规错误，请进入 CMOS Setup，重新设置不正确的选项。

1 长 1 短：RAM 或主板出错。换一条内存试试，若还是不行，只好更换主板。

1 长 2 短：显示器或显示卡错误。

1 长 3 短：键盘控制器错误，检查主板。

1 长 9 短：主板 Flash RAM 或 EPROM 错误，BIOS 损坏，换块 Flash RAM 试试。

不断地响（长声）：内存条未插紧或损坏。重插内存条，若还是不行，只有更换一条内存条。

不停地响：电源、显示器未和显示卡连接好。检查一下所有的插头。

重复短响：电源有问题。

无声音无显示：电源有问题。

4.2.3 CMOS 与 BIOS 的基本设置

计算机上使用的 BIOS 程序根据制造厂商的不同分为 AWARD BIOS 程序、AMI BIOS 程序、PHOENIX BIOS 程序，以及其他的免跳线 BIOS 程序和品牌机特有的 BIOS 程序，如 IBM 等。在这介绍 AWARD BIOS 的基本设置方法。

1．进入 CMOS 设置和基本选项

开启计算机或重新启动计算机后，按下 Del 键就可进入 CMOS 的设置界面，如图 4.18 所示。进入后，用方向键移动光标选择 CMOS 设置界面上的选项，然后按 Enter 键进入子菜单，用 Esc 键返回父菜单，用 PAGE UP 和 PAGE DOWN 键来选择具体选项，用 F10 键保留并退出 BIOS 设置。

（1）Standard CMOS Features（标准 CMOS 特征）：使用此菜单可对基本的系统配置进行设定，例如时间、日期。

（2）Advanced BIOS Features（高级 BIOS 特征）：使用此菜单可对系统的高级特性进行设定。

（3）Advanced Chipset Features（高级芯片组特征）：使用此菜单可以修改芯片组寄存器的值，优化系统的性能。

（4）Integrated Peripherals（整合周边）：使用此菜单可对周边设备进行特别的设定。

（5）Power Management Setup（电源管理设定）：使用此菜单可对系统电源管理进行特别的设定。

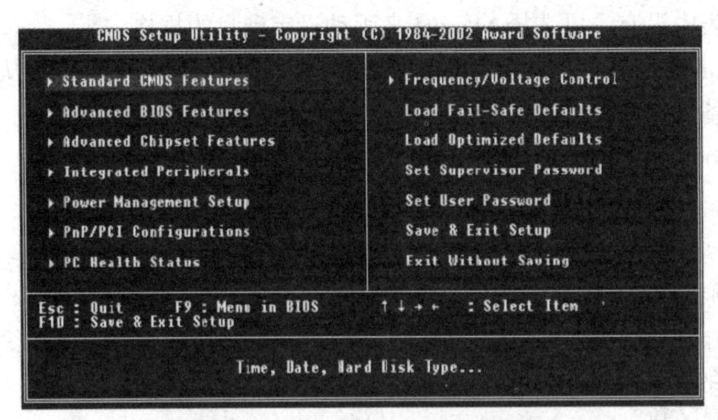

图 4.18 AWARD BIOS 的主界面

（6）PnP/PCI Configurations（PnP/PCI 配置）：此项仅在系统支持 PnP/PCI 时才有效。

（7）PC Health Status（PC 当前状态）：此项显示 PC 的当前状态。

（8）Frequency/Voltage Control（频率/电压控制）：此项可以规定频率和电压设置。

（9）Load Fail-Safe Defaults（载入故障安全默认值）：使用此菜单载入工厂默认值作为稳定的系统使用。

（10）Load Optimized Defaults（载入高性能默认值）：使用此菜单载入最好的性能但有可能影响稳定的默认值。

（11）Set Supervisor Password（设置管理员密码）：使用此菜单可以设置管理员的密码。

（12）Set User Password（设置用户密码）：使用此菜单可以设置用户密码。

（13）Save & Exit Setup（保存后退出）：保存对 CMOS 的修改，然后退出 Setup 程序。

（14）Exit Without Saving（不保存退出）：放弃对 CMOS 的修改，然后退出 Setup 程序。

2．标准 CMOS 特征（Standard CMOS Features）

在 Standard CMOS Features 中，可以设定日期、时间，以及硬盘、显卡的种类，软驱的规格，如图 4.19 所示。

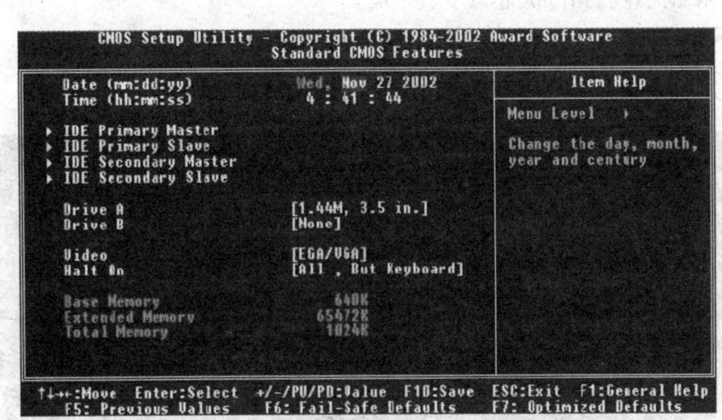

图 4.19 标准 CMOS 特性设置（Standard CMOS Features）

（1）Date（mm:dd:yy）：日期的格式为<星期> <月> <日> <年>。

（2）Time（hh:mm:ss）：时间的格式为<时> <分> <秒>。

（3）IDE Primary/Secondary Master/Slave（IDE 第一/第二 主/从）。

硬盘类型：Manual，None 或 Auto。请注意，驱动设备的规格必须与设备表（Drive Table）内容相符合。如果在此项中输入的信息不正确，硬盘将不能正常工作。如果硬盘规格不符合设备表，或设备表中没有，可选择 Manual 来手动设定硬盘的规格。

如果选择 Manual，将会要求在后面的列表中输入相关信息，可以直接从键盘输入。这可以从销售商或设备制造商提供的说明资料中获得详细信息。

① Access Mode：设定值（CHS，LBA，Large，Auto）；

② Capacity：存储设备的格式化后存储容量；

③ Cylinder：柱面数；

④ Head：磁头数；

⑤ Precomp：硬盘写预补偿；

⑥ Landing Zone：磁头停放区；

⑦ Sector：扇区数。

（4）Driver A/B（驱动器 A/B）。

此项允许选择安装的软盘驱动器类型。可选项有 None；360K，5.25in；1.2M，5.25 in；720K，3.5 in；1.44M，3.5 in；2.88M，3.5 in。

（5）Video（视频）。

此项允许选择系统主显示器的视频转接卡类型，可选项有 EGA/VGA，CGA 40，CGA 80，MONO。

（6）Halt On（停止引导）。

此项决定在系统引导过程中遇到错误时，系统是否停止引导。可选项有以下几项。

① All Errors ：侦测到任何错误，系统停止运行；

② No Errors：未侦测到任何错误，系统不会停止运行；

③ All, But Keyboard：侦测到键盘错误，系统停止运行；

④ All, But Diskette：侦测到磁盘错误，系统停止运行；

⑤ All, But Disk/Key：侦测到磁盘错误或键盘错误，系统停止运行。

（7）Base/Extended/Total Memory（基本/扩展/总内存）。

此 3 个选项用来显示内存的状态（只读）。

3. 高级 BIOS 特征（Advanced BIOS Features）

使用此菜单可对系统的高级特性进行设定，如图 4.20 所示。

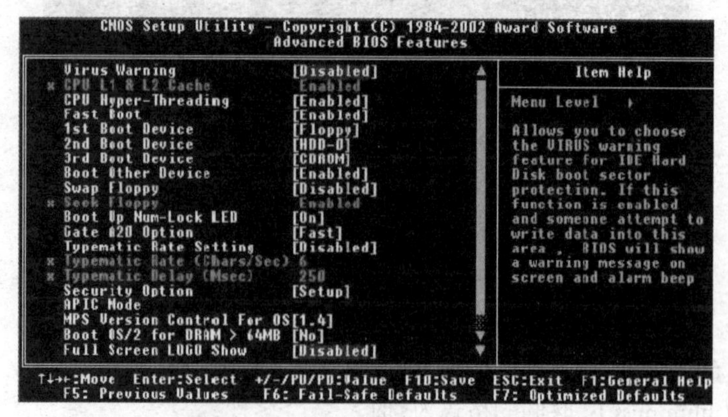

图 4.20 高级 BIOS 特征（Advanced BIOS Features）

（1）Virus Warning（病毒报警）。

选择 Virus Warning 功能，可对 IDE 硬盘引导扇区进行保护。打开此功能后，如果有程序企图在此区中写入信息，BIOS 会在屏幕上显示警告信息，并发出蜂鸣报警声。设定值有 Disabled，Enabled。

（2）CPU L1 & L2 Cache（CPU 一级和二级缓存）。

此项允许打开或关闭 CPU 内部缓存（L1）和外部缓存（L2）。设定值有 Enabled，Disabled。

（3）CPU Hyper-Threading（CPU 超线程，845 PE/GE/GV/G 芯片组支持）。

为了使计算机系统运行超线程技术的功能，需要以下的平台。

① CPU：一个带有 HT 技术的 Intel Pentium 4 处理器；

② 芯片组：一个带有支持 HT 技术的 Intel 芯片组；

③ BIOS：支持 HT 技术的 BIOS 并且设为 Enabled；

④ 操作系统：支持 HT 技术的操作系统。

此项允许控制超线程功能。设置为 Enabled 将提高系统性能。设定值有 Enabled，Disabled。

（4）Fast Boot（快速引导）。

将此项设置为 Enabled 将使系统在启动时跳过一些检测过程，这样系统会在 5 秒内启动。设定值有 Enabled，Disabled。

（5）1st/2nd/3rd Boot Device（第一/第二/第三启动设备）。

此项允许设定 AMI BIOS 载入操作系统的引导设备启动顺序。

① Floppy 系统首先尝试从软盘驱动器引导；

② LS 120 系统首先尝试从 LS 120 引导；

③ HDD-0 系统首先尝试从第一硬盘引导；

④ SCSI 系统首先尝试从 SCSI 引导；

⑤ CD ROM 系统首先尝试从 CD-ROM 驱动器引导；

⑥ HDD-1 系统首先尝试从第二硬盘引导；

⑦ HDD-2 系统首先尝试从第三硬盘引导；

⑧ HDD-3 系统首先尝试从第四硬盘引导；

⑨ ZIP 系统首先尝试从 ATAPI ZIP 引导；

⑩ LAN 系统首先尝试从网络引导。

Disabled 禁用此次序。

（6）Boot Other Device（其他设备引导）。

将此项设置为 Enabled，允许系统在从第一/第二/第三设备引导失败后，尝试从其他设备引导。

（7）Swap Floppy（交换软驱盘符）。

将此项设置为 Enabled 时，可交换软驱 A：和 B：的盘符。

（8）Seek Floppy（寻找软驱）。

将此项设置为 Enabled 时，在系统引导前，BIOS 检测软驱 A:。设定值有 Disabled，Enabled。

根据所安装的启动装置的不同，在“1st/2nd/3rd BootDevice”选项中所出现的可选设备有所不同。例如：如果系统没有安装软驱，在启动顺序菜单中就不会出现软驱的设置。

（9）Boot Up Num-Lock LED（启动时 Numberlock 状态）。

此项用来设定系统启动后，Num-Lock 的状态。当设定为 On 时，系统启动后将打开

Num-Lock，小键盘数字键有效；当设定为 Off 时，系统启动后 NumLock 关闭，小键盘方向键有效。设定值为 On，Off。

（10）Gate A20 Option（Gate A20 的选择）。

此项用来设定 Gate A20 的状态。A20 是指扩展内存的前部 64KB。当选择默认值 Fast 时，Gate A20 是由端口 92 或芯片组的特定程序控制的，它可以使系统速度更快；当设置为 Normal，Gate A20 由键盘控制器或芯片组硬件控制。

（11）Typematic Rate Setting（键入速率设定）。

此项是用来控制字元输入速率的。设置包括 Typematic Rate（字元输入速率）和 Typematic Delay（字元输入延迟）。

（12）Typematic Rate (Chars/s)（字元输入速率，字元/秒）。

Typematic Rate Setting 选项启用后，可以设置键盘加速度的速率（字元/秒）。设定值为 6，8，10，12，15，20，24，30。

（13）Typematic Delay (ms)（字元输入延迟，毫秒）。

此项允许选择键盘第一次按下去和加速开始间的延迟。设定值为 250，500，750 和 1000。

（14）Security Option（安全选项）。

此项指定使用的 BIOS 密码的类型保护。设置值如下。

① Setup：当用户尝试运行设置时，出现密码提示；

② System：每次机器开机或用户运行设置后，出现密码提示。

（15）APIC Mode（APIC 模式）。

此项用来启用或禁用 APIC（高级程序中断控制器）。根据 PC 2001 设计指南，此系统可以在 APIC 模式下运行。启用 APIC 模式将会扩展可选用的中断请求 IRQ 系统资源。设定值有 Enabled，Disabled。

（16）MPS Version Control For OS（MPS 操作系统版本控制）。

此项允许选择在操作系统上应用哪个版本的 MPS（多处理器规格）。须选择操作系统支持的 MPS 版本。要查明使用哪个版本，请咨询操作系统的经销商。设定值为 1.4，1.1。

（17）Boot OS/2 DRAM ＞ 64MB（使用大于 64MB 内存引导 OS/2）。

此项允许在 OS/2 操作系统下使用大于 64MB 的 DRAM。设定值有 Non-OS2，OS2。

（18）Full Screen LOGO Show（全屏显示 LOGO）。

此项能在启动画面上显示公司的 LOGO 标志。

① Enabled：启动时显示静态的 LOGO 画面；

② Disabled：启动时显示自检信息。

4．高级芯片组特征（Advanced Chipset Features）

使用此菜单可以修改芯片组寄存器的值，优化系统的性能，如图 4.21 所示。

（1）Configure DRAM Timing（设置内存时钟）。此设置决定 DRAM 的时钟设置是否由读取内存模组上的 SPD（Serial Presence Detect）EPROM 内容决定。设置为 By SPD，允许内存时钟根据 SPD 的设置由 BIOS 自动决定配置；设置为 Manual，允许用户手动配置这些项目。

（2）CAS# Latency（CAS 延迟）。此项设定 SDRAM 在接受命令并开始读之间的延迟（以时钟周期）。设定值有 1.5，2，2.5，3（clocks）。1.5 个 clock 是增加系统性能，而 3 个 clock 是增加系统的稳定性。

（3）Precharge Delay（预充电延迟）。此项规定在预充电之前的空闲周期，设定值有 7，6 和 5（clocks）。

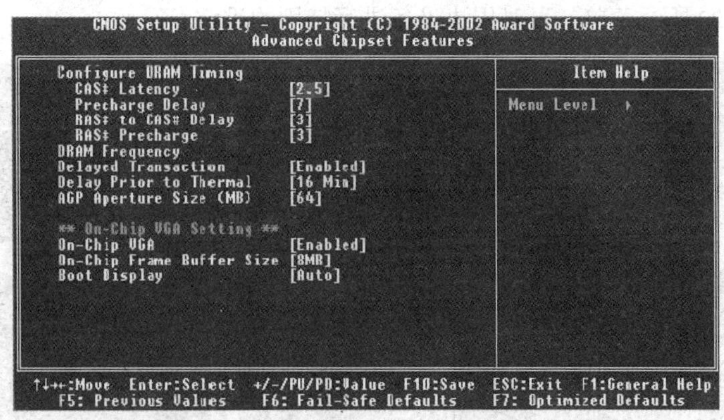

图 4.21 高级芯片组特征（Advanced Chipset Features）

（4）RAS# to CAS# Delay（RAS 到 CAS 的延迟）。此项允许设定在向 DRAM 写入、读出或刷新时，从 CAS 脉冲信号到 RAS 脉冲信号之间延迟的时钟周期数。更快的速度可以增进系统的性能，而相对较慢的速度可以提供更稳定的系统。此项仅在系统中安装同步 DRAM 才有效，设定值有 3，2（clocks）。

（5）RAS# Precharge（RAS 预充电）。此项用来控制 RAS（Row Address Strobe）预充电过程的时钟周期数。如果在 DRAM 刷新前没有足够的时间给 RAS 积累电量，刷新过程可能无法完成，而且 DRAM 将不能保持数据。此项仅在系统中安装同步 DRAM 才有效，设定值有 3，2（clocks）。

（6）DRAM Frequency（内存频率）。此项允许设置所安装的内存的频率，可选项为 Auto，DDR 200，DDR 266，DDR 333（仅 845 GE/PE 支持）。

（7）Delayed Transaction（延迟传输）。芯片组内置一个 32bit 写缓存，支持延迟处理时钟周期，所以与 ISA 总线的数据交换可以缓存，而 PCI 总线可在 ISA 总线数据处理的同时进行其他的数据处理。若设置为 Enabled，可以兼容 PCI 2.1 规格，设定值有 Enabled，Disabled。

（8）Delay Prior to Thermal（超温优先延迟）。当 CPU 的温度到达工厂预设的温度，时钟将被适当延迟。温度监控装置开启，由处理器内置传感器控制的时钟模组也被激活，以保持处理器的温度限制，设定值有 4 min，8 min，16 min，32 min。

（9）AGP Aperture Size(MB)（AGP 口径尺寸，MB）。此项决定用于特别 PAC 配置的图形口径的有效大小。AGP 口径是内存映射的，而图形数据结构是驻于图形口径中的。口径范围必须设计为不可在中央处理器缓存区内缓存，对口径范围的访问被转移到主内存，然后 PAC 将通过一个保留在主内存中的译码表格翻译原始结果地址。此选项可选择口径尺寸为 4MB，8MB，16MB，32MB，64MB，128MB 和 256MB。

（10）On-Chip VGA Setting（板载 VGA 设置）。此项允许配置板载 VGA。

（11）On-Chip VGA（板载 VGA）。此项允许控制板载 VGA 功能，设定值有 Enabled 和 Disabled。

（12）On-Chip VGA Frame Buffer Size（板载 VGA 帧缓冲容量）。此项设定系统内存分配给视频的内存容量，设定值有 1MB，8MB。

（13）Boot Display（引导显示）。此项用于选择系统所安装的显示设备类型，设定值有 Auto，

CRT，TV，EFP。选项 EFP 可引用 LCD 显示器。

5．整合周边（Integrated Peripherals）

使用如图 4.22 所示菜单，可对周边设备进行特别的设定。

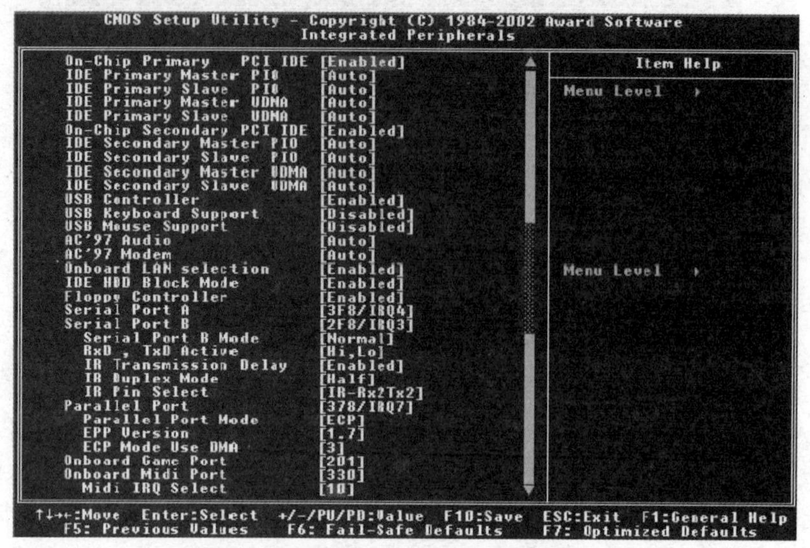

图 4.22　整合周边（Integrated Peripherals）

（1）On-Chip Primary/Secondary PCI IDE（板载第一/第二 PCI IDE）。整合周边控制器，包含一个 IDE 接口，可以支持两个 IDE 通道。选择 Enabled 可以独立地激活每个通道。

（2）IDE Primary/Secondary Master/Slave PIO（IDE 第一/第二 主/从 PIO）。四个 IDE PIO（可编程输入/ 输出）项允许为板载 IDE 支持的每个 IDE 设备设定 PIO 模式（0~4）。模式 0 到 4 提供了递增的性能表现。在 Auto 模式中，系统自动决定每个设备工作的最佳模式。设定值有 Auto，Mode 0，Mode 1，Mode 2，Mode 3，Mode 4。

（3）IDE Primary/Secondary Master/Slave UDMA（IDE 第一/第二 主/从 UDMA）。Ultra DMA/33/66/100 只能在 IDE 硬盘支持此功能时使用，而且操作环境包括一个 DMA 驱动程序（Windows 95 OSR2 或第三方 IDE 总线控制驱动程序）。如果硬盘和系统软件都支持 Ultra DMA/33、Ultra DMA/66 或 Ultra DMA/100，选择 Auto 使 BIOS 支持有效。设定值有 Auto，Disabled。

（4）USB Controller（USB 控制器）。此项用来控制板载 USB 控制器，设定值有 Enabled，Disabled。

（5）USB Keyboard/Mouse Support（USB 键盘/鼠标控制）。如果在不支持 USB 或没有 USB 驱动的操作系统下使用 USB 键盘或鼠标，如 DOS 和 SCO Unix，需要将此项设定为 Enabled。

（6）AC'97 Audio（AC'97 音频）。选择 Auto 将允许主板检测是否有音频设备在被使用。如果检测到了音频设备，板载的 AC'97 控制器将被启用；如果没有，控制器将被禁用。如果想用其他的声卡，请禁用此功能。设定值有 Auto，Disabled。

（7）AC'97 Modem（AC'97 调制解调器）。选择 Auto 将允许主板检测是否有板载调制解调器在被使用。如果检测到了调制解调器设备，板载的 AC'97（Modem Codec'97）控制器将被启用；如果没有，控制器将被禁用。如果想用其他的调制解调器，请禁用此功能，设定值有 Auto，Disabled。

（8）Onboard LAN selection（板载网卡选择）。此项允许决定板载 LAN 控制器是否要被激活，设定值有 Enabled，Disabled。

（9）IDE HDD Block Mode（IDE 硬盘块模式）。块模式也被称为块交换、度命令或多扇区读/写。如果 IDE 硬盘支持块模式（多数新硬盘支持），选择 Enabled，系统会自动检测到最佳的且硬盘支持的每个扇区的块读/写数。设定值有 Enabled，Disabled。

（10）Floopy Controller（软驱控制器）。

① 此项用来控制板载软驱控制器；

② Auto：BIOS 将自动决定是否打开板载软盘控制器；

③ Enabled：打开板载软盘控制器；

④ Disabled：关闭板载软盘控制器。

（11）Serial Port A/B（板载串行接口 A/B）。此项规定主板串行端口 1（COM A）和串行端口 2（COM B）的基本 I/O 端口地址和中断请求号。选择 Auto 允许 AWARD 自动决定恰当的基本 I/O 端口地址，设定值有 Auto，3F8/IRQ4，2F8/IRQ3，3E8/COM4，2E8/COM3，Disabled。

（12）Serial Port B Mode（串行接口 B 模式）。此项允许设置串行接口 B 的工作模式，设定值有 Normal，1.6μs，3/16 Baud，ASKIR。

① Normal: RS-232C 串行接口；

② IrDA: IrDA 兼容串行红外线接口；

③ ASKIR：广泛 Shift Keyed 红外线接口。

（13）RxD，TxD Active（RxD，TxD 活动）。此项允许决定 IR 周边设备的接收和传送速度，设定值有 Hi,Hi，Hi,Lo，Lo,Hi，Lo,Lo。

（14）IR Transmission Delay（IR 传输延迟）。此项允许决定 IR 传输在转换为接收模式时，是否要延迟，设定值有 Disabled，Enabled。

（15）IR Duplex Mode（IR 双工模式）。此项用来控制 IR 传送和接收的工作模式，设定值有 Full，Half。在全双工模式下，允许同步双向传送和接收；在半双工模式下，仅允许异步双向传送和接收。

（16）IR Pin Select（使用 IR 针脚）。参考 IR 设备说明文件，以正确设置 TxD 和 RxD 信号，设定值有 RxD2，TxD2，IR-Rx2Tx2。

（17）Parallel Port（并行端口）。此项规定板载并行接口的基本 I/O 端口地址。选择 Auto，允许 BIOS 自动决定恰当的基本 I/O 端口地址，设定值有 Auto，378/IRQ7，278/IRQ5，3BC/IRQ7，Disabled。

（18）Parallel Port Mode（并行端口模式）。此项可以选择并行端口的工作模式，设定值有：SPP，EPP，ECP，ECP+EPP，Normal。

① SPP：标准并行端口；

② EPP：增强并行端口；

③ ECP：扩展性能端口；

④ ECP + EPP：扩展性能端口+增强并行端口。

（19）EPP Version（EPP 版本）。如果并行端口设置为 EPP 模式，那么此项可以选择 EPP 的版本，设定值有 1.7，1.9。

（20）ECP Mode Use DMA（在 ECP 模式使用 DMA）。ECP 模式用于 DMA 通道。当用户

选择 ECP 特征的板载并行端口时，一定要设置 ECP Mode User DMA。同时，用户可以在 DMA 通道 3 和 1 之间选择。

（21）Onboard Game Port（板载游戏端口）。此项用来设置板载游戏端口的基本 I/O 端口地址，设定值有 Disabled，201，209。

（22）Onboard Midi Port（板载 Midi 端口）。此项用来设置板载 Midi 端口的基本 I/O 端口地址，设定值有 Disabled，330，300，290。

（23）Midi IRQ Select（Midi 端口 IRQ 选择）。此项规定板载 Midi 端口的中断请求号，设定值有 5，10。

6．电源管理设置（Power Management Setup）

使用此菜单可以对系统电源管理进行特别的设定，如图 4.23 所示。

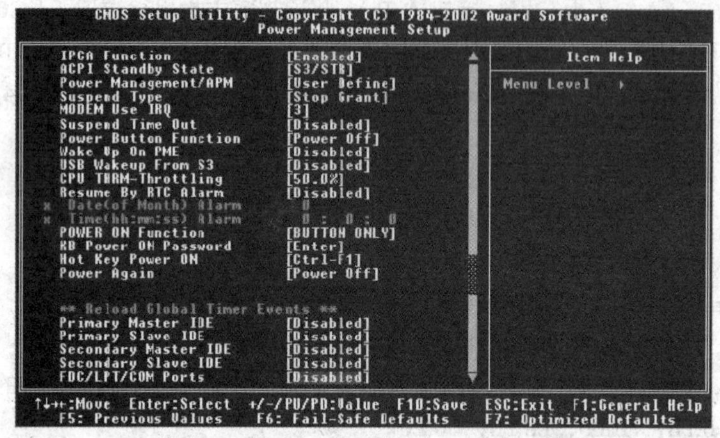

图 4.23　电源管理设置（Power Management Setup）

注意：只有当 BIOS 支持 S3 睡眠模式时，下面所描述的关于 S3 功能才可以应用。

（1）IPCA Function（IPCA 功能）。此项用来激活 ACPI（高级配置和电源管理接口）功能。如果操作系统支持 ACPI-aware，例如 Windows 98 SE/2000/ME，选择 Enabled。设定值为 Enabled，Disabled。

（2）ACPI Standby State（ACPI 待机状态）。此选项设定 ACPI 功能的节电模式，可选项有：S1/POS-S1 休眠模式是一种低能耗状态，在这种状态下，没有系统上下文丢失，（CPU 或芯片组）硬件维持着所有的系统上下文；S3/STR-S3 休眠模式是一种低能耗状态，在这种状态下仅对主要部件供电，比如主内存和可唤醒系统设备，并且系统上下文将被保存在主内存中，一旦有“唤醒”事件发生，存储在内存中的这些信息被用来将系统恢复到以前的状态。

（3）Power Management/APM（电源管理/APM）。此项用来选择节电的类型（或程度）和与此相关的模式——Suspend Mode 和 HDD Power Down。以下是电源管理的选项。

① User Define：允许终端用户为每个模式分别配置模式；

② Min Saving：最小省电管理，Suspend Time Out = 1 hour，HDD Power Down = 15min；

③ Max Saving：最大省电管理，Suspend Time Out = 1 min，HDD Power Down = 1min。

（4）Suspend Type（挂起类型）。此项允许选择挂起的类型，设定值有 Stop Grant（保存整个系统的状态，然后关掉电源），PwrOn Suspend（CPU 和核心系统在低能耗电源模式，保持电源供给）。

（5）MODEM Use IRQ（MODEM 使用的 IRQ）。此项可以设置 MODEM 使用的 IRQ（中

断），设定值有 3，4，5，7，9，10，11，NA。

（6）Suspend Time Out（挂起时限）。如果系统没有在所设置的时间内激活，所有的设备，包括 CPU，将被关闭。设定值为 Disabled，1 min，2 min，4 min，8 min，12 min，20 min，30 min，40 min 和 1 h。

（7）Power Button Function（开机按钮功能）。此项设置开机按钮的功能。

① Power Off：正常的开机关机按钮；

② Suspend：当按下开机按钮时，系统进入挂起或睡眠状态，当按下 4 秒或更多时间，系统关机。

（8）Wake Up On PME，USB Wakeup From S3（PME 唤醒，USB 从 S3 唤醒）

此两项设置系统侦测到指定外设或组件被激活或有信号输入时，机器将从节电模式被唤醒。设定值有 Enabled，Disabled。

（9）CPU THRM-Throttling（CPU 温控）。此项允许设置 CPU 温控比率。当 CPU 温度到达预设的高温，可以通过此项减慢 CPU 的速度；设定范围从 12.5%到 87.5%，以 12.5%递增。

（10）Resume By RTC Alarm（预设系统启动时间）。此项用来设置系统定时自动启动的时间/日期。

（11）Date (of Month) Alarm。此项可以设置 Resume by Alarm 的日期。设定值为 0～31。

（12）Time (hh:mm:ss) Alarm。此项可以设置 Resume by Alarm 的日期。格式为<时><分><秒>。

（13）Power ON Function（开机功能）。此项控制 PS/2 鼠标或键盘的哪一部分可以开机。设定值为 Password，Hot KEY，Mouse Left，Mouse Right，Any Key，BUTTON ONLY，Keyboard 98。

（14）KD Power ON Password（键盘开机密码）。如果 Power ON Function 设定为 Password，就可以在此项为 PS/2 键盘设定开机的密码。

（15）Hot Key Power ON（热键开机）。如果 Power ON Function 设定为 Hot KEY，可以在此项为 PS/2 键盘设定开机热键，设定值为 Ctrl-F1～Ctrl-F12。

（16）Power Again（再来电状态）。此项决定开机时意外断电之后，电力供应恢复时系统电源的状态。设定值有以下几项。

① Power Off：保持机器处于关机状态；

② Power On：保持机器处于开机状态；

③ Last State：恢复到系统断电前的状态。进入挂起/睡眠模式，但若按钮被按下超过 4s，机器关机。

（17）Reload Global Timer Events: Primary Master/Slave IDE，Secondary Master/Slave IDE，FDC/LPT/COM Ports（重载全局计时器）。全局计时器时间属于 I/O 事件，此类事件的出现可以避免系统进入节电模式或将系统从这种状态中唤醒。生效时，即某设备被设置为 Enabled 时，如果有这类时间发生，系统将发出报警，即使系统处于低电量状态。

7．PnP/PCI 配置（PnP/PCI Configurations）

此项仅在系统支持 PnP/PCI 时才有效，如图 4.24 所示。

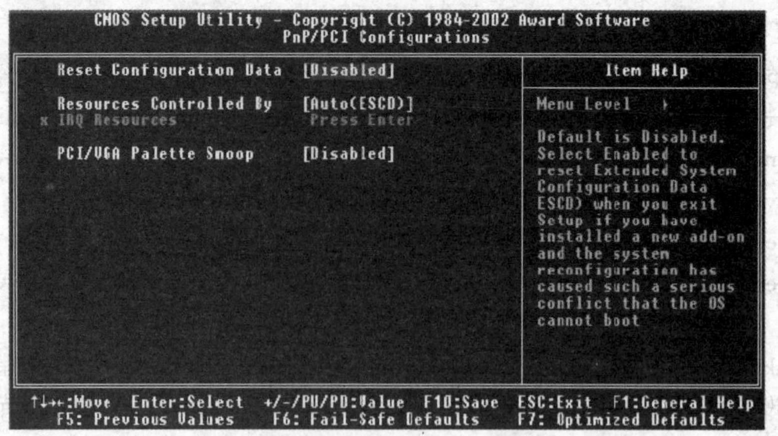

图 4.24 PnP/PCI 配置（PnP/PCI Configurations）

（1）Reset Configuration Data（重置配置数据）。通常应将此项设置为 Disabled。如果安装一个新的外接卡，系统在重新配置后产生严重的冲突，导致无法进入操作系统。此时将此项设置为 Enabled，可以在退出 Setup 后，重置 Extended System Configuration Data（ESCD，扩展系统配置数据）。设定值有 Enabled，Disabled。

（2）Resources Controlled By（资源控制）。Award 的 Plug and Play BIOS（即插即用 BIOS）可以自动配置所有的引导设备和即插即用兼容设备。此功能仅在使用即插即用操作系统，例如 Windows 95/98 时才有效。如果将此项设置为 Manual（手动），可进入此项的各项子菜单（每个子菜单以“ ”开头），手动选择特定资源。设定值有 Auto(ESCD)，Manual。

（3）IRQ Resources（IRQ 资源）。此项仅在 Resources Controlled By 设置为 Manual 时有效。按键，将进入子菜单。IRQ Resources 列出 IRQ 3/4/5/7/9/10/11/12/14/15，让用户根据使用 IRQ 的设备类型来设置每个 IRQ，设定值如下。

① PCI Device：为 PCI 总线结构的 Plug & Play 兼容设备；

② Reserved IRQ：将保留为以后的请求。

（4）PCI/VGA Palette Snoop（PCI/VGA 调色板配置）。当设置为 Enabled 时，工作于不同总线的多种 VGA 设备可在不同视频设备的不同调色板上处理来自 CPU 的数据。在 PCI 设备中命令缓存器中的第 5 位是 VGA 调色板侦测位（0 是禁用的）。例如，计算机中有两个 VGA 设备（一个是 PCI，另一个是 ISA），设定方式如下：如果系统中安装的任何 ISA 适配卡要求 VGA 调色板侦测，此项必须设置为 Enabled。

8．PC 当前状态（PC Health Status）

此项显示 PC 的当前状态，如图 4.25 所示。

（1）Current System Temp.，Current CPU Temperature，CPU fan，SYSTEM fan，Vcore，VTT，3.3 V，+5 V，+12 V，−12 V，−5 V，VBAT(V)，5VSB(V)。这几项显示目前所有监控的硬件设备/元器件状态，如 CPU 电压、温度和所有风扇速度等。

（2）Chassis Intrusion Detect（机箱入侵监测）。此项用来启用、复位或禁用机箱入侵监视功能并提示机箱曾被打开的警告信息。设置为 Enable 时，系统将记录机箱的入侵信息，下次打开系统，将显示警告信息；将此项设为 Reset 可清除警告信息，之后，此项自动回复到 Enabled 状态。设定值有 Enabled，Reset 和 Disabled。

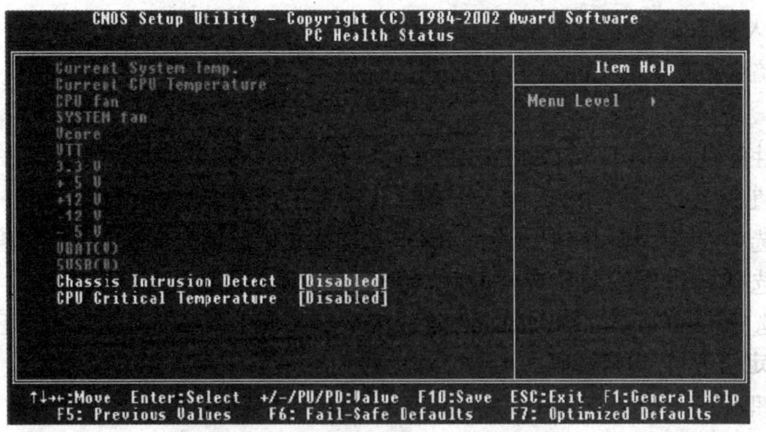

图 4.25 PC 当前状态（PC Health Status）

（3）CPU Critical Temperature（CPU 的临界温度）。此选项用来指定 CPU 的温度临界值。如果 CPU 温度达到这个指定值，系统发出一个警告并且允许你去防止这样的过热问题。

9．频率和电压控制（Frequency/Voltage Control）

此项可以规定频率和电压设置，如图 4.26 所示。

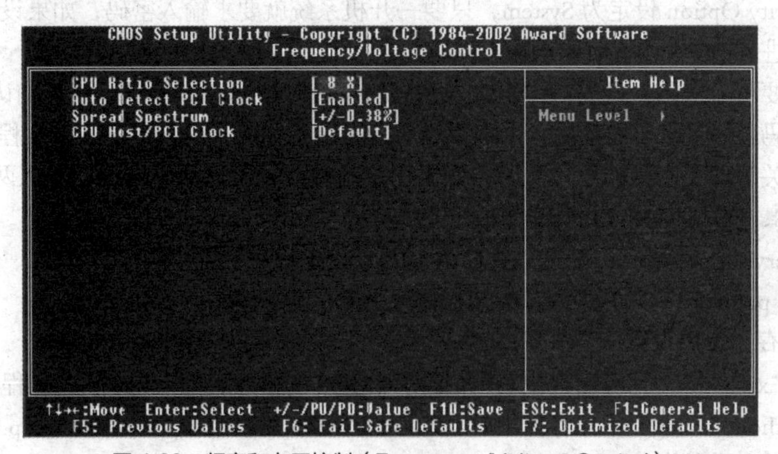

图 4.26 频率和电压控制（Frequency/Voltage Control）

（1）CPU Ratio Selection（CPU 倍频选择）。用户可以在此选项中指定 CPU 的倍频（时钟增加器），实现超频。

（2）Auto Detect PCI Clock（自动侦测 PCI 时钟频率）。此项允许自动侦测安装的 PCI 插槽。当设置为 Enabled 时，系统将移除（关闭）PCI 插槽的时钟，以减少电磁干扰（EMI）。设定值为 Enabled。

（3）Spread Spectrum（频展）。当主板上的时钟振荡发生器工作时，脉冲的极值（尖峰）会产生电磁干扰。频率范围设定功能可以降低脉冲发生器所产生的电磁干扰。如果没有遇到电磁干扰，将此项设定为 Disabled，这样可以优化系统的性能表现和稳定性；如果遇到电磁干扰问题困扰，可将此项设定为 Enabled，这样可以减少电磁干扰；如果超频使用，必须将此项禁用，否则会导致超频的处理器锁死。可选项为 Enabled，+/−0.25%，−0.5%，+/−0.5%，+/−0.38%。

（4）CPU Host/PCI Clock（CPU 主频/PCI 时钟频率）。此选项指定 CPU 的前端系统总线频率、AGP（3V66）和 PCI 总线频率的组合。它提供给用户一个处理器超频的方法。如果将此项设置为 Default，CPU 主频总线，AGP 和 PCI 总线的时钟频率都将设置为默认值。

10．载入故障安全/优化默认值

载入故障安全默认值（Load Fail-Safe Defaults）：使用此菜单载入工厂默认值作为稳定的系统使用。

载入高性能默认值（Load Optimized Defaults）：使用此菜单载入性能最好的但有可能影响稳定的默认值。

这两个选项能够允许用户把所有的 BIOS 选项恢复到故障安全值或者优化值。

（1）当选择 Load Fail-Safe Defaults 时，按 Y 载入稳定系统的工厂默认值。

（2）当选择 Load Optimized Defaults 时，按 Y 载入优化系统性能的默认的工厂设定值。

11．设定管理员/用户密码

设置管理员密码（Set Supervisor Password）：使用此菜单可以设置管理员的密码；设置用户密码（Set User Password）：使用此菜单可以设置用户密码。

（1）当选择此功能，输入密码，最多 8 个字符，然后按键，随后，系统要求再次输入密码确认。一旦确认密码，就可以启用。启用密码后，系统会在每次进入 BIOS 设定程序前，被要求输入密码。

（2）用户可在高级 BIOS 特性设定中的 Security Option（安全选项）项设定启用此功能。如果将 Security Option 设定为 System，只要一开机系统就要求输入密码；如果设定为 Setup，则仅在用户进入 BIOS 设置前要求输入密码。

（3）若要清除密码，只需在弹出输入密码的窗口时按键。屏幕显示一条确认启用信息，是否禁用密码。一旦密码被禁用，系统重启后，可以不输入密码直接进入设定程序。

（4）有关管理员密码和用户密码：如果用户同时设置了这两个密码，输入两个密码都可以进入 BIOS，但却拥有不同的权限。

① Supervisor password：能进入并修改 BIOS 设定程序；

② User password：只能进入，但无权修改 BIOS 设定程序。

12．保存／退出设置

Save & Exit Setup（保存后退出）：保存对 CMOS 的修改，然后退出 Setup 程序。

Exit Without Saving（不保存退出）：放弃对 CMOS 的修改，然后退出 Setup 程序。

13．BIOS 错误信息和解决方法

（1）CMOS battery failed（CMOS 电池失效）。原因：说明 CMOS 电池的电力已经不足，请更换新的电池。

（2）CMOS check sum error-Defaults loaded（CMOS 执行全部检查时发现错误，因此载入预设的系统设定值）。原因：通常发生这种状况都是因为电池电力不足造成的，不妨先换个电池试试看。如果问题依然存在的话，那就说明 CMOS RAM 可能有问题，最好送回原厂处理。

（3）Display switch is set incorrectly（显示开关配置错误）。原因：较旧型的主板上有跳线，可以设定显示器为单色或彩色。这个错误提示主板上的设定和 BIOS 里的设定不一致，重新设定即可。

（4）Press ESC to skip memory test（内存检查，可按 ESC 键跳过）。原因：如果在 BIOS 内并没有设定快速加电自检的话，那么开机就会执行内存的测试；如果不想等待，可按 ESC 键跳过或到 BIOS 内开启 Quick Power On Self Test。

（5）Secondary Slave hard fail（检测从盘失败）。

原因：①CMOS 设置不当（例如没有从盘但在 CMOS 里设有从盘）；

② 盘的线、数据线可能未接好或者硬盘跳线设置不当。

（6）Override enable-Defaults loaded（当前 CMOS 设定无法启动系统，载入 BIOS 预设值以启动系统）。原因：可能是在 BIOS 内的设定并不适合你的计算机（比如内存只能跑 100MHz 却让它跑 133MHz），这时进入 BIOS 设定重新调整即可。

（7）Press TAB to show POST screen（按 TAB 键可以切换屏幕显示）。原因：有一些 OEM 厂商会以自己设计的显示画面来取代 BIOS 预设的开机显示画面，而此提示就是要告诉使用者可以按 TAB 键来把厂商的自定义画面和 BIOS 预设的开机画面进行切换。

（8）Resuming from disk，Press TAB to show POST screen（从硬盘恢复开机，按 TAB 显示开机自检画面）。原因：某些主板的 BIOS 提供 Suspend to disk（挂起到硬盘）的功能，当使用者以 Suspend to disk 的方式来关机时，那么在下次开机时就会显示此提示消息。

4.3 操作系统的安装

没有安装任何软件的计算机叫“裸机”，这样的机器是无法工作的。计算机一定要借助于操作系统来管理、控制计算机的运行。所以硬件安装完毕以后，要对计算机进行分区、格式化、安装系统。

4.3.1 硬盘的分区与格式化

1．硬盘的分区

对于新配置的计算机来说，硬盘必须经过分区、格式化后才能用于存放数据。如果硬盘没有被分区，则首先要进行分区。如果购买计算机时，装机人员已经为硬盘分区和格式化，则用户可以自己重新进行分区，删除硬盘上已有的分区信息。需要注意的是，重新分区将丢失硬盘上保留的所有数据。

用户可以根据硬盘容量和自己的需要建立基本分区、扩展分区、逻辑分区，再经过格式化处理，为硬盘分别建立引导区（BOOT）、文件分配表（FAT）、数据存储区（DATA）。只有经过以上处理之后，硬盘才能在计算机中使用。

2．分区的概念

（1）基本分区（主分区）：包括操作系统启动所必须的文件和数据。系统从这个分区查找和调用启动操作系统所必须的文件和数据。一个操作系统必需有一个基本分区，也只能有一个分区。在一个硬盘上可以有不超过 4 个的基本分区。

（2）扩展分区：硬盘中扩展分区是可选的。用户可以根据需要及操作系统的磁盘管理能力，设置扩展分区。

（3）逻辑分区：扩展分区不能直接使用，必须将其分成一个或多个逻辑分区后，才能被操作系统识别和使用。

（4）活动分区：从硬盘启动系统时，只有一个分区中的操作系统进入运行，该分区称为活动分区。

3．硬盘分区格式

（1）FAT16：这种格式采用 16 位的文件分配表，能支持的最大分区只有 2GB。几乎所有的操作系统都支持它。硬盘的实际利用效率低。

（2）FAT32：这种格式采用 32 位的文件分配表，使其对磁盘的管理能力大大增强，突破了 FAT16 对每一个分区的容量只有 2GB 的限制。运用 FAT32 的分区格式后，用户可以将一个大硬盘定义成一个分区，而不必分为几个分区使用，减少硬盘空间的浪费，提高硬盘利用效率。

（3）NTFS：NTFS 分区格式是网络操作系统 Windows NT 的硬盘分区格式，优点是安全性和稳定性极其出色，在使用中不易产生文件碎片，对硬盘的空间利用及软件的运行速度都有好处。它能对用户的操作进行记录，通过对用户权限进行非常严格的限制，使每个用户只能按照系统赋予的权限进行操作，充分保护了网络系统与数据的安全。

（4）linux：linux 分区格式与其他操作系统完全不同，共有两种格式，一种是 linux native 主分区，另一种是 linux swap 交换分区。这两种分区格式的安全性与稳定性极佳，结合 linux 操作系统后，死机的机会大大减少，目前支持这一分区格式的操作系统只有 linux。

4．硬盘分区操作

（1）分区前准备。

硬盘分区使用 DiskGenius。在进行分区之前，用户还需要准备一张能引导进入系统的启动盘或者带启动的 U 盘。启动盘或者带启动的 U 盘除了需要启动文件外，还应含有分区和格式化程序，即 DiskGenius——硬盘分区程序。

另外，要将 CMOS 中的“First Boot Device”选项的参数设置为“CD-ROM”或“USB-HDD”。

（2）硬盘分区。

插入启动盘，启动计算机后，运行 DiskGenius。即可开始对硬盘进行分区，如图 4.27 所示，进入 DiskGenius 程序的主界面。DiskGenius 的主界面由三部分组成，分别是硬盘分区结构图、分区目录层次图、分区参数图。

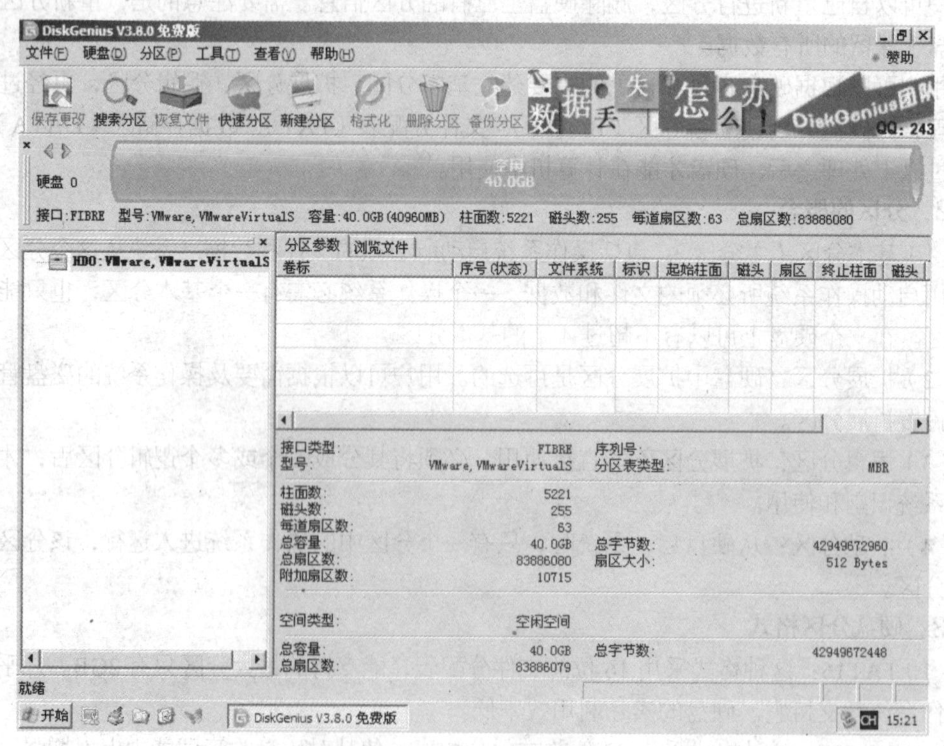

图 4.27 DiskGenius 程序启动界面

在如图 4.28 所示的 DiskGenius 程序的主界面中，可以进行快速分区，也可以进行正常步骤的分区。

快速分区功能用于快速为磁盘重新分区。适用于为新硬盘分区，或为已存在分区的硬盘完全重新分区。执行时会删除所有现存分区，然后按指定要求对磁盘进行分区，分区后立即快速格式化所有分区。用户可指定各分区大小、类型、卷标等内容。只需几个简单的操作就可以完成分区及格式化。如果不改变默认的分区个数、类型、大小等设置，打开快速分区对话框后（快捷键“F6”）按下“确定”即可完成对磁盘执行重新分区及格式化操作。要实现快速分区可单击“硬盘 - 快速分区”菜单项、快速分区图标，或按“F6”键。

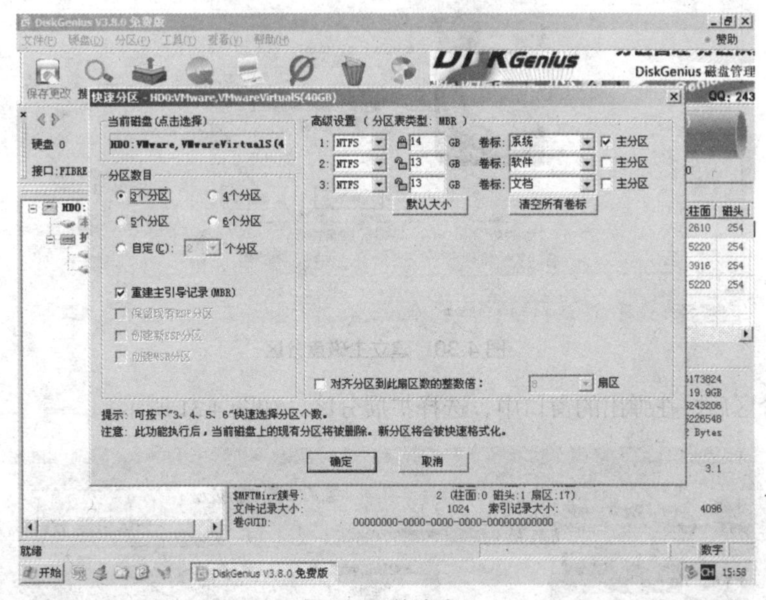

图 4.28　快速分区

DiskGenius 正常步骤的分区，可以用菜单或鼠标右键进行划分，具体如下。

选择菜单中的建立新分区，如图 4.29 所示。

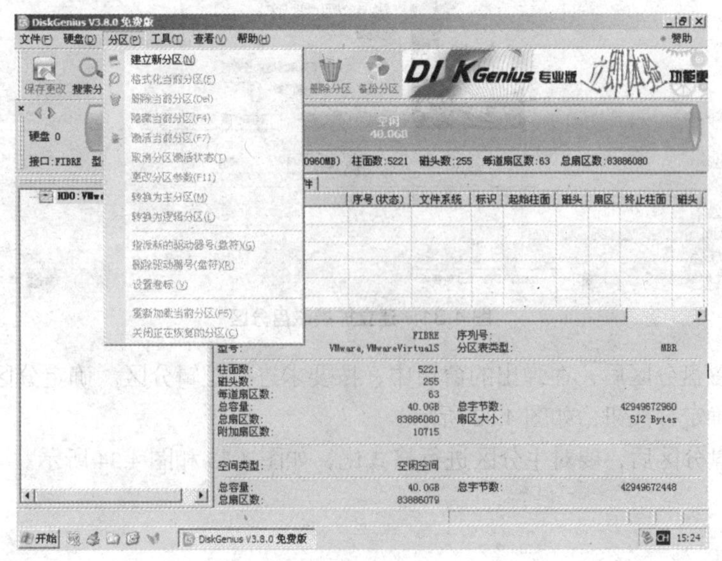

图 4.29　建立新分区

在弹出的窗口中，选择建立主磁盘分区，确定主分区类型和分区容量，单击“确定”按钮。如图 4.30 所示。

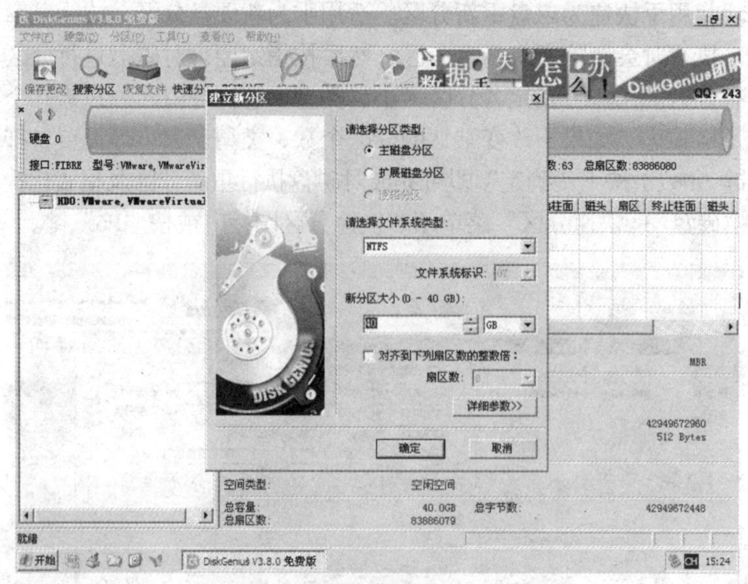

图 4.30　建立主磁盘分区

划完主分区后，在弹出的窗口中，选择扩展分区，如图 4.31 所示。

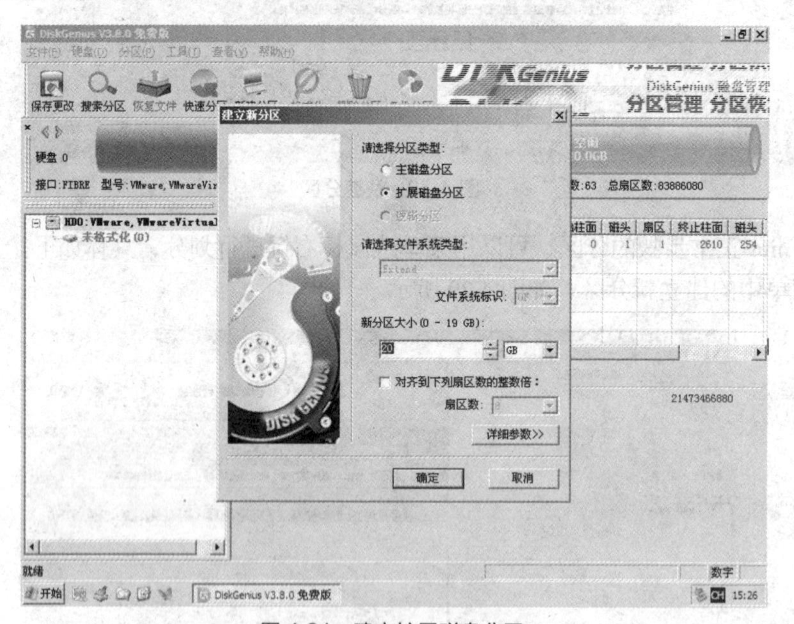

图 4.31　建立扩展磁盘分区

分完扩展磁盘分区后，在弹出的窗口中，按要求进行逻辑分区。确定分区类型和分区容量后，单击“确定”按钮，如图 4.32 所示。

进行完磁盘分区后，要对主分区进行格式化，如图 4.33 和图 4.34 所示。

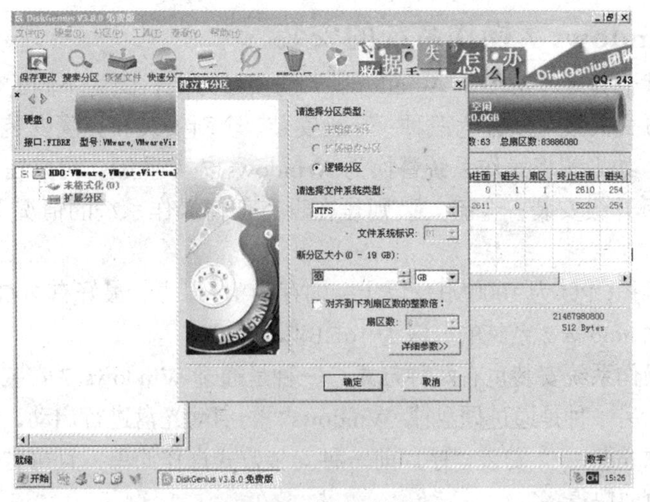

图 4.32　建立逻辑分区

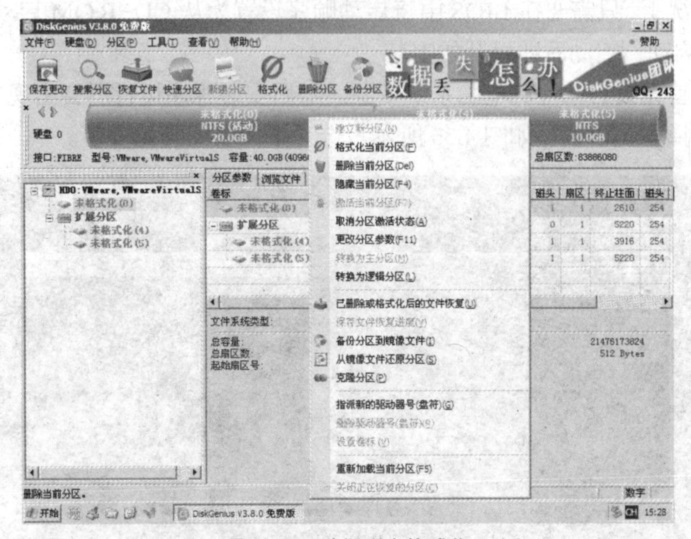

图 4.33　选择磁盘格式化

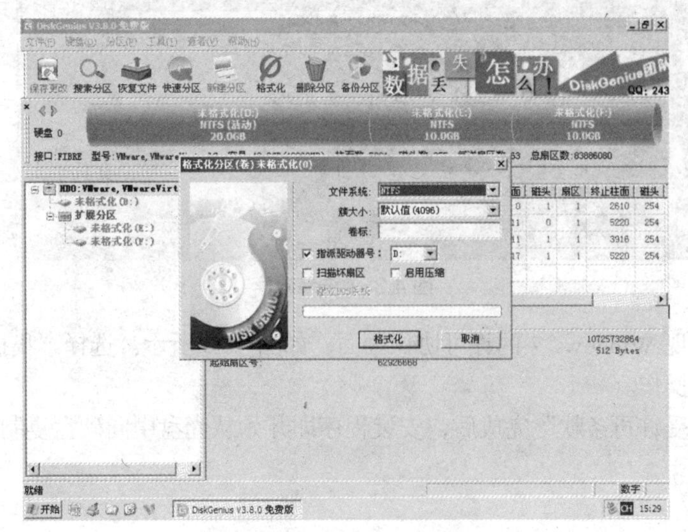

图 4.34　磁盘进行格式化

4.3.2 Windows 7 操作系统的安装

安装之前，我们先要了解一下 Windows 7 的安装方式，因为不同的安装方式会导致不同的结果。安装方式大致可以分为三种：升级安装、全新安装和克隆安装。升级安装即覆盖原有的操作系统，如果想将操作系统替换为 Windows 7 专业版，可以在 Windows xp/vista 等操作系统中进行升级安装；全新安装则是在没有任何操作系统的情况下安装 Windows 7 操作系统。

Windows 7 要求 CPU 为 1000MHz 以上，内存为 1G 以上，最好有 20GB 以上的可用磁盘空间。建议安装 Windows 7 系统的分区为 16GB 以上。

Windows 7 操作系统安装也有两种方式：一种是通过 Windows 7 安装光盘引导系统并自动运行安装程序；另一种是通过硬盘或 Windows7 的启动光盘进行启动，然后手工运行在光盘中或硬盘中的 Windows 7 安装程序。前一种安装方式操作简单，且可省去一个复制文件的步骤，安装速度也要快得多。

在第一种情况下，只需要在 BIOS 中将启动顺序设置为从 CD-ROM 启动，并用 Windows 7 安装光盘进行启动，启动后即可开始安装。

运行安装后首先会自动检测电脑系统资源，随后安装程序运行后会出现 windows 7 的安装向导界面，选择安装语言，如图 4.35 所示。选“下一步”开始安装。

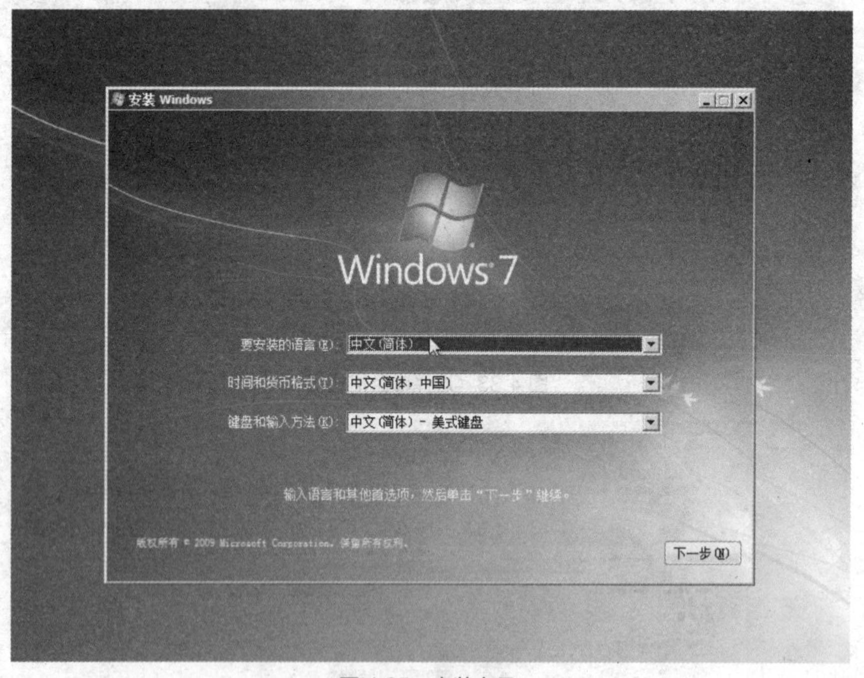

图 4.35 安装向导

接下来，出现 Windows 7 的许可协议画面，如图 4.36 所示。选择“我接受许可条款”，即可进行下一步操作。

选择“我接受许可条款”完成后，安装程序即开始从光盘中向硬盘复制安装文件，如图 4.37 所示。

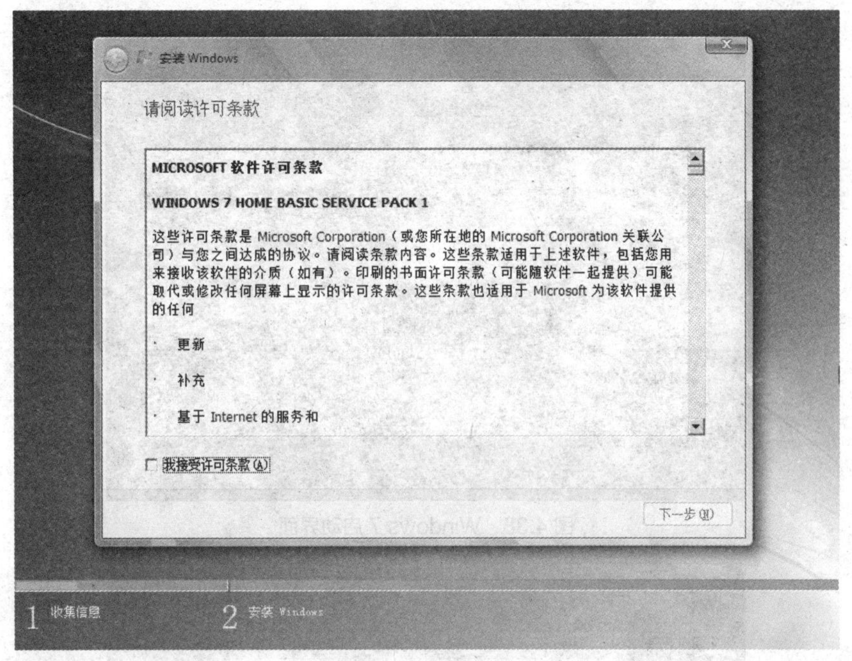

图 4.36　许可协议

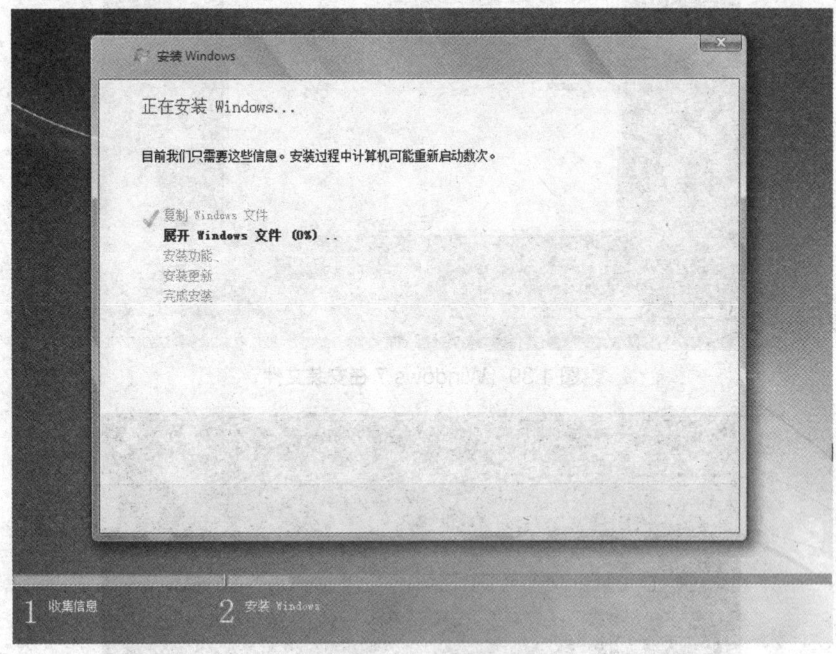

图 4.37　复制安装文件

我们等待几分钟，直到 Windows 7 完成“复制 Windows 文件”“展开 Windows 文件”“安装功能”“安装更新”等几个过程，电脑将进入第一次重启。可以看到熟悉的 Windows 7 启动界面，如图 4.38 所示。

第一次重启后，将显示“安装程序正在启动服务”界面。完成安装后，如图 4.39 所示。接着将进入第二次重启，如图 4.40 所示。安装程序将为首次使用计算机做准备。在此过程中，无须进行任何操作，只需等待。

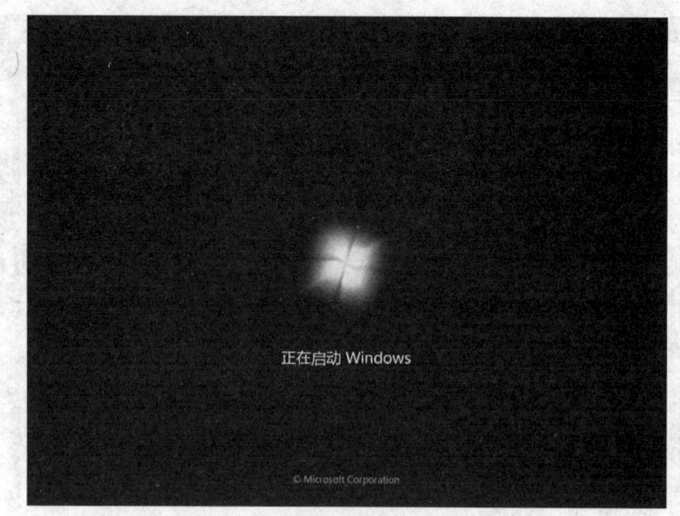

图 4.38　Windows 7 启动界面

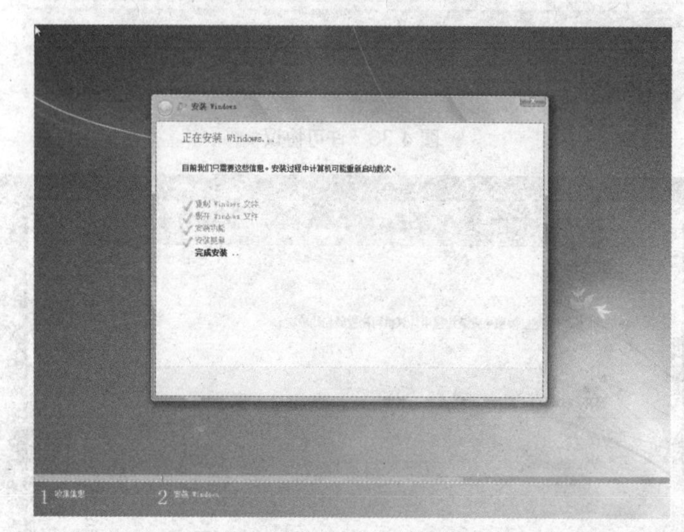

图 4.39　Windows 7 在安装文件

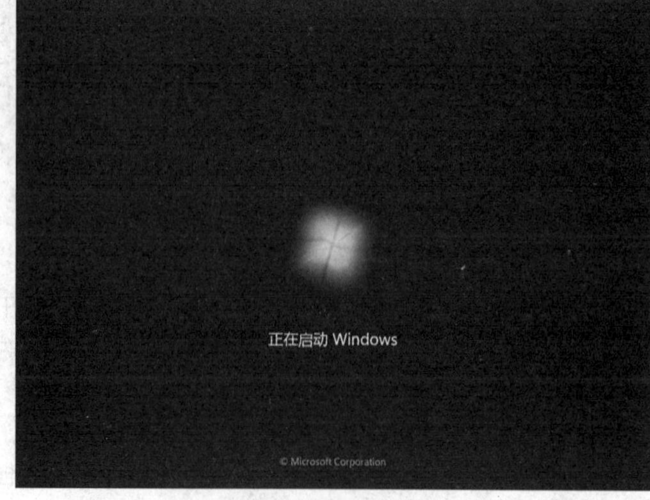

图 4.40　重新启动界面

接下来安装程序将检查视频特性。检查完视频特性后，将进入“设置 Windows”界面，如图 4.41 所示，在这儿可以输入用户名和计算机名。

单击“下一步”按钮，进入“为账户设置密码”界面，如图 4.42 所示。如果不愿意设置密码，此步骤可以跳过。然后输入产品密钥，如图 4.43 所示。随后进入“系统自动保护设置”界面和“时间设置”界面进行设置和选择。在进入“选择计算机当前位置”界面时，如果在安装过程中是处于联网状态的，Windows 7 会让你选择“计算机当前的位置”。完成设置后，就可以看到如图 4.44 所示的进入 Windows 7 旗舰版的“欢迎”画面了。

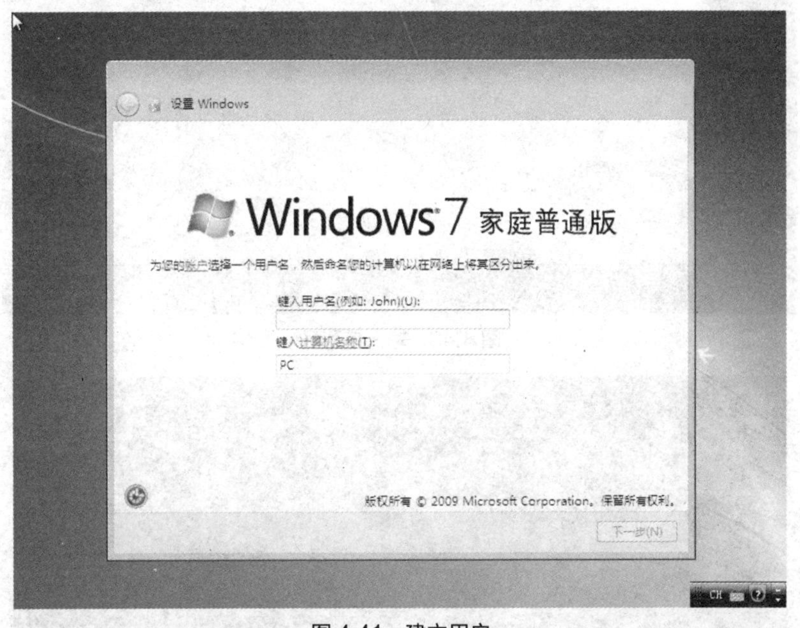

图 4.41　建立用户

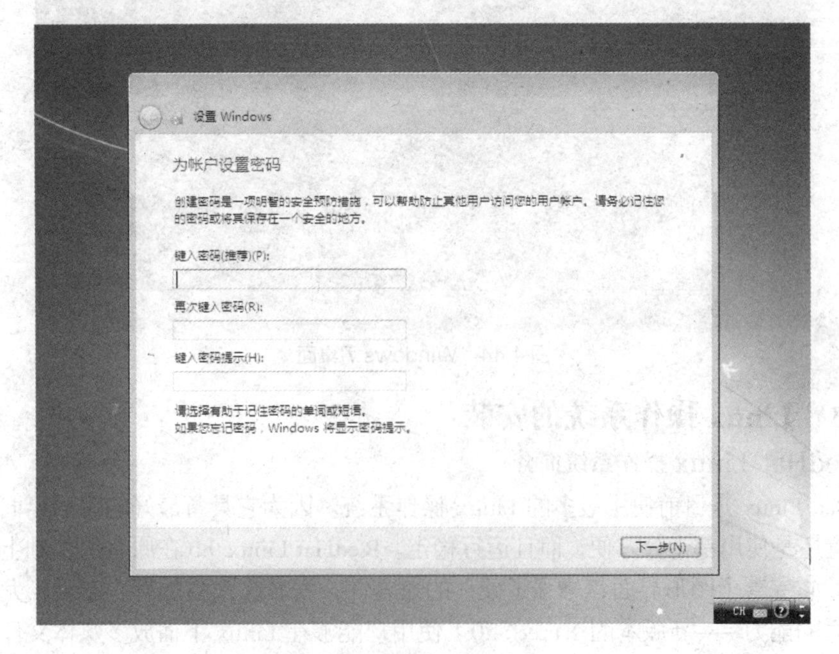

图 4.42　设置系统管理员密码

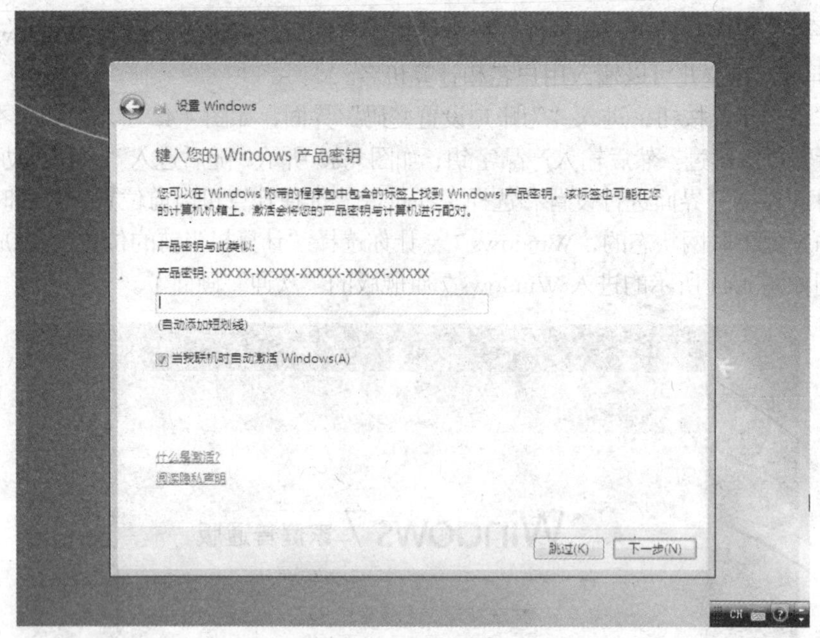

图 4.43 输入序列号

图 4.44 Windows 7 桌面

4.3.3 Linux 操作系统的安装

1. RedHat Linux 操作系统简介

RedHat Linux 是目前使用最多的 Linux 操作系统。因为它具备最好的图形界面，无论是安装、配置还是使用都十分方便，而且运行稳定。RedHat Linux 9.0 在原有的基础上又有了很大的进步。它完善了图形界面，增强了硬件的兼容性，安装起来更加得心应手，尤其增强了多媒体方面的能力——新版本的 XFree 4.0.1 使用户能够在 Linux 下播放多媒体文件。它还采用了 OpenSSL 128 位加密技术，使网络通信更加安全；采用了最新的内核；提供了 USB 接口的鼠标和键盘的支持；提供了更加容易配置和管理的图形桌面以及图形界面的内核调整和防火墙配置工具。

2．Red Hat Linux 9.0 操作系统安装简介

（1）购买或下载 Redhat Linux 9 的安装光盘（3 张盘）或镜像文件。

（2）在硬盘中至少留 2 个分区给安装系统用，挂载点所用分区推荐 4G 以上，交换分区不用太大，在 250M 左右比较适合，文件系统格式不论，反正安装过程会重新格式化。

（3）记录下计算机中下列设备型号：鼠标、键盘、显卡、网卡、显示器，及网络设置用到的 IP 地址、子网掩码、默认网关和 DNS 名称服务器地址等信息。

将 Red Hat Linux 9.0 第一张安装光盘放入计算机后重新启动，将出现如图 4.45 所示的选择安装界面。

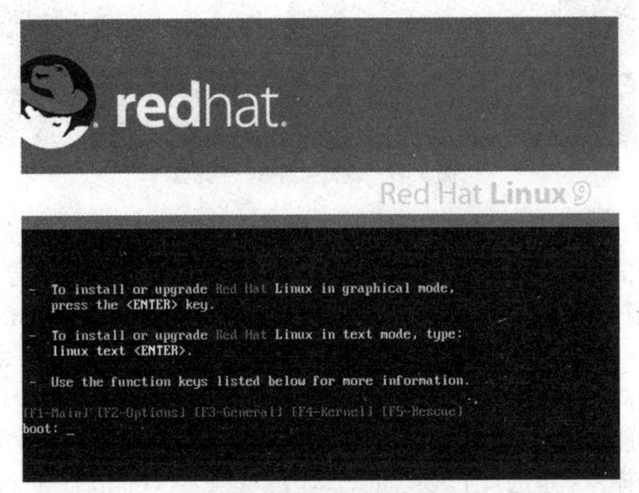

图 4.45　选择安装界面

按回车键后直接进入测试安装 CD 的选择界面。此时会询问是否测试安装 CD 的内容的完整性，选"OK"开始测试安装 CD；选"Skip"不测试安装 CD。接下来开始安装。如果是第一次安装就要测试安装 CD，选"OK"后回车，出现如图 4.46 所示界面。

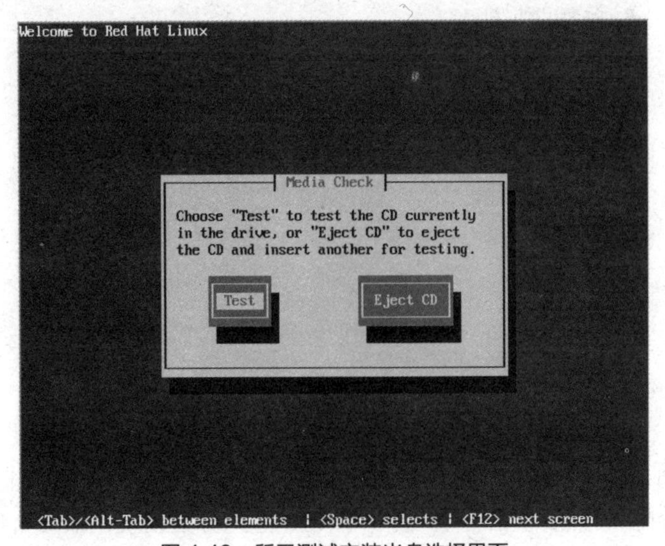

图 4.46　所示测试安装光盘选择界面

选“Test”测试安装光盘的文件，测试第一张安装 CD，测试完后显示界面如图 4.47 所示。

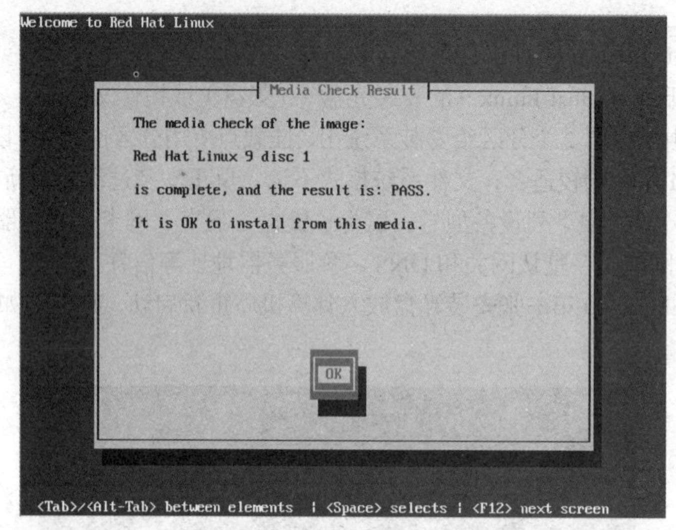

图 4.47　测试完后第一张光盘

接着将余下的安装光盘按照提示依次放入光驱中，开始测试，直到完成全部安装光盘的测试。测试完成全部的安装光盘后，选择“Continue”并放入第一张安装 CD 到光驱后回车，安装程序开始检测计算机外围硬件设备，进入安装程序界面，按“Hide Help”关闭帮助文本，按“Next”进行下一步。

随后选择安装向导所用语言。这时可用鼠标选择安装向导所用语言为“简体中文”，然后进行键盘配置（一般选择默认“U.S English”）。之后进行鼠标配置，完成鼠标类型的选择后，进行安装类型的选择，这里选“个人桌面”，单击“下一步”按钮后，进行磁盘分区设置，如图 4.48 所示。

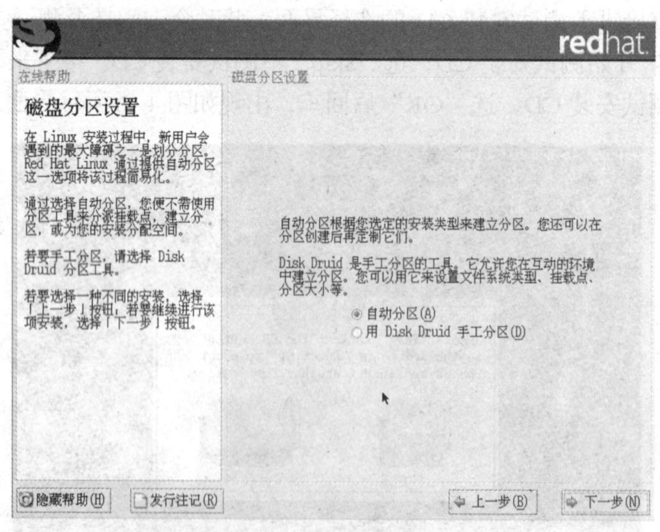

图 4.48　磁盘分区设置

可以选择“自动分区”或者“用 Disk Druid 手工分区”，在这里选择手工分区，先单击“用 Disk Druid 手工分区”，然后单击”下一步”按钮，进入分区设置，如图 4.49 所示。

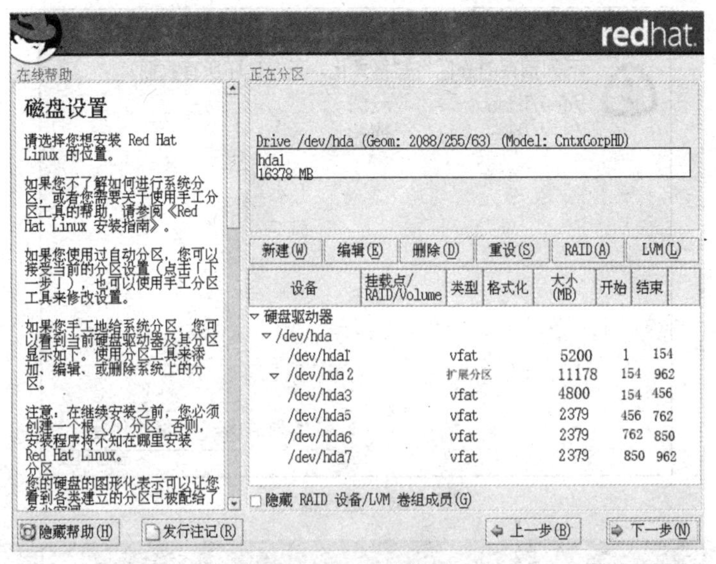

图 4.49 磁盘分区

表中列出了硬盘的所有分区，如果准备用原系统的 D 盘和 E 盘。即用/dev/hda5 作挂载点安装系统，用/dev/hda6 做交换分区。单击“/dev/hda5”将其选中，然后单击“编组”按钮，弹出如图 4.50 所示的对话框。

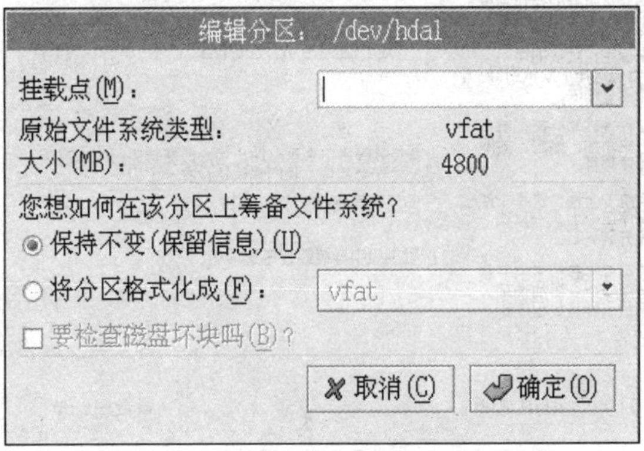

图 4.50 编辑分区

挂载点选根分区“/”即可，因为当前文件系统类型是 FAT，而 Linux 是不支持的，因此选中“将分区格式化成”并在框内选“ext3”或“ext2”，单击“确定”按钮即可。此时在分区表中可见到已创建了挂载点。接着还要创建交换分区才能进行下一步安装，接着在图 4.49 所示分区表中单击“/dev/hda6”把它选中，然后单击“编组”按钮，再次弹出如图 4.50 所示的对话框。因/dev/hda6 是用来做交换分区，所以挂载点一栏不用选，只选“将分区格式化成 swap”，然后单击“确定”就可以看到/dev/hda5 和/dev/hda6 的分区类型已经更改了。单击“下一步”按钮，弹出如图 4.51 所示的对话框。提示格式化两个分区。

单击“格式化”按钮进行格式化。格式化完成后，进入到引导装载程序配置界面，如图 4.52 所示。

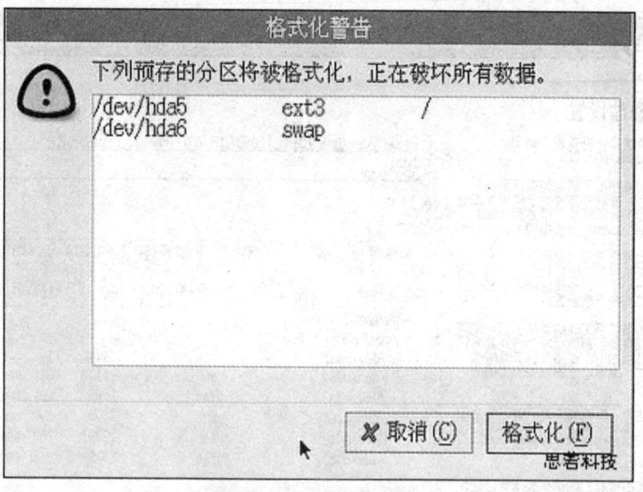

图 4.51 进行格式化

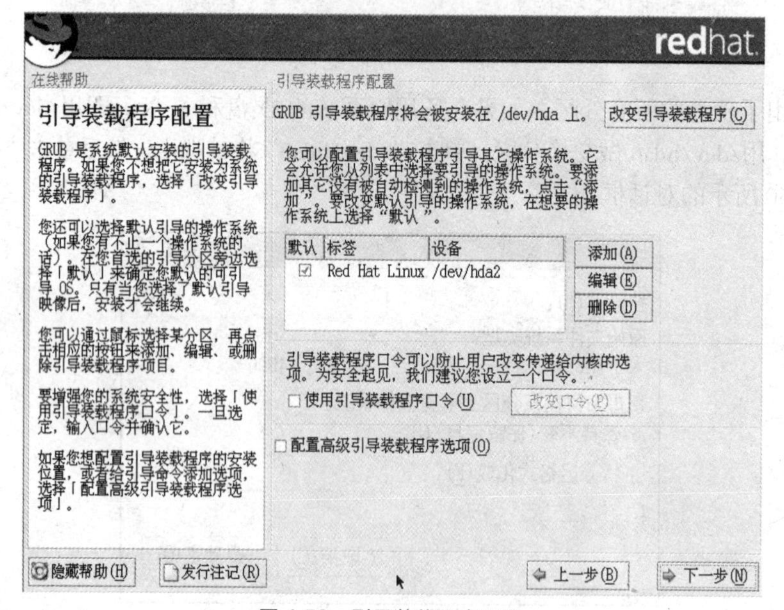

图 4.52 引导装载程序配置

引导装载程序配置默认将系统引导信息写到硬盘主引导扇区，可通过单击右上角的"改变引导装载程序"按钮进行设置。将 Red Hat Linux 改为 Red Hat Linux 9，接着选择开机默认启动的系统（在其前面的囗内打勾），在图中选 Red Hat Linux 9 为默认启动系统，然后单击"下一步"按钮进行网络配置。

安装系统会自动检测网络设备，并把它显示在网络设备列表中，单击"下一步"按钮进行防火墙配置。防火墙配置一般用途选"中级"就可以了。

接着选择系统默认语言，一定要选中"Chinese(P.R.of China)"简体中文。完成语言选择后进行时区设置，时区选"亚洲/上海"，完成后开始设置根口令，出现如图 4.53 所示的界面。

设置根口令，即 root 管理员密码，root 账号在系统中具有最高权根，平时登录系统一般不用该账号。设置完根口令后，单击"下一步"按钮进入个人桌面默认软件包安装选择，一般用途使用默认的就可以了。也可在安装完成后，在系统中运行"redhat-config-package"工具来添加/删除软件。单击“下一步”按钮进行软件包的安装。如图 4.54 所示。

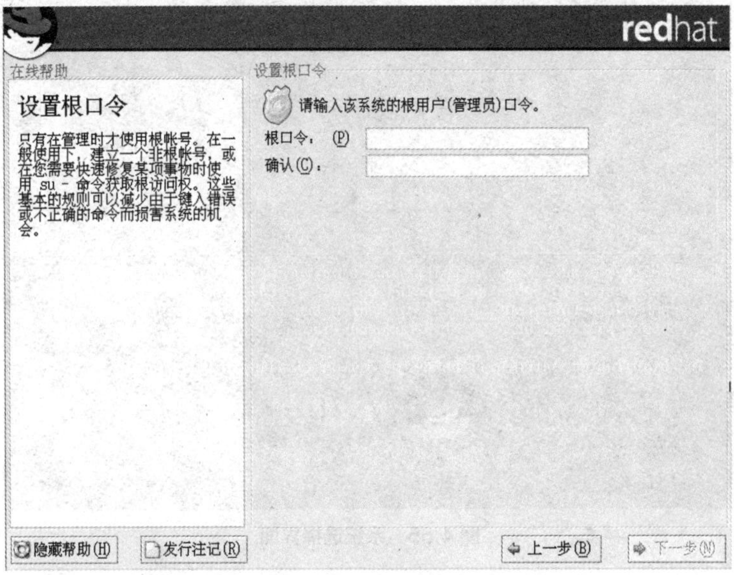

redhat.
在线帮助
设置根口令
设置根口令
只有在管理时才使用根帐号。在一般使用下，建立一个非根帐号，或在您需要快速修复某项事物时使用 su - 命令获取根访问权。这些基本的规则可以减少由于键入错误或不正确的命令而损害系统的机会。
请输入该系统的根用户(管理员)口令。
根口令：(P)
确认(C)：
隐藏帮助(H) 发行注记(R) 上一步(B) 下一步(N)

图 4.53 设置根口令

图 4.54 准备安装

安装向导到此结束，安装过程已经开始，总进度到大约 75%时，会提示第一张光盘中要安装的内容已完成，插入第二张光盘继续安装。继续安装到总进度约 96%时，按提示换第三张光盘。安装完成后，要创建引导盘。

引导盘创建完成后，进入视频卡的设置。安装程序会提供一个视频卡列表。系统会自动检测显示卡的类型，如果系统检测不正确，可以自行选择。继续安装，这时安装程序会提供一个显示器列表自动检测显示器。检测后就要为界面选择正确的色彩深度和分辨率，选择好后，安装就完成了。

取出光盘和软盘后单击“退出”，系统将重新启动，重新启动后将首次出现启动选择菜单，如图 4.55 所示。

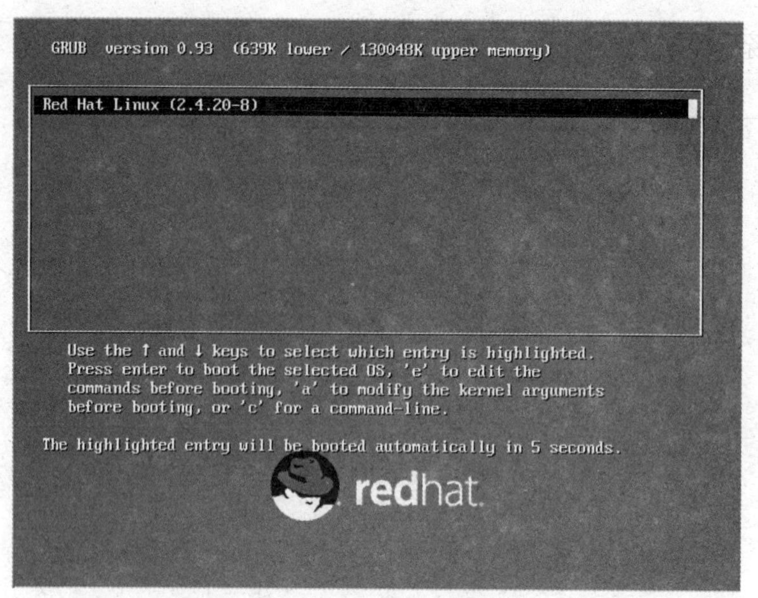

图 4.55　系统选择界面

10 秒后自动进入命令提示界面，要求输入用户名，现在系统只有一个账号，即管理员账号，默认的管理员账号名为 root，输入“root”后回车，出现如图 4.56 所示界面，要求输入安装时设定的系统管理员密码。

图 4.56　输入系统管理员密码

输入安装时设定的系统管理员密码后回车，显示可以以管理员身份登录系统了。如果不想用命令提示形式显示，而要进入图形界面，输入命令“startx”，然后回车，对显示器及显卡的型号和参数重新设置，如不能确定，也可使用系统默认设置，完成后点“确定”，如果配置正确即可进入如图 4.57 所示的登录界面。

在登录窗口输入“root”后回车，再输入密码后回车，出现如图 4.58 所示的 RedHat Linux 桌面。

图 4.57 登录界面

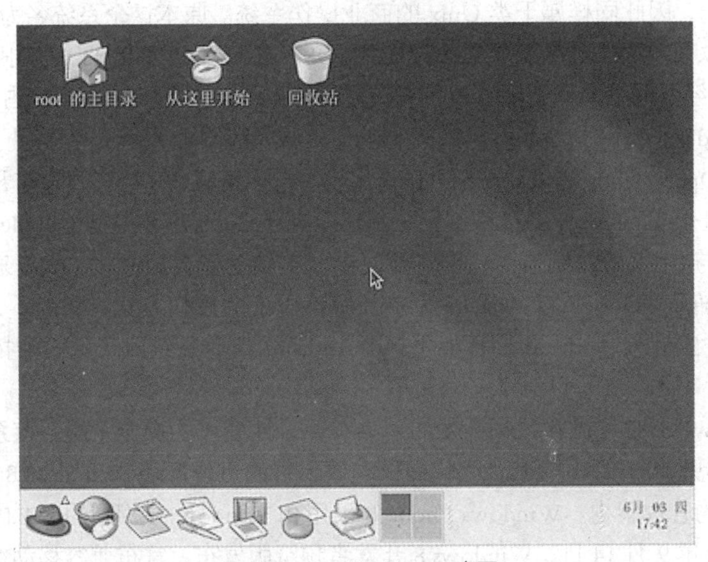

图 4.58 RedHat Linux 桌面

这时可以进行普通账号的设置。单击"红帽子主菜单"→"注销"，在弹出的对话框中选"重新启动"，重新启动后又再出现启动选择菜单，此时创建一个普通账号，用于平时登录系统用，然后输入密码，接着正确设置时间和日期，接着进行 RedHat 网络注册系统。

注册提示有两项选择，第一项："是，我想在 Red Hat 网络注册我的系统"；第二项："否，我不想注册我的系统"。选第二项："否，我不想注册我的系统"，单击"前进"，接着询问是否有其他光盘想安装，单击"前进"，全部设置已经结束，单击"前进"出现结束设置界面，表示安装全部完成。单击"前进"，就进入 RedHat Linux 图形界面了。

4.4 平板电脑系统的安装

4.4.1 平板电脑系统的安装

众所周知近几年，苹果公司的 iPad 系列产品在全世界掀起了平板电脑热潮，平板电脑对传统 PC 产业，甚至是整个 3C 产业带来了革命性的影响。同时，随着平板电脑热度的升温，不同行业的厂商，如消费电子、PC、通信、软件等厂商都纷纷加入到平板电脑产业中来，咨询机构也乐观预测整个平板电脑产业。一时间，从上游到终端，从操作系统到软件应用，形成一条平板电脑产业生态链。在平板电脑的市场销售中，用户需求决定了产品的发展方向。因此，结合用户需求来看，在硬件方面，时尚元素的注入是发展方向；在软件方面，应用软件的创新是挣脱同质化竞争的突破口；而在产品应用方面，商务性的产品终将超过娱乐性的产品成为未来发展的主流。

1．平板电脑操作系统

目前市场上所有的平板电脑基本使用三种操作系统，分别是 iOS、Android、Windows 8，下面为大家介绍这三个操作系统。

（1）苹果 iOS 是由苹果公司开发的手持设备操作系统。苹果公司最早于 2007 年 1 月 9 日的 Macworld 大会上公布了这个系统，最初是设计给 iPhone 使用的，后来陆续套用到 iPod touch、iPad 以及 Apple TV 等苹果产品上。iOS 与苹果的 Mac OS X 操作系统一样，也是以 Darwin 为基础的，因此同样属于类 Unix 的商业操作系统。原本这个系统名为 iPhone OS，直到 2010 年 6 月 7 日 WWDC 大会上宣布改名为 iOS。截止至 2011 年 11 月，根据 Canalys 的数据显示，iOS 已经占据了全球智能手机系统市场份额的 30%，在美国的市场占有率为 43%。

（2）Android 是一个以 Linux 为基础的半开放原始码作业系统，主要用于移动设备，由 Google 成立的 Open Handset Alliance（OHA，开放手持设备联盟）持续领导与开发中。Android 系统最初由安迪·鲁宾（Andy Rubin）开发制作，并于 2005 年 8 月被 Google 收购。2007 年 11 月，Google 与 84 家硬件制造商、软件开发商及电信运营商成立了 OHA 来共同研发改良 Android 系统。随后，Google 以 Apache 免费开源许可证的授权方式，发布了 Android 的源代码，让生产商推出搭载 Android 的智能手机。Android 作业系统后来更逐渐拓展到平板电脑及其他领域上。

（3）Windows 8 是由微软公司开发的，具有革命性变化的操作系统。该系统旨在让人们的日常电脑操作更加简单和快捷，为人们提供高效易行的工作环境。Windows 8 支持来自 Intel、AMD 和 ARM 的芯片架构。Windows Phone 8 采用和 Windows 8 相同的 NT 内核并且内置诺基亚地图。2011 年 9 月 14 日，Windows 8 开发者预览版发布，宣布兼容移动终端，微软将苹果的 iOS、谷歌的 Android 视为 Windows 8 在移动领域的主要竞争对手。2012 年 8 月 2 日，微软宣布 Windows 8 开发完成，正式发布 RTM 版本；10 月 26 日正式推出 Windows 8。微软自称触摸革命将开始。

2．平板电脑系统的安装

平板电脑一般都预装有系统，初次使用的时候并不需要安装系统，或者是仅仅有个系统激活。但是系统升级也算是装系统了，不比 PC 机上的 Windows 系统，平板电脑的系统升级换代频率可是很高的。现在平板电脑系统的局面应该是三分天下，Android、苹果 iOS、Windows。这里以 ipad 的 iOS 升级为例，说明一下平板电脑如何装系统。

平板电脑（iPad）连接电脑，打开 PC 端软件，这里是用 iTunes，可以在软件的左侧一栏看到 iPad 设备。如图 4.59 所示。

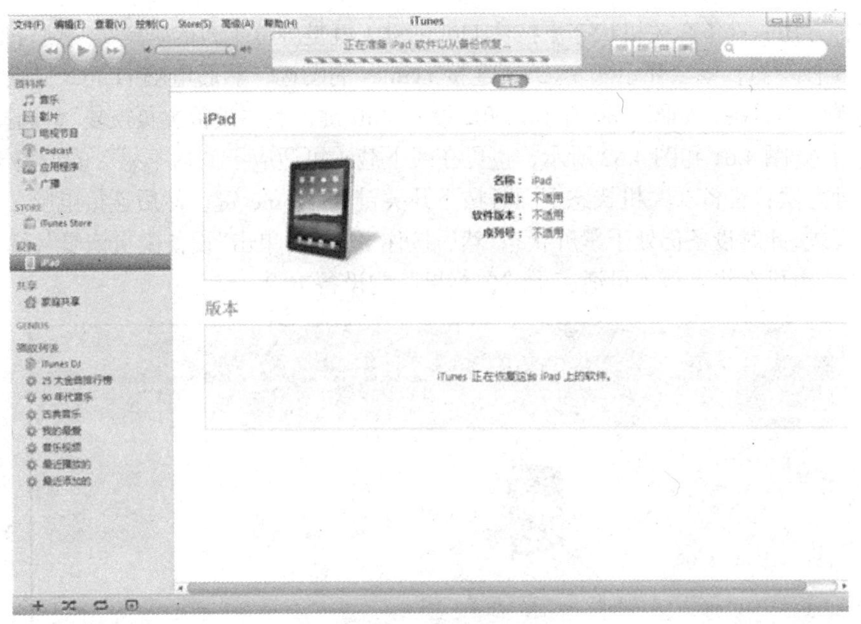

图 4.59　iTunes 界面

单击“ipad”，进入后可以看到平板电脑目前的系统版本号和是否有新版本的系统可以升级，如果有刚出来的 iOS 系统，单击更新。为了防止信息丢失，建议先备份 iPad，在和服务器通信连接后，会弹出确认更新提示窗口，单击“更新”，弹出系统更新内容提示窗口。

我们可以了解到目前新的 iOS 系统版本相对于上一个版本的 iOS 系统有了哪些提升，之后单击“下一步”，弹出系统更新软件协议窗口，这些协议对于大多数人来说都是没有用的，我们就直接单击“同意”。

这样新的系统就开始下载了，当下载完成后系统会自动安装到您的 iPad 上，无需您进行操作。系统安装完以后，重启 iPad，就可以根据自己的喜好设置新系统了。

4.4.2　平板电脑的刷机和维护方法

“刷机”简单说就是给平板电脑重装系统，跟电脑重装系统一样。正常情况下，只要硬件没有问题，那么就可以通过刷机解决平板电脑上碰到的问题。

1．平板电脑的刷机方法

刷机一般分为软刷、卡刷、线刷和厂刷四种。国产平板电脑最常见的方法还是线刷（用数据线连接到电脑上刷机的方式，现在也有些厂家在搞 OTA 升级的方式，在平板里面点一下就行了）。软刷就是用一些专门的刷机软件傻瓜刷机，就类似 Ghost XP 那种一键安装系统到 C 盘的方式，不过目前国产平板基本上都不支持，不建议尝试这种方法。卡刷，部分平板使用这种方法，就是直接把固件下载到平板或者外置 TF 卡，然后按音量和电源键进行刷机，不需要借助电脑的一种方式，手机采用卡刷的比较多，平板是否支持卡刷要看官方的说明。厂刷就是发回工厂用专门的软件和工具刷机。

以 iPad 为例，我们简单介绍一下刷机的几种常用办法。先打开 iTunes，然后将 iPad 连接到电脑。

第一种方法：直接插上 iPad，然后按住 shift 键，单击“设备主页恢复”，选择“*.ipsw 文件恢复”。

第二种方法：设备在关机状态下按住 Home 键（就是屏幕下方的圆键），然后将数据线连接到电脑 5 秒左右，就会显示一个 USB 连接 iTunes 的图标，然后电脑 iTunes 就会认到一台处于恢复界面的设备，如图 4.60 所示。随后按着 shift 键，点“设备主页恢复”，选择“*.ipsw 文件恢复”，如图 4.61 和图 4.62 所示，也可在线下载（可适应于“白苹果”的设备）。

第三种方法：设备在关机状态下同时按下开关键和 Home 键，然后连接电脑，大约十秒进入恢复模式，此时设备仍处于黑屏状态，然后按住 shift 键，单击“设备主页恢复”，选择“*.ipsw 文件恢复”，也可在线下载（可适应于“白苹果”的设备）。

图 4.60　iTunes 备份界面

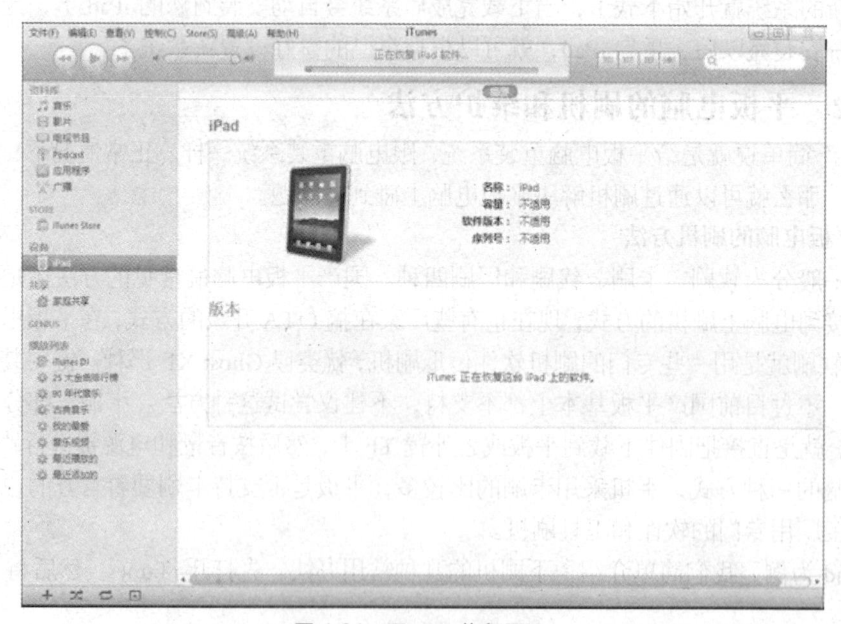

图 4.61　iTunes 恢复界面

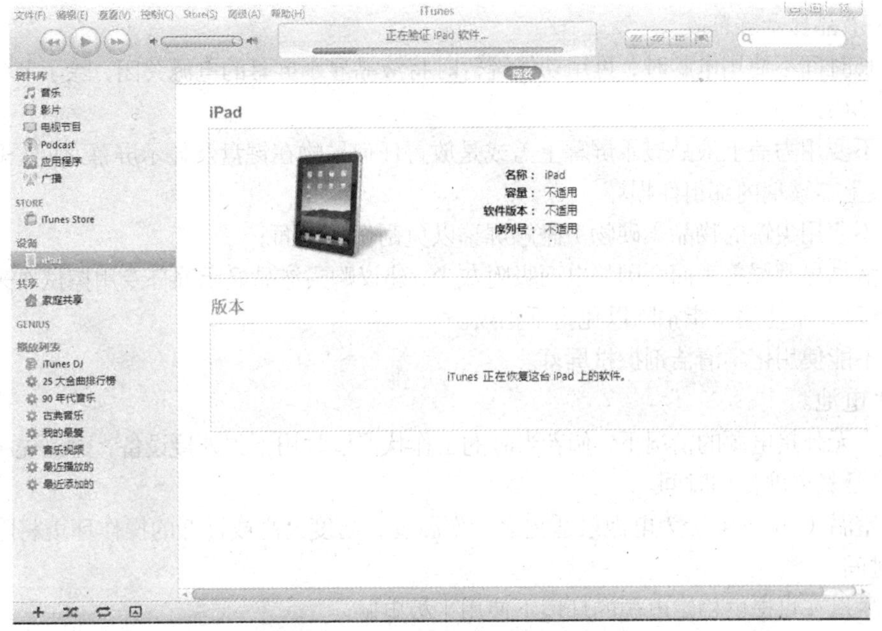

图 4.62　iTunes 验证恢复界面

图 4.63　恢复结束

当出现如图 4.63 所示界面时恢复过程结束，至此刷机结束。

如果报错无法正常刷机，建议清理注册表或换台电脑试试，并要注意刷机需要在网络连接的状态下进行，如果还不行就只能升级最新的固件。

2．平板电脑的维护

如何维护保养平板电脑是每一个使用平板电脑的用户都关心的，注重平板电脑各个组件的维护保养，正确合理地使用平板电脑，可以延长平板电脑的寿命。下面介绍平板电脑在维护时应该注意的几方面。

（1）液晶显示屏幕。

① 长时间不使用电脑时，可用功能键暂时将液晶显示屏幕的电源关闭，除了节省电力外亦可延长屏幕寿命。

② 不要用力盖上液晶显示屏幕上盖或是放置任何异物在键盘及显示屏幕之间，避免因重压而导致上盖玻璃内部组件损坏。

③ 不要用尖锐的物品（硬物）碰触屏幕以免刮伤其表面。

④ 液晶显示屏幕表面会因静电而吸附灰尘，建议购买液晶显示屏幕专用擦拭布来轻轻擦拭清洁屏幕，不能用手指拍除以免留下指纹。

⑤ 不能使用化学清洁剂擦拭屏幕。

（2）电池。

① 当无外接电源的情况下，倘若当时的工作状况暂时用不到外接设备，建议先将外接设备移除以延长电池使用时间。

② 室温（10~25℃）为电池最适宜之工作温度，温度过高或过低的操作环境将降低电池的使用时间。

③ 尽量在可提供稳定电源的环境下使用平板电脑。

④ 建议平均三个月进行一次电池电力校正的工作。

⑤ 电源适配器（AC Adapter）使用时要参考国际电压说明。

（3）机身。

① 累积灰尘时，可用小毛刷来清洁缝隙，或是使用清洁照相机镜头用的高压喷气罐将灰尘吹出，或使用掌上型吸尘器来清除缝隙里的灰尘。

② 清洁表面时可在软布上沾上少许清洁剂，在关机的情况下轻轻擦拭机器表面（屏幕除外）。

③ 尽量在平稳的状况下使用，避免在容易晃动的地点操作平板电脑。

（4）散热（Thermal Dissipation）。

尽量不要将平板电脑放置在柔软的物品上，如：床上、沙发上，否则有可能会堵住散热孔而影响散热效果，进而降低运作效能，甚至死机。

（5）其他组件保养（Others）。

清洁保养前可以按照下列步骤保养平板电脑以及相关外围设备。

① 关闭电源并移除外接电源线，拆除内接电池及所有的外接设备连接线。

② 用小吸尘器将连接头、键盘缝隙等部位的灰尘吸除。

③ 用干布略为沾湿再轻轻擦拭机壳表面，请注意千万不要将任何清洁剂滴入机器内部，以避免电路短路烧毁。

④ 等待平板电脑完全干透才能开启电源。

4.5 设备驱动程序的安装

要想发挥硬件的整体性能，就必须正确安装相应的驱动程序。操作系统安装完成且启动系统后，系统会对机器的各个部件进行自动检测，安装相应的驱动程序。例如鼠标、键盘，系统都能提供相应的驱动程序，但是显卡、声卡、打印机等其他设备却需要人工安装驱动程序后才能使用。

4.5.1 驱动程序的安装顺序

驱动程序的安装是在硬件安装完毕后、软件安装前的必经步骤。要特别注意驱动程序的安装顺序，如果不得要领，就有可能会造非法操作，部分硬件不能被 Windows 识别，或有资源冲突、黑屏和死机。

安装驱动程序时，一般可以遵循以下的原则。

（1）安装的顺序。一般有以下的原则：首先安装板载的设备，然后是内置板卡 ，最后才是外围设备。

（2）驱动程序的版本。最值得推荐的方式是依据下列优先顺序来安装：新版本优先，然后是厂商提供的驱动，最后才是公版的驱动程序。

（3）特殊设备的安装。有些硬件设备虽然已经安装好了，但 Windows 却无法发现。这种情况一般只需要直接安装厂商的驱动程序就可以正常使用了。

（4）安装方法。推荐的安装方法是：有厂商提供的驱动程序时，就用厂商提供的驱动程序安装 ，如果在“设备管理器”对话框中有带“?”号的设备，先把它删除掉再安装。外围设备安装前，先确定设备所用的端口是否可用。

4.5.2 查看硬件驱动程序

在系统安装的过程中，硬件驱动一般都会被安装上最兼容的，如果某些驱动未安装，可能会导致系统性能下降。如何查看硬件驱动是否安装呢？在桌面上右击“我的电脑”→“设备管理器”，如图 4.64 所示，在这里就能清晰地看到哪个驱动未安装或者未安装成功了。

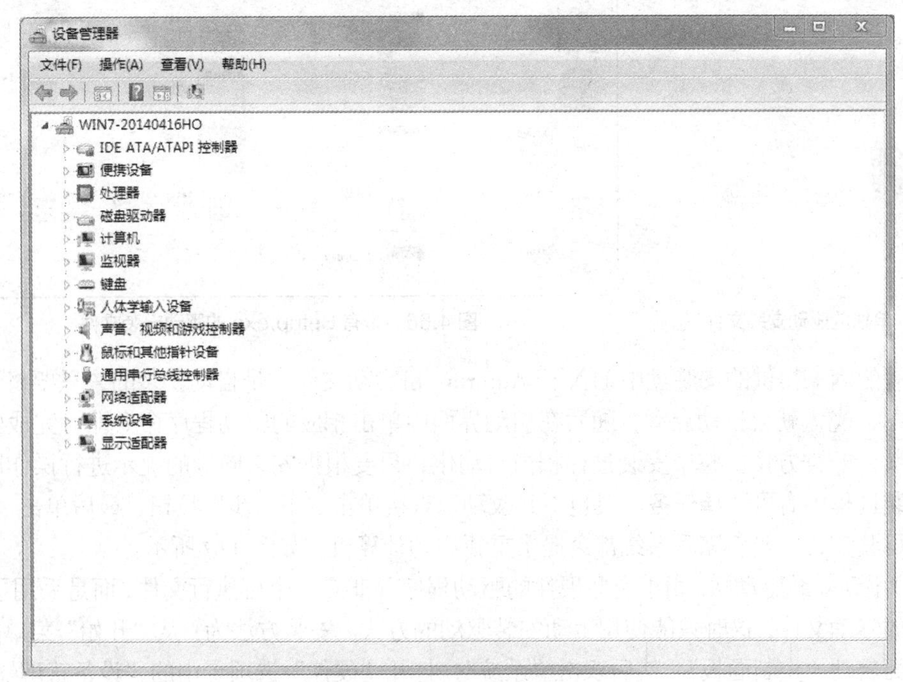

图 4.64 查看硬件驱动程序

4.5.3 驱动程序的安装方法

安装硬件驱动程序的方法很多，获取硬件驱动程序的途径也很多。要正确地安装硬件驱动，就得先解决驱动的来源问题。

1．获得驱动程序的途径

（1）操作系统本身附带的驱动程序。WindAws 附带了鼠标、光驱等硬件设备的驱动程序，还为其他许多设备提供大众化的驱动程序，我们都可以直接使用。但是系统附带的驱动程序都是微软公司制作的，它们的性能可能不如对应硬件厂商自己编写的驱动程序，所以一般只有在无法通过其他途径获得专用驱动程序的情况下再使用 Windows 附带的设备驱动程序。

（2）使用硬件厂商提供的驱动程序。我们购买各种硬件设备时，生产厂商都会针对自己硬件设备的特点开发专门的驱动程序，并采用光盘的形式在销售硬件设备的同时免费提供给用户。这些由厂商直接开发的驱动程序针对性较强，比 Windows 附带驱动程序要好。

（3）通过网络下载驱动程序。许多硬件厂商还会将相关驱动程序放到网络上供用户下载。由于这些驱动程序大多是硬件厂商最新推出的升级版本，因此我们应经常下载这些最新的硬件驱动程序，以便对系统进行升级。

2．驱动程序的安装方法

（1）可执行驱动程序安装法。可执行的驱动程序一般有两种，一种是单独一个驱动程序文件，只需要双击它就会自动安装相应的硬件驱动，如图 4.65 所示；另一种则是一个现成目录中有很多文件，其中有一个“Setup.exe”或“Install.exe”可执行程序，双击这类可执行文件，按提示进行操作，程序就会自动将驱动装入计算机中，如图 4.66 所示。

图 4.65　单独的驱动安装文件

图 4.66　带有 Setup.exe 的驱动安装文件

还有的商家提供的安装盘中加入了 Autorun 自启动文件，是自动安装的，只要将光盘放进光驱中，光盘就会自动启动，随后在启动界面中单击相应的驱动程序命令即可完成驱动程序的安装，非常方便。整个安装过程相当自动化，只要根据安装向导的提示进行操作即可，即使安装过程中有可选择任务一般也不必改动，直接单击“下一步”按钮，最后单击“完成”按钮即可装完，一般装完后系统都会提示重新启动计算机。如图 4.67 所示。

（2）手动安装驱动法。由于有些硬件的驱动程序并非有一个可执行文件，而是采用了“inf”格式存放驱动文件，这时只能使用手动安装驱动的方式。安装方法为：从“开始”菜单的“设置”下面启动“控制面板”。然后双击“系统”，打开“硬件”选项卡中的“设备管理器”。你会发现没有安装驱动的设备前面标着一个黄色的问号，还打上一个感叹号。由于 Windows 无法识别该硬件，或者没有相应的驱动程序，所以 Windows 就用这样的符号把设备标示出来，以便用户能及时发现未装驱动的硬件。如图 4.68 所示。

图 4.67　方正计算机驱动安装盘自启动界面

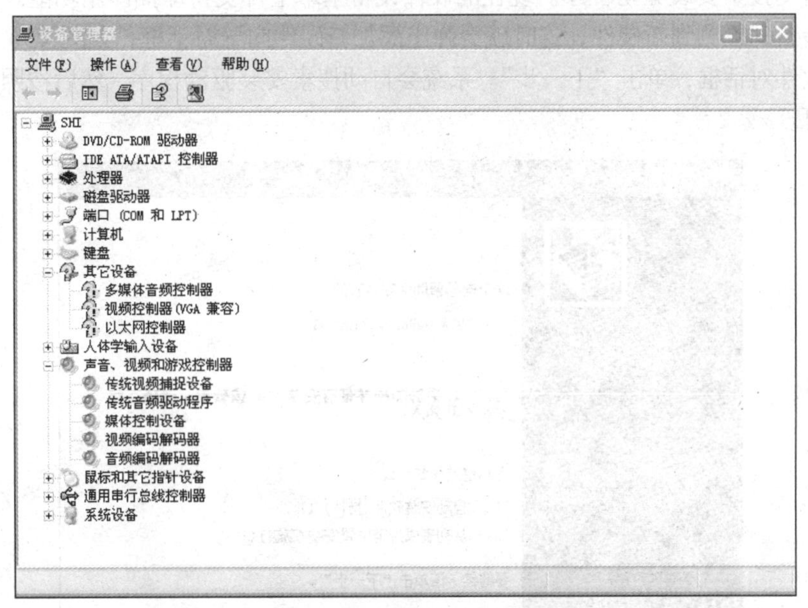

图 4.68　设备管理器窗口

有些设备管理器里显示无法识别的硬件不是用中文显示的，而是用英文显示，如未知声卡设备名为“PCI Multimedia Audio Device”；未知网卡为“ PCI Network Adpater Device”。双击“其他设备”里的带感叹号的视频控制器，在打开的对话框中单击“驱动程序”选项卡中的“更新驱动程序”，选择“从列表或指定位置安装（高级）”选项，并单击“下一步”。选择安装程序的位置，默认已经选择好了“指定位置”，单击“浏览”按钮，从光盘上找到设备驱动，如图 4.69 所示。单击“下一步”按钮，随后开始复制驱动程序文件。接着，复制完文件之后，出现安装完成对话框，单击“完成”按钮，此设备驱动安装完毕。

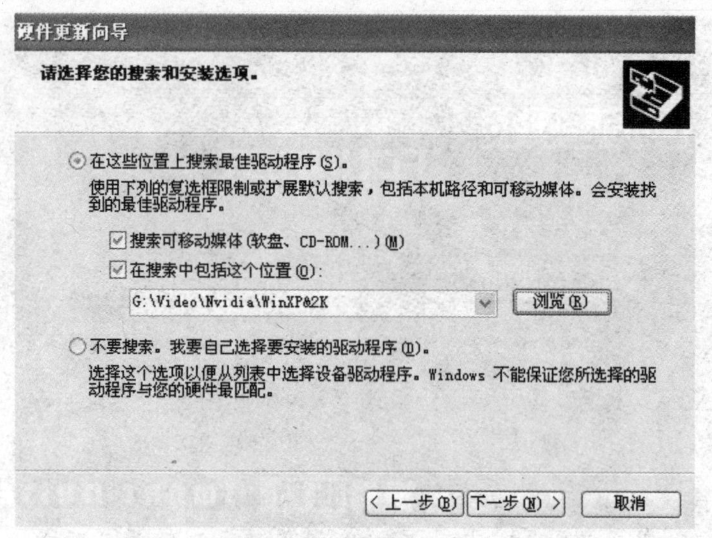

图 4.69　手动安装驱动

（3）自动搜索安装驱动程序。现在的硬件设备基本上都支持即插即用功能。计算机启动后，系统会自动检测到新硬件，这时就会弹出添加新硬件向导对话框，如图 4.70 所示。选择自动安装软件对话框，单击“下一步”。系统会自动搜索安装驱动程序，然后按照提示完成驱动安装即可。

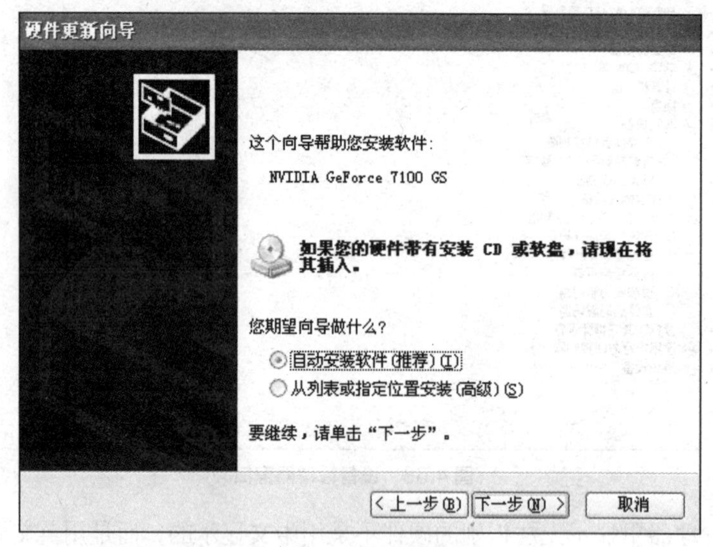

图 4.70　自动安装驱动

（4）使用驱动助理安装驱动程序。万能驱动助理（原名为“e 驱动”）是由 IT 天空出品的一款根据硬件 ID（HWID）来智能识别电脑硬件并且自动安装驱动程序的工具，它拥有简约且友好的用户界面，使用起来十分方便。万能驱动助理的驱动包是针对当前主流硬件设备收集和整理的最全面的驱动文件集合，支持市面上的绝大多数的硬件设备（且兼容多数以往的老硬件）。驱动包经过合理定制和整合，是目前所见到的体积相近的驱动套装中支持最多硬件设备的。驱动一键到位，驱动安装便捷。万能驱动助理的界面如图 4.71 所示。

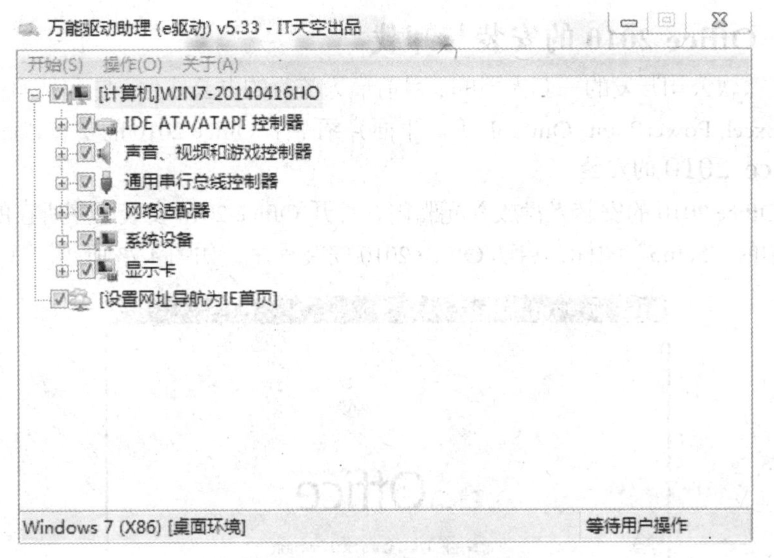

图 4.71 万能驱动助理的界面

4.5.4 怎样卸载驱动程序

驱动程序的卸载比较容易，因为现在大多数的驱动程序在安装完成后，都会在Windows 7 系统的“设备管理器”中加载有相应的卸载项目，如图 4.72 所示。因此我们只要利用系统的“设备管理器”就可以将驱动程序进行卸载了。

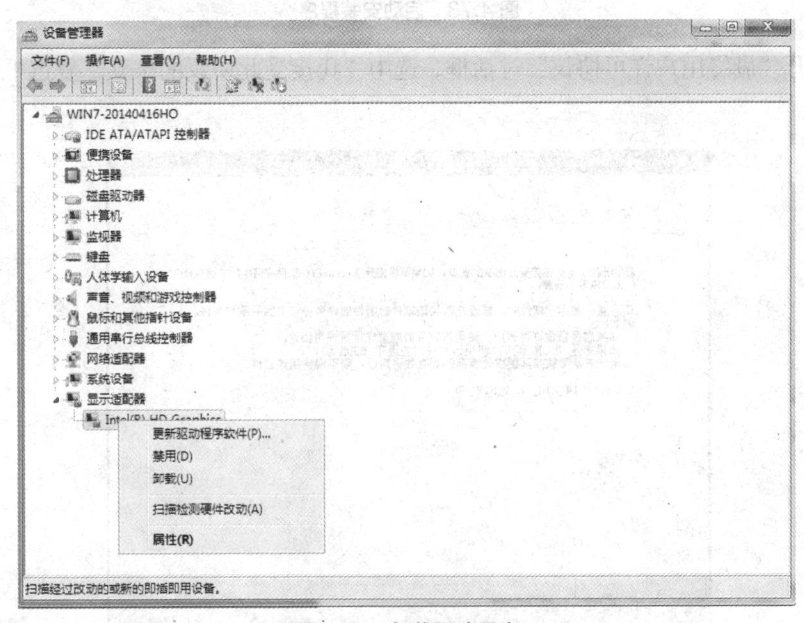

图 4.72 卸载驱动程序

4.6 常用应用软件的安装与卸载

在组装好计算机、安装好操作系统和硬件驱动程序后，计算机已经能进行一些简单的工作，而要让计算机系统具有办公、杀毒、图像处理、网页设计等更多的功能，就需要安装相应的软件。

4.6.1 Office 2010 的安装与卸载

Office 是微软公司开发的一套大型的、目前最为流行的办公软件，它包括有多个组件，其中有 Word, Excel, PowerPoint, Outlook 等。下面介绍一下 Office 2010 的安装和卸载。

1. Office 2010 的安装

（1）将 Office 2010 的安装光盘放入光驱内，打开 Office 2010 安装程序所在的文件夹，双击其文件夹中的“Setup”图标，启动 Office 2010 安装程序，如图 4.73 所示。

图 4.73 启动安装程序

（2）打开“最终用户许可协议”对话框，选中“我接受此协议的条款”复选框，如图 4.74 所示。

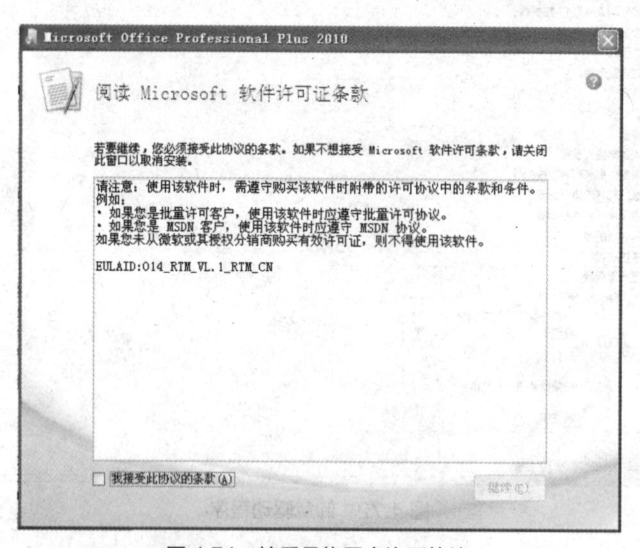

图 4.74 接受最终用户许可协议

（3）单击“下一步”按钮，打开“选择所需的安装”对话框，有“立即安装”和“自定义”两个选项，如图 4.75 所示。如果想更改文件安装路径，可选择“自定义”安装；选择“立即安装”后，系统默认将文件安装在 C:\\Program 文件夹下面。如图 4.76 所示。

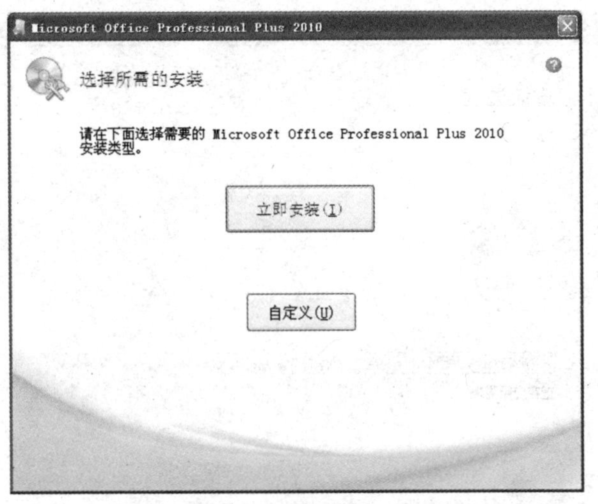

图 4.75　选择安装类型

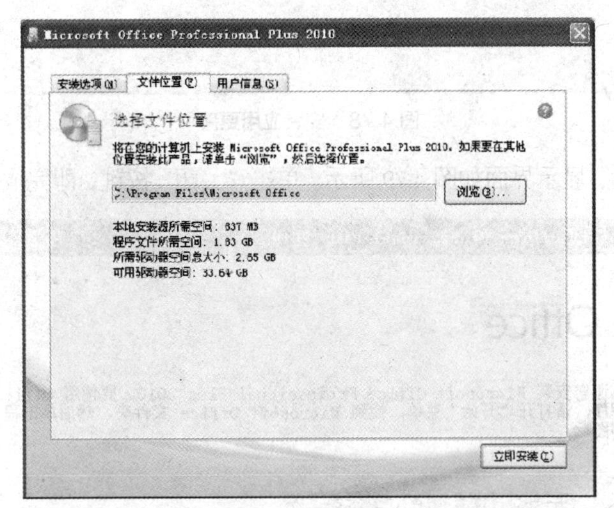

图 4.76　默认将文件安装在 C:\\Program 文件夹

（4）选择好后，单击“立即安装”，显示安装进度界面。如图 4.77 和图 4.78 所示。

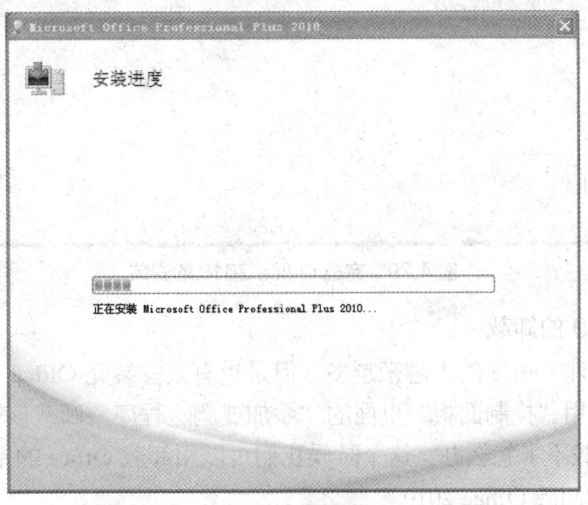

图 4.77　安装进度

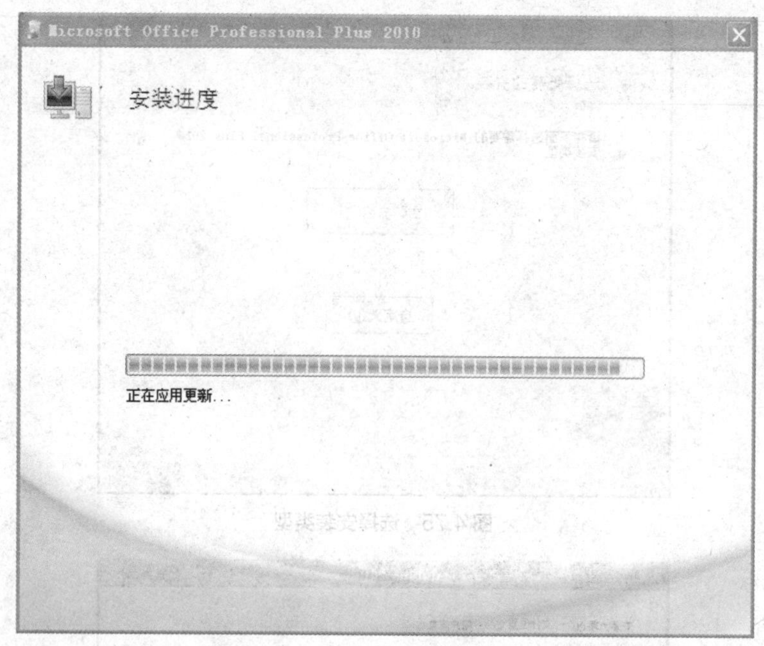

图 4.78　安装应用更新

（5）安装完成后，显示界面如图 4.79 所示。单击“关闭”按键，即完成 Office 2010 的安装。

图 4.79　完成 Office 2010 的安装

2. Office 2010 的卸载

现在使用办公软件 Office 的人越来越多，但是也有人安装完 Office 后感觉用不习惯，想卸载，却卸载不了。用“控制面板”里面的“添加或删除程序”卸载该软件，但 Office 不能删除干净。Office 卸载不了怎么办？这个时候我们可以用卸载 Office 的专业工具 Microsoft Fix it 50450.msi 帮助我们卸载 Office 2010。

下载 Microsoft Fix it 50450.msi，安装 Microsoft Fix it 50450，如图 4.80 所示。安装好后运行此程序，提示可以卸载 Office 2010，如图 4.81 所示。按向导操作，相信就会把以上问题给解决了。

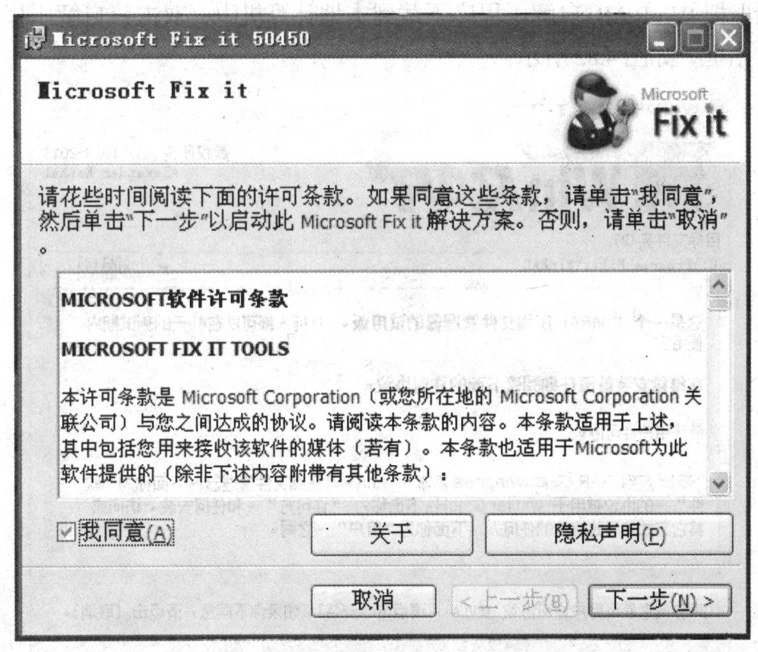

图 4.80　安装 Microsoft Fixit 50450

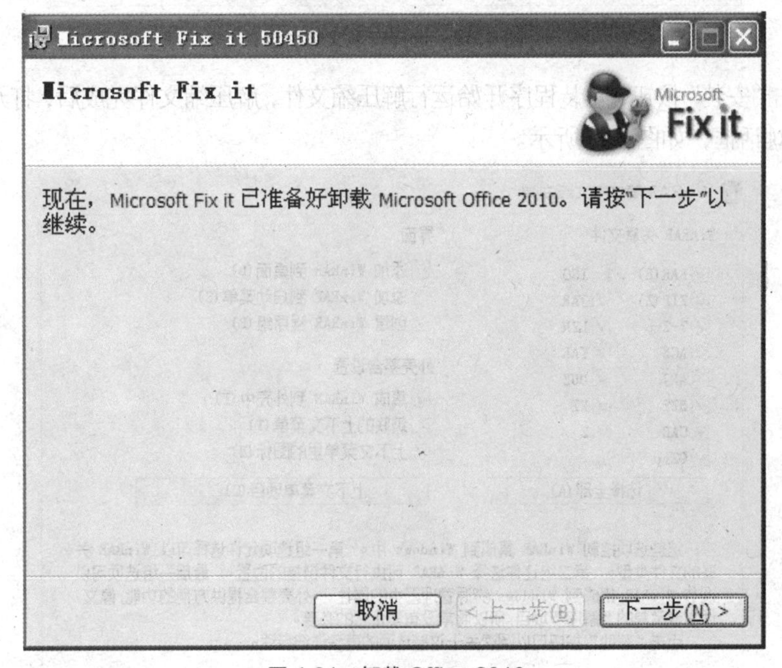

图 4.81　卸载 Office 2010

4.6.2　解压软件 WinRAR 的安装与卸载

一般从网上下载下来的文件大部分都是压缩文件，压缩文件的好处是可以最大限度地将文件缩小，以节省在 Internet 上的传输时间。目前较流行的压缩软件是 WinZip 和 WinRAR

等。其中 WinRAR 几乎支持当今所有较为流行的压缩格式，可以很方便地对文件进行压缩和解压缩。下面以 WinRAR 5.01 简体中文版为例，介绍它的安装和卸载方法。

1．安装 WinRAR

（1）从网上把 WinRAR 自解压程序下载到本地计算机中，双击该自解压程序，打开“目标文件夹”对话框，如图 4.82 所示。

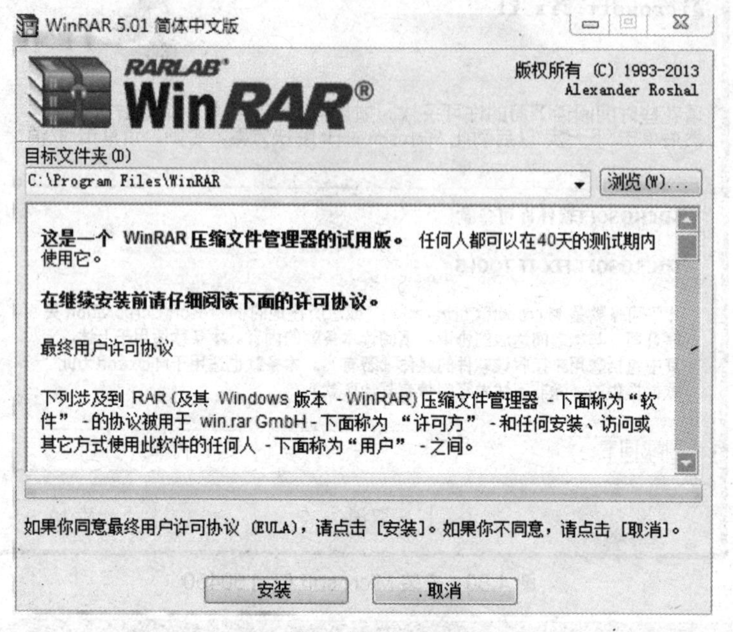

图 4.82　选择安装文件目录

（2）单击“安装”按钮，安装程序开始运行解压缩文件，解压缩文件完成后，打开“WinRAR 关联文件”对话框，如图 4.83 所示。

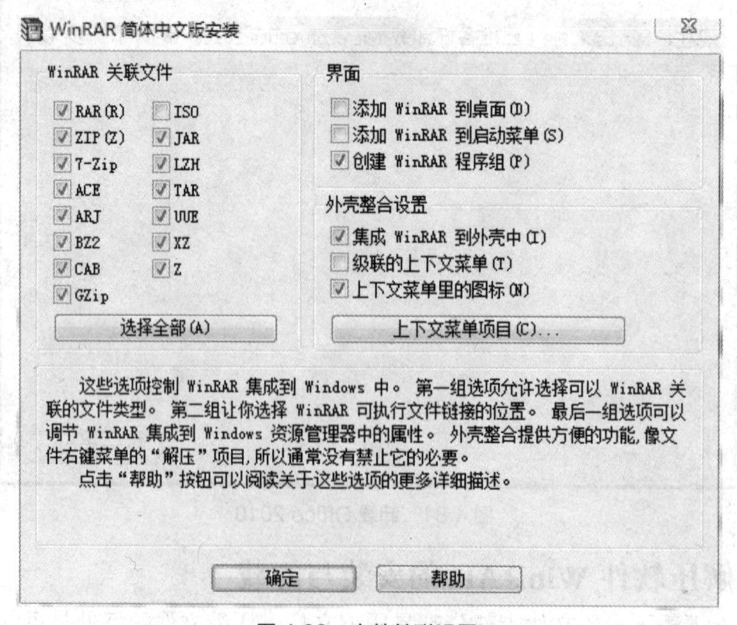

图 4.83　文件关联设置

（3）全部使用默认的设置，单击“选择全部”按钮，打开“关联菜单项目”对话框，如图 4.84 所示。在这里可以设置当在计算机的任何一个文件夹中单击鼠标右键时，会在弹出的快捷菜单中列出的菜单项。

（4）选择完成后，单击“确定”按钮，安装程序给出最后的安装信息，接着单击“完成”按钮，如图 4.85 所示。

2．WinRAR 的卸载

软件的卸载都比较容易，一般的应用软件都自带有卸载功能，但也有一部分软件没有自带卸载，这时可以通过“控制面板”→“程序”→“程序”，打开“卸载或更改程序”，从列表中选择要卸载的 WinRAR，单击右键→“卸载”，就完成 WinRAR 的卸载了。如图 4.86 所示。

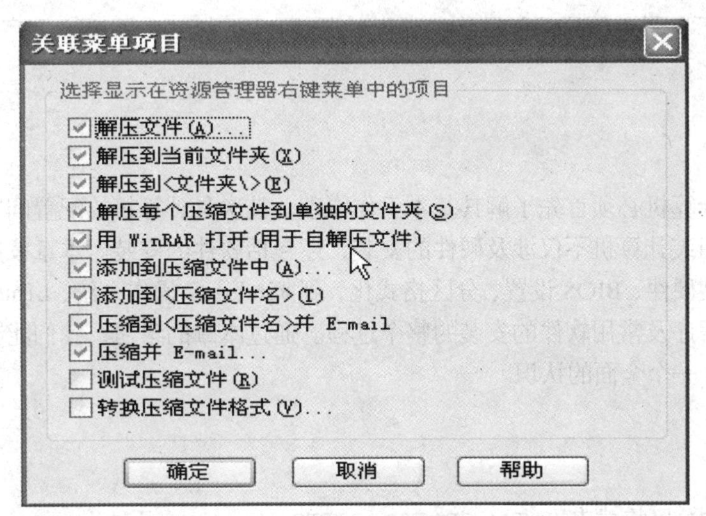

图 4.84　快捷菜单选择

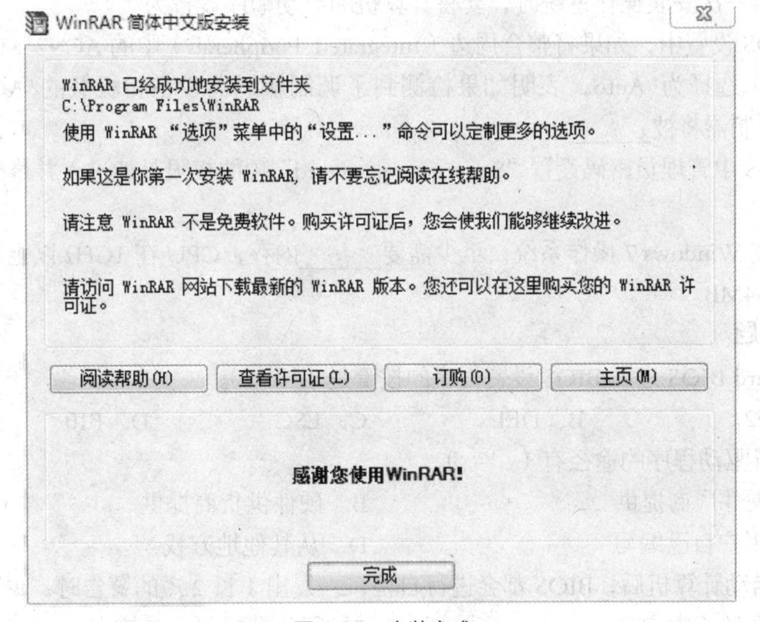

图 4.85　安装完成

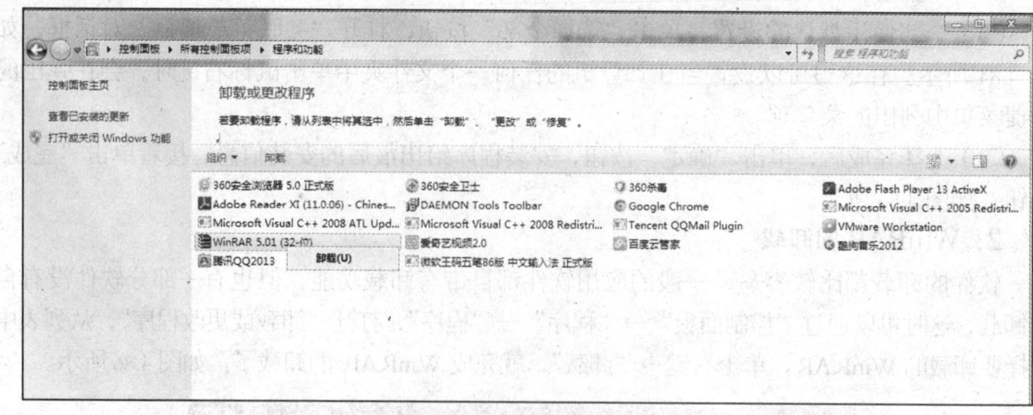

图 4.86　WinRAR 的卸载

本章小结

组装一台计算机必须首先了解其基本工作原理，其次是计算机的配置问题，这要涉及前几章的内容。组装计算机不仅涉及硬件的安装，还包括软件的安装。本章按照工作过程介绍了计算机从组装硬件、BIOS 设置、分区格式化，到 Windows7 操作系统、Linux 操作系统的安装，设备驱动程序及常用软件的安装的整个过程。通过本章的学习，我们能够对计算机操作系统的安装有了一个全面的认识。

习题四

1．填空题

（1）硬盘的分区格式有 FAT16、FAT32、NTFS、______这几种。

（2）当第一次安装操作系统时，要将计算机的启动顺序设置为______。

（3）BIOS 设置中，如果将整合周边（Integrated Peripherals）中的 AC'97 Modem（AC'97 调制解调器）选择为 Auto，表明如果检测到了调制解调器设备，板载的 AC'97（Modem Codec'97）控制器将被______。

（4）BIOS 中管理员密码设置"Supervisor password"项的权限是能进入并修改______设定程序。

（5）安装 Windows 7 操作系统，至少需要______内存，CPU 在 1GHz 以上，独立显卡的显存不低于 64MB。

2．选择题

（1）Award BIOS 进入 BIOS 设置程序的按键是（　　）。

A．F2　　B．DEL　　C．ESC　　D．F10

（2）获得驱动程序的途径有（　　）。

A．硬件厂商提供　　B．硬件供货商提供

C．用户自己编写　　D．从其他地方找

（3）当启动计算机后，BIOS 都会进行自检，当发出 1 长 2 短的警告时，说明（　　）。

A．系统正常启动　　B．显示器或显示卡错误

C．键盘控制器错误　　D．RAM 或主板出错

（4）进行计算机组装时，机箱的面板有连接线需要与主板连接，其中 POWER LED 表明（ ）。

A. 连着机箱的复位键　　　　B. 连着机箱上总电源的开关

C. 接头连着电源指示灯的接线　　　　D. 连着硬盘指示灯的接线

（5）计算机安装完成后，如果再启动过程中出现提示“Keyboard error or nokeyboard present”，表明（ ）。

A. 键盘错误或未接键盘　　　　B. 硬盘安装失败

C. 检测从盘失败　　　　D. 内存检测失败

3. 简答题

（1）组装计算机的步骤是什么？

（2）主板 BIOS 的具体功能和作用是什么？

（3）Windows 7 操作系统与 Windows XP 操作系统相比具有哪些特点？

PART 5

第 5 章 计算机的日常维护与检修

使用计算机时不仅需要一个良好的工作环境，而且还要对系统进行正确的操作及必要的维护，并解决出现的故障。因而一个计算机系统能否正常高效地运行，关键是使用者要有计算机维护的基础知识，以及具备一定的专业技术水平。本章主要介绍计算机维护方面的基本知识。

5.1 计算机的日常维护

5.1.1 计算机的工作环境

随着计算机技术的发展，计算机的整机稳定性和对环境的适应性也逐步提高，但不良的工作环境，依然会对计算机系统的稳定性、可靠性造成影响。因此对于造成计算机故障的环境因素，仍然是要认真对待的。

1．保证计算机处于良好的工作环境

（1）洁净度。计算机的任何部件都要求干净的工作环境。由于机箱是不完全密封的，灰尘会进入机箱内，并附着于集成电路板的表面，造成集成电路板散热不畅，严重时会引起主板线路短路等。硬盘虽密封，但光驱的激光头表面却很容易沾染灰尘或污物；键盘各键之间的空隙、显示器上方用来散热的空隙也是极易进入灰尘的，所以要保持室内空气清洁，灰尘度低、地面采用抗静电地板，切勿铺地毯。还应定期用吸尘器或刷子等清除计算机各部件的积尘。

（2）湿度。计算机工作时，相对的湿度在 40%～70%，存放时的相对湿度也应控制在10%～80%。湿度过高容易造成电器件或线路板生锈、腐蚀，从而导致接触不良或短路，磁盘也会发霉，使存在上面的数据无法使用；湿度过低，则静电干扰明显加剧，可能会损坏集成电路，清掉内存或缓存区的信息，影响程序运行及数据存储。

（3）温度。一般来说，15℃～30℃的温度对计算机工作较为适宜，超出这个范围的温度会影响电子元器件的工作或可靠性，存放计算机的温度也应控制在 5℃～40℃。由于集成电路的集成度高，工作时将产生大量的热。如果机箱内热量不能及时散发，轻则使工作不稳定、数据处理出错，重则烧毁一些元器件。反之，如果温度过低，电子器件不能正常工作，也会增加出错率。

（4）电网环境。为使计算机系统可靠、稳定运行，对交流电源供电也有一定的要求：要求使用220V、50Hz交流电源，允许波动范围为10%。若电网电压的波动在标准值的-20%～+10%，即180V～240V，计算机系统也可正常运行。

2．养成良好的操作习惯

要想正确、高效地使用计算机，减少故障的发生，除了给计算机一个良好的运行环境外，还应当严格遵守计算机的操作规程，不能因为操作失误而损坏机器，造成不必要的损失。另一方面就是掌握一些通用的操作规程。

（1）电源的连接。计算机系统的电源必须正确、合理、可靠和良好。

（2）正确开、关机。注意计算机的通电、关电顺序：启动计算机时应先开稳压电源，待输出稳定后，再开启外部设备（如显示器、打印机等），最后开主机。关机时则相反，先关主机，再关外设，最后关稳压电源。在计算机操作中，不得频繁关闭或打开电源，开关机的时间间隔至少应在一分钟以上。

（3）不带电操作。不要在带电情况下插拔任何与主机、外设相连的部件，插头，板卡等，尽管现在有些设备声明可以热插拔，但为了安全起见，还是尽量在断电的情况下进行插拔。带电操作是计算机维护与维修中的大忌，不能因为图省事，急于求成，而引起无法挽回的损失。

（4）注意防振。计算机在工作过程中，不得随意搬动、移动和震动机器，以免由于震动造成硬盘表面的划伤，造成不必要的损失。

（5）注意启动方式。计算机运行过程中，如果出现死机，一般应采用系统热启动和系统复位方式，不要采用关闭电源的方式重新启动系统。在迫不得已时，也必须在关闭电源至少一分钟后再开启电源。

（6）防止受潮。长期不用的计算机过一段时间应加电运行几小时，以防内部受潮或发霉。

（7）键盘的使用。键盘操作时，动作要轻，点到为止，以减小键座的压力。

5.1.2 硬件系统的维护

在使用计算机的过程中，要对硬件系统定期进行维护，平时注意经常性的检查，及时发现和处理问题，保证计算机正常地工作，最大限度地延长其使用寿命。

1．硬盘的维护

做好硬盘的日常维护工作可以延长其使用寿命，提高使用效率。硬盘维护主要有以下7点。

（1）保持使用环境的清洁卫生。如果环境中灰尘过多，会被吸附到印制电路板的表面及主轴电机的内部，那么磁头组件在高速旋转时就可能带动灰尘将盘片划伤或将磁头自身损坏，这将导致数据的丢失，硬盘寿命也可能损坏。因此需要保持环境卫生，减少空气中的含尘量。最好不要擅自将硬盘拆开，否则空气中的灰尘将进入硬盘内。

（2）防止硬盘受到震动。硬盘在工作时，磁头在盘片表面的浮动高度只有几微米。当硬盘在进行读写操作时，若发生较大的震动，就可能造成磁头与盘片相撞击，盘片数据区将被损坏或划盘，甚至造成硬盘内文件信息的丢失。因此在工作时或关机后，主轴电机尚未停机之前，严禁搬运硬盘，以免磁头与盘片产生撞击而擦伤盘片表面的磁层。

（3）硬盘要防止电磁干扰。硬盘防电磁干扰是让硬盘与大功率音箱（无磁音箱除外），以及中、高功率的电机类产品（如电扇）等保持一定的距离。如果CPU的主频已经非常高了，最好不要再超频了——因为超频也会产生电磁干扰。

（4）硬盘读写时不能关掉电源。硬盘进行读写时，硬盘处于高速旋转状态中，突然此时关掉电源，将导致磁头与盘片猛烈摩擦，从而损坏硬盘。所以在关机时，一定要注意面板上的硬盘指示灯。

（5）不要对硬盘进行频繁的格式化操作。高级格式化会缩短硬盘的正常使用寿命。同高级格式化一样，低级格式化也会降低硬盘的使用寿命，而且是有过之而无不及，因此尤其不要对硬盘频繁地进行低级格式化操作。

（6）定期进行磁盘扫描。养成定期在 Windows 下进行磁盘扫描的习惯。这样能及时修正一些运行时产生的错误，进而可以有效地防止磁盘坏道的出现。在“开始”→“程序”→“附件”→“系统工具”中运行“磁盘扫描程序”，在“自动修复错误”前加上小勾，选择好要扫描的驱动器后按“开始”就行了。

（7）防止计算机病毒对硬盘的破坏。计算机病毒对硬盘中存储的信息是一个很大的威胁，所以应利用版本较新的抗病毒软件对硬盘进行定期的病毒检测。发现病毒，应立即采取办法清除，尽量避免对硬盘进行格式化，因为硬盘格式化会使全部数据丢失并降低硬盘的使用寿命。

2．光驱的日常维护

光驱经过一段时间的使用后，会出现读盘速度慢、不读盘等问题，这是光驱老化的表现。决定光驱寿命的主要部件是激光头，激光头的寿命实际上就是光驱的寿命。若在光驱的日常使用中注意保养和维护，会大大延长光驱的寿命。

（1）保持光驱、光盘清洁。光驱里都是非常精密的光学部件，而光学部件最怕的是灰尘污染。灰尘来自于光盘的装入、退出的整个过程，光盘是否清洁与光驱的寿命也直接相关。所以，光盘在装入光驱前应做必要的清洁，对不使用的光盘要妥善保管，以防灰尘污染。

（2）定期清洁保养激光头。光驱使用一段时间之后，激光头必然要染上灰尘，从而使光驱的读盘能力下降。具体表现为读盘速度减慢，显示屏画面和声音出现马赛克或停顿，严重时可听到光驱频繁读取光盘的声音。这些现象对激光头和驱动电机及其他部件都有损害。所以要定期对光驱进行清洁保养。

（3）保持光驱水平放置。在机器使用过程中，光驱要保持水平放置。其原因是光盘在旋转时重心如果不平衡就会发生变化，轻微时可使读盘能力下降，严重时可能损坏激光头。而且久之也会使光驱内的光学部件、激光头因受震动和倾斜放置发生变化，导致光驱性能下降。

（4）养成关机前及时取盘的习惯。光驱内一旦有光盘，不仅计算机启动时要有很长的读盘时间，而且光盘也将一直处于高速旋转状态。这样既增加了激光头的工作时间，也使光驱内的电机及传动部件处于磨损状态，无形中缩短了光驱的寿命。建议使用者养成关机前及时从光驱中取出光盘的习惯。

（5）减少光驱的工作时间。延长光驱寿命的方法就是尽可能减少光驱的使用时间。在硬盘空间允许的情况下，可以把经常使用的光盘做成虚拟光盘存放在硬盘上。这样可以直接在硬盘上运行，并且读取速度还能加快。

（6）注意光盘质量。盘片质量差的话，激光头需要多次重复读取数据。这样电机与激光头增加了工作时间，从而大大缩短了光驱的使用寿命。建议尽量少用盗版光盘，多用正版光盘。

（7）正确开、关盘盒。光驱前面板有出盒与关盒按键，利用此按键是常规的正确的开关光驱盘盒的方法。有些人习惯用手直接推回盘盒，这对光驱的传动齿轮是一种损害，不建议采用这种方式。可以利用程序进行开关盘盒，在很多软件或多媒体播放工具中都有这样的功能。如在 Windows 中用鼠标右键单击光盘盘符，其弹出的菜单中也有一项“弹出”命令，可以弹出光盘盒。建议尽量使用软件控制开、关盘盒，这样可减少光驱故障发生率。

（8）尽量少放影碟。这样可以避免光驱长时间工作，因为光驱长时间连续读盘，对光驱寿命影响很大。对于需要经常播放的节目，最好还是将其拷入硬盘，以确保光驱长寿。

5.1.3 软件系统的维护

除了计算机硬件要正确地使用之外，软件系统的日常维护保养也是十分重要的。大量的故障都是由于日常软件使用或者维护方法不当造成的。“软故障”在计算机故障中所占的比例较大，因此要对软件系统进行维护。

① 用干净的系统盘启动机器，选择最新病毒库的杀毒软件进行病毒检测，确保在没有病毒的情况下进行下一步。

② 重新启动机器，打开“控制面板”→“系统”→“设备管理器”，看有没有带黄色“!”或者红色“*”的设备选项。如果有，说明硬件设备有冲突，可以先删除该设备，再进行“新硬件检测”，重新安装驱动程序或进行驱动程序升级，以解决系统的冲突问题。

③ 打开“附件”→“系统工具”→“磁盘清理程序”，对硬盘中的各类临时文件、中间文件、衍生文件以及无效文件进行搜索删除。一般来说，每个硬盘分区的剩余空间不应小于该分区容量的 15%，对于 C 盘则越大越好。

④ 使用 CLEANSWAP 或类似的工具软件对 Windows 的 DLL 动态链接库进行扫描，删除多余无用的库文件。

⑤ 使用 REGCLEAN 或类似工具对注册表进行必要的“减肥”。注意首先一定要做好备份，以防不测。在桌面上单击“开始”→“运行”，输入“regedit”打开注册表编辑器。首先单击“导出注册表文件”，随后再单击“引入注册表文件”。因为在“导出”时系统会将注册表多余的内容删除，所以可以删除注册表中的一些无用信息。

⑥ 进行“附件”→“系统工具”→“系统信息”→“工具”→“附件”→“注册表”→“检查程序”，确保注册表文件正确无误（如果出错且无法自动修复，请用备份恢复）；接着运行“工具”→“系统文件检查器”，确保 Windows 系统文件的完整性。

⑦ 运行“附件”→“系统工具”→“磁盘扫描程序”，修复交叉链接等磁盘错误；运行“附件”→“系统工具”→“磁盘碎片整理程序”，最好选定“重新安排程序文件以使程序启动得更快”选项。

⑧ 重新启动机器，注意观察运行速度是否有所提高。

5.2 计算机常见故障检修

5.2.1 计算机故障的分类

计算机故障是指造成计算机系统不能正常工作的硬件物理损坏或软件系统的程序错误。

硬件故障主要是由器件、接插件和印刷板的老化或失效而引起的，软件的故障是由于程序结构发生变化，导致错误。计算机故障分类如下：

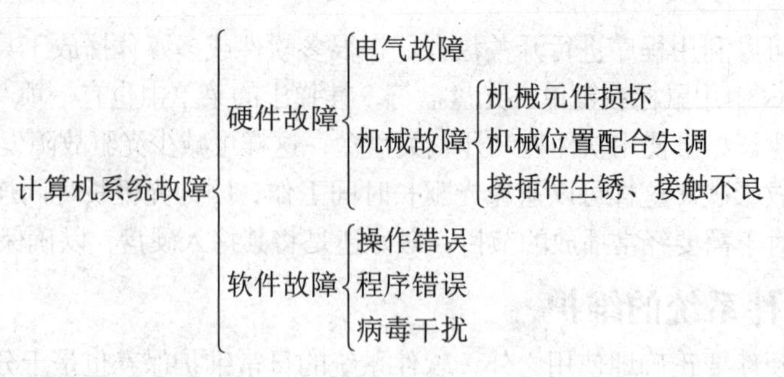

5.2.2 故障检修原则

1．计算机检修遵循的基本原则

首先进行观察，再用计算机的最小系统环境。

（1）观察。

① 计算机周围的环境情况——位置、电源、连接、其他设备、温度与湿度等。

② 计算机所表现的现象、显示的内容，及它们与正常情况下的异同。

③ 计算机内部的环境情况——灰尘、连接、器件的颜色、部件的形状、指示灯的状态等。

④ 计算机的软硬件配置——安装了何种硬件，资源的使用情况；使用的是何种操作系统。

（2）计算机的最小系统环境。

① 最小系统。

② 在判断的环境中，仅包括基本的运行部件或软件，及被怀疑有故障的部件或软件。

③ 在一个干净的系统中，添加用户的应用（硬件、软件）来进行分析判断。

2．先思考再动手

根据观察到的现象，先大致判断故障处，确定从何处入手，再查阅相关的资料，看有无相应的技术要求、使用特点等，然后根据查阅的资料，结合实际情况，再着手维修。

3．先软后硬

从整个维修判断的过程看，总是先判断是否为软件故障，即先检查软件问题；当可判软件环境是正常时，如果故障不能消失，再从硬件方面着手检查。

4．抓主要矛盾

在维修过程中要分清主次。在发现故障现象时，有时可能会看到一台故障机不止一个故障现象，而是有两个或两个以上的故障现象（如，启动过程中无显示，但机器也在启动，同时启动完后，有死机的现象等）。为此，应该先判断、维修主要的故障现象；当修复后，再维修次要的故障现象，有时可能次要故障现象已不需要维修了。

5.2.3 计算机检修步骤

对计算机进行维修，应遵循如下步骤。

1．了解情况

在计算机检修前，应先了解故障发生前后的情况，进行初步的判断。尽可能了解故障发生前后详细的情况，以提高维修效率及判断的准确性。了解故障与技术标准是否有冲突。

2．复现故障

确认用户所报修的故障现象是否存在，并对所见现象进行初步的判断，确定是否还有其他故障存在。

3．判断、维修

对出现的故障现象进行判断、定位，找出产生故障的原因，并进行修复。在进行判断维修的过程中，应遵循“维修判断”中所述的原则、方法、注意事项。

4．检验

维修后必须进行检验，确认所复现或发现的故障现象解决，计算机不存在其他可见的故障。然后进行整机验机，尽可能消除未发现的故障，并及时排除之。

5.2.4 常见故障的检测方法

1．观察法

观察是维修判断过程中第一要法，它贯穿于整个维修过程中。观察不仅要认真而且要全面。观察的内容包括：

① 周围的环境；

② 硬件环境，包括接插头、插座和插槽等；

③ 软件环境；

④ 用户操作的习惯、过程。

2．最小系统法

最小系统是指从维修判断的角度能使计算机开机或运行的最基本的硬件和软件环境。最小系统有如下两种形式。

（1）硬件最小系统。由电源、主板和 CPU 组成。在这个系统中，没有任何信号线的连接，只有电源到主板的电源连接。在判断过程中，可通过声音来判断这一核心组成部分可否正常工作。

（2）软件最小系统。由电源、主板、CPU、内存、显示卡/显示器、键盘和硬盘组成。这个最小系统主要用来判断系统可否完成正常的启动与运行。

对于软件最小环境，就“软件”有以下 3 点说明。

① 硬盘中的软件环境，保留着原先的软件环境，只是在分析判断时，根据需要进行隔离（如卸载、屏蔽等）。该方法主要用来分析判断应用软件方面的问题。

② 硬盘中的软件环境，保留一个基本的操作系统环境，然后根据分析判断的需要，加载需要的应用。该方法是要判断系统问题，软件冲突，或软、硬件间的冲突问题。

③ 在软件最小系统下，可根据需要逐步添加或更改适当的硬件、软件。判断故障所在处。最小系统法，先判断在最基本的软、硬件环境中，系统可否正常工作，如果不能正常工作，即可判定最基本的软、硬件部件有故障，从而起到故障隔离的作用。

3．逐步添加或去除法

① 逐步添加法，以最小系统为基础，每次只向系统添加一个部件/设备或软件，检查故障现象是否消失或发生变化，以此来判断并定位故障。

② 逐步去除法，正好与逐步添加法的操作相反。

③ 逐步添加/去除法一般要与替换法配合，才能较为准确地定位故障。

4．隔离法

隔离法是将可能妨碍故障判断的硬件或软件屏蔽起来的一种判断方法。它也可用来将怀疑相互冲突的硬件、软件隔离，判断故障是否发生变化。

上面提到的软硬件屏蔽，对于软件来说，即是停止其运行，或者是卸载；对于硬件来说，是在设备管理器中，禁用、卸载其驱动，或干脆将硬件从系统中去除。

5．替换法

替换法是用好的部件去代替可能有故障的部件，以判断故障现象是否消失的一种维修方法。好的部件可以是同型号的，也可能是不同型号的。替换的顺序一般如下。

① 根据故障的现象或 5.2.1 小节中介绍的故障类别，考虑需要进行替换的部件或设备。

② 按先简单后复杂的顺序进行替换，如先内存、CPU，后主板；判断打印故障时，可先考虑打印驱动是否有问题，再考虑打印电缆是否有故障，最后考虑打印机或并口是否有故障等。

③ 最先检查与怀疑有故障的部件相连接的连接线、信号线等，之后是替换怀疑有故障的部件，再后是替换供电部件，最后是与之相关的其他部件。

④ 从部件的故障率高低，考虑最先替换的部件。故障率高的部件先进行替换。

6．比较法

比较法与替换法类似，即用好的部件与怀疑有故障的部件进行外观、配置、运行现象等方面的比较，也可在两台计算机间进行比较，以判断故障计算机在环境设置、硬件配置方面的不同，从而找出故障部位。

7．升降温法

（1）升温：设法降低计算机的通风能力，利用计算机自身的发热来升温。

（2）降温的方法有：

① 一般选择环境温度较低的时段，如清早或较晚的时间；

② 使计算机停机 12～24 小时；

③ 用电风扇对着故障机吹，以加快降温速度。

8．敲打法

敲打法一般用在怀疑计算机中的某部件有接触不良的故障时，通过震动、适当的扭曲，或用橡胶锤敲打部件或设备的特定部位来使故障复现，从而判断故障部件的一种维修方法。

9．清洁法

有些计算机故障，往往是由于机器内灰尘较多引起的，这就要求在维修过程中，注意观察故障机内、外部是否有较多的灰尘。如果是，应该先进行除尘，再进行后续的判断维修。在进行除尘操作中，以下几个方面要特别注意。

（1）风扇的清洁。

最好在清除其灰尘后，在风扇轴处，点一点儿钟表油，加强润滑。

（2）注意接插头，座，槽、板卡金手指部分的清洁。

① 金手指的清洁，可以用橡皮擦拭金手指部分，或用无水酒精棉擦拭也可以。

② 插头，座，槽的金属引脚上的氧化物的去除：可以用无水酒精擦拭，也可以用金属片（如小一字改锥）在金属引脚上轻轻刮擦。

③ 注意大规模集成电路、元器件等引脚处的清洁。清洁时，应用小毛刷或吸尘器等除掉灰尘，同时要观察引脚有无虚焊和潮湿的现象，元器件是否有变形、变色或漏液现象。

（3）清洁工具的使用。

清洁用的工具，首先是防静电的，如清洁用的小毛刷，应使用天然材料制成的毛刷，禁用塑料毛刷；其次，若用金属工具进行清洁时，必须切断电源，且对金属工具进行泄放静电的处理。

用于清洁的工具包括小毛刷、皮老虎、吸尘器、抹布、无水酒精（不可用来擦拭机箱、显示器等的塑料外壳）。

5.2.5 典型故障的分析处理方法

1. 加电类故障

加电类故障是指从上电（或复位）到自检完成这段过程中计算机所发生的故障。

（1）主要故障现象。

① 计算机不能加电（如电源风扇不转或转一下即停等）、有时不能加电、开机掉闸、机箱金属部分带电等。

② 开机无显示，开机报警。

③ 自检报错或死机、自检过程中所显示的配置与实际不符等。

④ 反复重启。

⑤ 不能进入 BIOS、刷新 BIOS 后死机或报错；CMOS 掉电、时钟不准。

⑥ 机器噪声大、自动（定时）开机、电源设备有问题等其他故障。

（2）故障可能涉及的部件。

市电环境、电源、主板、CPU、内存、显示卡、其他可能的板卡；BIOS 中的设置，开关及开关线、复位按钮及复位线本身。

（3）检查要点。

① 检查计算机设备周边及计算机设备内外是否有变形、变色、异味等现象。

② 环境的温度、湿度情况。

③ 检查市电电压是否在 220V±10%范围内。

④ 检查计算机内部连接是否正确；部件安装松紧是否合适。

⑤ 检查加电后的工作现象有无异常。

（4）故障判断要点。

① 检查主机电源。

- 主机电源在不接负载时，将电源到主板的插头中绿线与黑线直接短接，看能否加电，并用万用表检查是否有电压输出。
- 用万用表检查输出的各路电压值是否在规格允许的范围内。
- 在接有负载的情况下，用万用表检查输出电源的波动范围是否超出允许范围。
- 如果电源一加电就停止工作，应首先判断电源空载或接在其他机器上是否能正常工作。
- 如果计算机的供电不是直接从市电来，而是通过稳压设备获得，注意所用的稳压设备是否完好。

② 开机无显示，用 POST 卡检查硬件最小系统中的部件是否正常。

- 查看 POST 显示的代码是否为正常值（参见《维修工具使用手册》中的代码定义）。
- 对于 POST 卡所显示的代码，应检查与之相关的所有部件，如显示的代码与内存有关，就应检查主板和内存。
- 在硬件最小系统下，听有无报警声音，若无则检查的重点应在最小系统中的部件上。
- 检查中还应注意的是，当硬件最小系统有报警声时，插入无故障的内存和显示卡，若此时没有报警声，而且有显示或自检完成的声音，证明硬件最小系统中的部件基本无故障，否则，应主要检查主板。

- 若需要更换 CPU 进行检查时，应先使用 CPU 负载，检查主板的供电电压是否在允许范围内，在电压正常的情况下才可进行 CPU 更换；如果超出范围，直接更换主板。

③ 部件的检查。

如果硬件最小系统能够正常工作，逐步加入其他的板卡及设备，检查其中哪个部件或设备有问题。

④ BIOS 设置检查。

- 通过清 CMOS 检查故障是否消失。
- BIOS 中的设置是否与实际的配置不相符（如磁盘参数、内存类型、CPU 参数、显示类型、温度设置等）。
- 根据需要更新 BIOS，检查故障是否消失。

⑤ 其他方面的检查。

- 对于不能进 BIOS 或不能刷新 BIOS 的情况，可先考虑主板的故障。
- 对于反复重启或关机的情况，应考虑电源插头是否插好，或者电源、主板是否有故障。
- 系统中是否加载有第三方的开关机控制软件，有则应予卸载。

（5）实例。

故障现象：CMOS 参数丢失，开机后提示“CMOS Battery State Low”，有时可以启动，使用一段时间后死机。

故障分析与处理办法：这种现象大多是 CMOS 供电不足引起的。如果是焊接式电池，用电烙铁重新焊上一颗新电池即可；如果是钮扣式电池，可以直接更换；如果是芯片式电池，可以更换此芯片，最好采用相同型号芯片替换。如果更换电池后，时间不长又出现同样现象，那么很可能是主板漏电，可以检查主板上的二极管或电容是否损坏，也可以跳线使用外接电池。

故障现象：计算机频繁死机，在进行 CMOS 设置时也会出现死机现象。

故障分析与处理办法：一般是主板设计散热不良或者主板 Cache 有问题引起的。如果因主板散热不够好而导致该故障，可以在死机后触摸 CPU 周围主板元件，会发现其非常烫手，在更换大功率风扇之后，死机故障即可解决。如果是 Cache 有问题造成的，可以进入 CMOS 设置，将 Cache 禁止后即可。当然，Cache 禁止后，机器速度肯定会受到影响。如果按上法仍不能解决故障，那就是主板或 CPU 有问题，只有更换主板或 CPU 了。

2．启动与关闭类故障

启动是指从自检完毕到进入操作系统应用界面这一过程中发生的问题。

关闭是指从单击“关闭”按扭后到电源断开之间的所有过程。

（1）主要的故障现象。

① 启动过程中死机、报错、黑屏、反复重启等。

② 启动过程中显示某个文件错误。

③ 启动过程中，总是执行一些不应该的操作（如总是进行磁盘扫描、启动一个不正常的应用程序等）。

④ 只能以安全模式或命令行模式启动。

⑤ 登录时失败、报错或死机。

⑥ 关闭操作系统时死机或报错。

（2）故障可能涉及的部件。

BIOS 设置、启动文件、设备驱动程序、操作系统或应用程序配置文件；电源、磁盘及磁盘驱动器、主板、信号线、CPU、内存以及可能的其他板卡。

（3）检查要点。

① 检查电源是否插好。

② 主机硬盘指示灯是否正确闪亮，机器运行过程是否有异味。

③ CPU 风扇的转速是否正常。

④ 驱动器工作时是否有异响。

⑤ 驱动器的电源连接是否正确，跳线设置是否正确，数据线的使用是否符合规格，是否与驱动器的技术规格相符，驱动器数据电缆是否有故障。

⑥ 检查插拔部件安装时是否过松（包括 CPU、内存）。

（4）故障判断要点。

① BIOS 设置检查。

- 是否为刚更换完不同型号的硬件。
- 是否添加了新硬件。这时应先去除添加的硬件，看故障是否消失，若是，检查添加的硬件是否有故障，或系统中的设置是否正确（通过对比新硬件的使用手册检查）。
- 检查 BIOS 中的设置，如启动顺序、启动磁盘的设备参数等，建议通过清 CMOS 来恢复。
- 若在第一次开机启动后，某些应用或设备不能工作，除检查设备本身的问题外，应考虑升级 BIOS。

② 磁盘逻辑检查。

- 根据启动过程中的错误提示，相应地检查磁盘上的分区是否正确、分区是否激活、是否格式化。
- 直接检查硬盘是否已经分区、格式化。
- 加入一个其他无故障的驱动器（如光驱），检查能否从其他驱动器中启动，若能，进行磁盘逻辑检查、操作系统配置检查，否则检查硬件部分。检查完成后接着检查分区是否激活。
- 检查硬盘上的启动分区是否激活，其上是否有启动时所用的启动文件或命令，有无坏道等。
- 检查硬盘驱动器上的启动分区是否可访问，若不能，用相应厂商的磁盘检测程序检查硬盘是否有故障。若有故障，更换硬盘；在无故障的情况下，通过初始化硬盘来检测，若故障依然存在，更换硬盘。

③ 操作系统配置检查。

- 在不能启动的情况，建议进行一次“选择上一次启动”或用 scanreg.exe 恢复注册表到前期备份的注册表的方法，检查故障是否能够消除。
- 检查系统中有无第三方程序在运行，或系统中不当的设置、设备驱动引起启动不正常。
- 检查启动设置，启动组中的项、注册表中的键值等是否加载了不必要的程序；检查是否存在病毒，要求在一个系统中，只能安装一个防病毒软件。
- 必要时，通过一键恢复、恢复安装等方法，检查启动方面的故障。
- 当启动中显示不正常时（如黑屏、花屏等），应按显示类故障的判断方法进行检查，但首先要注意显示设备的驱动程序是否正常、显示设置是否正确，最好将显示改变到标准的 VGA 方式检查。

④ 部件检查。

- 当在软件最小系统下启动正常后，逐步回复到原始配置状态，检查引起不能正常启动的部件。
- 检查磁盘是否有故障。
- 硬件方面，应从内存开始考虑：使用内存检测程序判断内存部分是否有故障；内存安装的位置，应从第一个内存槽开始安装；对于安装的多条内存，检查内存规格是否一致、兼容等。

⑤ 对于不能正常关机的现象，应从下列几个方面检查。

- 在命令提示符下查看 BOOTLOG.TXT 文件（在根目录下）。此文件是开机注册文件，它里面记录了系统工作时失败的记录，保存一份系统正常工作时的记录，与出问题后的记录相比较，找出有问题的驱动程序，在 WIN.INISYSTEM.INI 中找到该驱动对应的选项，或在注册表中找到相关联的对应键值，更改或升级该驱动程序，有可能将问题解决。
- 升级 BIOS 到最新版本，注意 CMOS 的设置（特别是 APM、USB、IRQ 等）。
- 检查是否有系统的文件损坏或未安装。
- 应用程序引起的问题，关闭启动组中的应用程序，检查关机时的声音程序是否损坏。
- 检查是否有某个设备引起无法正常关机，比如网卡、声卡，可通过更新驱动或更换硬件来检查。
- 通过安装补丁程序或升级操作系统进行检查。

（5）实例。

故障现象：电源开关或 Reset 键损坏。

故障分析与处理办法：现在许多机箱上的开关和指示灯，耳机插座、USB 插座的质量太差。如果 Reset 键按下后弹不起来，加电后因为主机始终处于复位状态，所以按下电源开关后，主机会没有任何反应，和加不上电一样，因此电源灯和硬盘灯不亮，CPU 风扇不转。打开机箱，修复电源开关或 Reset 键。主板上的电源多为开关电源，所用的功率管为分离器件，若有损坏，只要更换功率管、电容等即可。

故障现象：关机不能自动切断电源。

故障分析与处理办法：关机是与电源管理密切相关的，造成关机故障的原因很有可能是电源管理对系统支持不好。在 Windows XP 系统中单击“开始→设置→控制面板→性能与维护→电源选项”，在弹出的窗口中，根据需要启用或取消“高级电源支持”即可。

如果在故障发生时使用的是启用“高级电源支持”，就试着取消它；如果在故障发生时，使用的是取消“高级电源支持”，就试着启用它，故障往往迎刃而解。

USB 设备也往往是造成关机故障的原因。当出现关机变成重启故障时，如果计算机上接有 USB 设备，请先将其拔掉，再试试。如果确信是 USB 设备的故障，那么换掉该设备，或者连接一个外置 USB Hub，将 USB 设备接到 USB Hub 上，而不要直接连到主板的 USB 接口上。还可以从下面 4 个方面考虑。

① 没有开启电源支持。

依次单击“开始”→“设置”→“控制面板”→“电源选项”→“高能电源管理”，勾选

“启用高级电源管理支持”即可。

② BIOS设置有误。

可能误修改了BIOS中有关电源管理的选项。如果你对BIOS设置比较熟悉，请进入BIOS，试着修改BIOS中有关电源管理的选项。如果用户对BIOS不熟悉，那么干脆选择“Load default setup”选项，恢复BIOS到出厂时默认的设置即可。

③ Office 惹祸。

Office 当中的Ctfmon.exe一直是一个颇有争议的“问题”文件。Ctfmon.exe是微软的文本服务文件，只要用户安装了Office并且安装了“可选用户输入方法组件，这个文件就会自动调用它，为语音识别、手写识别、键盘以及其他用户输入技术提供文字输入支持。即使没有启动Office，Ctfmon.exe照样在后台运行。就是它，往往造成了关机故障，不妨将其卸载试试。

在Windows XP系统中，依次单击“开始”→“设置”→“控制面板”→“添加/删除程序”，在目前已安装的程序中选中“Microsoft Office XP Profession With FrontPage”，单击“更改”按钮，在“维护模式选项”对话框中选择“添加或删除功能”选项，单击“下一步”，弹出“为所有Office应用程序和工具选择安装选项”对话框，展开“Office共享功能”选项，选中“中文可选用户输入方法”选项，在弹出菜单中选择“不安装”，单击“更新”按钮即可。

④ APM/NT Legacy Node没有开启。

一般情况下，APM/NT Legacy Node没有开启可能造成关机却不能自动切断电源。进入设备管理器，单击菜单栏中的“查看→显示隐藏的设备”，显示系统中所有的隐藏设备。在设备列表框中查看有无APM/NT Legacy Node选项。如果用户的计算机支持此功能，就会有该选项，双击，在弹出的属性对话框中，单击“启用设备”按钮即可。

3．磁盘类故障

这里所指的磁盘类故障指两个方面：一是硬盘、光驱、软驱等引起的故障；另一是主板、内存等引起对硬盘、光驱、软驱访问的故障。

（1）主要的故障现象。

① 硬盘驱动器。

- 硬盘有异常声响，噪声较大。
- BIOS中不能正确地识别硬盘，硬盘指示灯常亮或不亮，硬盘干扰其他驱动器的工作。
- 不能分区或格式化，硬盘容量不正确，硬盘有坏道、数据损失等。
- 逻辑驱动器盘符丢失或被更改，访问硬盘时报错。
- 硬盘数据的保护故障。
- 第三方软件造成硬盘故障。
- 硬盘保护卡引起的故障。

② 光盘驱动器。

- 光驱噪声较大，光驱划盘，光驱托盘不能弹出或关闭，光驱读盘能力差等。
- 光驱盘符丢失或被更改，系统检测不到光驱等。
- 访问光驱时死机或报错等。
- 光盘介质造成光驱不能正常工作。

（2）故障可能涉及的部件。

硬盘、光驱及它们的设置，主板上的磁盘接口、电源、信号线。

（3）检查要点。

① 硬盘驱动器。

- 硬盘上的 ID 跳线是否正确，它应与连接在线缆上的位置匹配。
- 连接硬盘的数据线是否接错或接反。
- 硬盘连接线是否有破损或硬折痕，可通过更换连接线检查。
- 硬盘连接线类型是否与硬盘的技术规格要求相符。
- 硬盘电源是否正确连接，不应有过松或插不到位的现象。
- 硬盘电源插座接针是否有虚焊或脱焊现象。
- 加电后，硬盘自检时指示灯是否不亮或常亮；工作时指示灯是否能正常闪亮。
- 加电后，硬盘驱动器的运转声音是否正常。
- 供电电压是否在允许范围内。

②光盘驱动器。

- 光驱上的 ID 跳线是否正确，它应与连接在线缆上的位置匹配。
- 连接光驱的数据线是否接错或接反。
- 光驱连接线是否有破损或硬折痕，可通过更换连接线检查。
- 光驱连接线类型是否与光驱的技术规格要求相符。
- 光驱电源是否正确连接，不应有过松或插不到位的现象。
- 光驱电源插座之接针是否有虚焊或脱焊现象。
- 加电后，光驱自检时指示灯是否不亮或常亮；工作时指示灯是否能正常闪亮。
- 加电后光驱的运转声音是否正常。

（4）故障判断要点。

① 硬盘驱动器。

- 在软件最小系统下进行检查，并判断故障现象是否消失。可以排除由于其他部件对硬盘驱动器或访问的影响。
- 参数与设置检查：硬盘能否被系统正确识别，识别到的硬盘参数是否正确；BIOS 中对 IDE 通道的传输模式设置是否正确（最好设为“自动”）。
- 显示的硬盘容量是否与实际相符、格式化容量是否与实际相符。
- 检查当前主板的技术规格是否支持所用硬盘的技术规格，如对大于 8GB 硬盘的支持，对高传输速率的支持等。
- 检查磁盘上的分区是否正常，分区是否激活，是否格式化，系统文件是否存在或完整。
- 对于不能分区、格式化的硬盘，在无病毒的情况下，应更换硬盘。
- 必要时进行修复或初始化操作，或完全重新安装操作系统。

② 光盘驱动器。

- 光驱的检查，应用光驱替换软件最小系统中的硬盘进行检查判断。检查时，用一个可启动的光盘来启动，以初步检查光驱的故障。如果不能正常读取，则在软件最小系统中检查。
- 类似硬盘驱动器的检查方法。
- 对于读盘能力差的故障，先考虑防病毒软件的影响，然后用随机光盘进行检测，通过刷新光驱的 formware 检查光驱的故障现象是否消失（如由于光驱中放入一张 CD 光盘，导致系统第一次启动时，光驱工作不正常，就可尝试此方法）。

- 在操作系统下的应用软件能否支持当前所用光驱的技术规格。
- 设备管理器中的设置是否正确，IDE通道的设置是否正确；必要时卸载光驱驱动重启。

（5）实例。

故障现象：一台刚置不久的计算机，运行一会儿就出现找不到硬盘的提示，还有玩大的游戏就会出现死机。

故障分析与处理办法：有可能是硬盘的数据线与数据线的插头接触不良，因为是新计算机，所以硬件问题不是很大，请仔细检查连接。如果这个硬盘是返修货或者本身就有问题，也可以出现上述问题。玩大游戏的时候出现死机，这个应该是硬件不兼容或者软件不兼容造成的。因为是新硬件，所以应考虑兼容性问题，在买计算机的时候是否拷机以证明稳定？如果没有的话，请安装主板驱动和显卡驱动，重新插拔内存等来解决。

故障现象：一台计算机的硬盘前几天用得还好好的，没有任何坏区或异常声音，但某天开机自检时检测到硬盘型号后就死机，只听见不断读盘的声音，插入启动盘也进不了启动界面，拆下硬盘后挂在别的机器上造成另一台机器也死机，情况和原来一样。请问这是为什么？

故障分析与处理办法：听见不断读盘的声音，证明硬盘可以识别。所以，是硬盘本身存在的问题。不断读盘的声音证明是硬盘的电动机不停地转动，但却找不到硬盘引导扇区，硬盘物理问题，而且插入启动盘也进不了界面，拆下硬盘后挂在别的机器上造成另一台机器也死机，说明其他计算机也无法读取硬盘引导扇区，造成无法读取的症状。请到BIOS里识别。如果依然有问题，请找当地专业维修硬盘的地方，修复硬盘磁头位置，注意自己维修可能造成盘面损坏。如果依然无法修复则硬盘报废。

4．显示类故障

这类故障不仅包含由于显示设备或部件所引起的故障，还包含有由于其他部件不良所引起的在显示方面不正常的现象。

（1）主要的故障现象。

① 开机无显示、显示器有时或经常不能加电。

② 显示偏色、抖动或滚动、显示发虚、花屏等。

③ 在某种应用或配置下花屏、发暗（甚至黑屏）、重影、死机等。

④ 屏幕参数不能设置或修改。

⑤ 亮度或对比度不可调或可调范围小、屏幕大小或位置不能调节或调节范围较小。

⑥ 休眠唤醒后显示异常。

⑦ 显示器有异味或有声音。

（2）故障可能涉及的部件。

显示器、显示卡及它们的设置；主板、内存、电源，及其他相关部件。特别要注意计算机周边其他设备及电磁对计算机的干扰。

（3）检查要点。

① 市电检查：市电电压是否在220V±10%、50Hz或60Hz；市电是否稳定。

② 显示器与主机的连接是否牢固、正确；电缆接头的针脚是否有变形、折断；电缆的质量是否完好。

③ 显示器是否正确连接市电，其电源指示是否正确（是否亮及颜色如何）。

④ 显示器加电后是否有异味、冒烟或异常声响（如爆裂声等）。

⑤ 显示卡上的元器件是否有变形、变色或温升过快的现象。

⑥ 显示卡是否插好，可以通过重插、用橡皮或酒精擦拭显示卡（包括其他板卡）的金手指部分来检查。

⑦ 周围环境中是否有包括日光灯、UPS、音箱、电吹风机、大功率电磁设备、线缆等干扰物存在；对于偏色、抖动等故障现象，通过改变显示器的方向和位置，检查故障现象能否消失。

⑧ 主机加电后，是否有正常的自检与运行的动作（如有自检完成的鸣叫声、硬盘指示灯不停闪烁等），若有，则重点检查显示器或显示卡。

（4）故障判断要点。

① 调整显示器与显示卡。

② 通过调节显示器的 OSD 选项，最好恢复到 RECALL（出厂状态）来检查故障是否消失。对于液晶显示器，需按一下 autoconfig 按钮。检查显示器各按钮可否调整，调整范围是否偏移显示器的规格要求。

③ 显示器的参数是否调得过高或过低（如 H/V-MOIRE，这是不能通过 RECALL 来恢复的）。

④ 显示器的异常声响或异常气味是否超出了显示器技术规格的要求（如新显示器刚用之时，会有异常的气味；刚加电时由于消磁的原因而引起的响声、屏幕抖动等，这些都属正常现象）。

⑤ 显示卡的技术规格是否可用在主机中（如 AGP 2.0 卡是否可用在主机的 AGP 插槽中等）；BIOS 中的设置是否与当前使用的显示卡类型或显示器连接的位置匹配（即用板载显示卡还是外接显示卡，AGP 显示卡还是 PCI 显示卡）。

⑥ 对于不支持自动分配显示内存的板载显示卡，需要检查 BIOS 中显示内存的大小是否符合应用的需要。

⑦ 检查显示器/卡的驱动：显示器或卡的驱动程序是否与显示设备匹配，版本是否恰当；显示器的驱动是否正确采用厂家提供的驱动程序；显示卡的技术规格或显示驱动的功能是否支持应用的需要；是否加载了合适的 Direct X 驱动（包括主板驱动），如果系统中装有 Direct X 驱动，可用其提供的 Dxdiag.exe 命令检查显示系统是否有故障。该程序还可用来对声卡设备进行检查。

⑧ 显示属性、资源的检查：在设备管理器中检查是否有其他设备与显示卡有资源冲突的情况，若有，先去除这些冲突的设备；显示属性的设置是否恰当（如不正确的显示器类型、刷新速率、分辨率和颜色深度等，会引起重影、模糊、花屏、抖动甚至黑屏的现象）。

⑨ 操作系统配置与应用检查：系统中的一些配置文件（如 System.ini 文件）中的设置是否恰当，是否存在其他软、硬件冲突等。

⑩ 硬件检查：当显示调整正常后，应逐个添加其他部件，检查是何部件引起显示不正常；通过更换不同型号的显示卡或显示器，检查是否存在它们之间的匹配问题；通过更换相应的硬件，检查是否由于硬件故障引起显示不正常（建议的更换顺序为：显示卡、内存、主板）。

（5）实例。

故障现象：主板不启动，开机无显示，有显卡报警声（1 长 2 短的鸣叫）。

故障分析与处理办法：一般是显卡松动或显卡损坏。对于显卡松动，打开机箱，把显卡重新插好即可。同时要检查显卡插槽内是否有小异物，有异物会使显卡不能插接到位；对于使用语音报警的主板，应仔细辨别语音提示的内容，再根据内容解决相应故障。

如果用以上办法处理后还报警，可能是显卡的芯片坏了，需更换或修理显卡。如果开机后听到“嘀”的一声自检通过，显示器正常但就是没有图像，而把该显卡插在其他主板上使用正常，那就是显卡与主板不兼容，应该更换显卡。

故障现象：一台计算机进入 Windows 7 操作系统图形界面后就死机，重启后进入安全模式把显卡停用才能正常进入操作系统，但是画面质量很差，2D 性能几乎为零，3D 性能也大打折扣。

故障分析与处理办法：按照“先易后难”的原则，首先检查显卡和显示器之间的连线是否插好，插头内是否有断针现象，没有发现任何问题。此外，经确认，该显卡没有进行过任何超频。重新安装驱动程序，问题解决。故障排除方法：该故障一般是由于驱动程序出现问题造成的，通过重新安装驱动程序，问题一般就可以解决了。另外，如果是 VIA 主板，那么请在安装主板 4in1 驱动后安装 VIA AGP 驱动，然后进入安全模式，打开设备管理器，在“显示适配器”中将显卡原来的驱动删除，重新启动再次进入安全模式，安装主板驱动显卡补丁，然后重新启动以正常模式进入系统。这样系统会提示找到新设备，要求安装驱动，将路径指向最新的显卡驱动所在的目录安装，问题就解决了。

案例总结：一个很典型的由于驱动程序损坏造成死机的案例。

故障现象：①开机时图像比较模糊，虽然使用一段时间后就逐渐正常了，但在关机一段时间后再开机时故障又会再次出现，而且是一天不如一天，故障越来越严重；②开机后图像一直模糊，使用很长时间后也不见好转。

故障分析与处理办法：一些半专业人士看到这两种故障就说是显像管寿命到了，有的维修人员看到了会说调一下对比度或高压包上的聚焦极电位器和加速极电位器就会好了，还有人说是显卡的硬件故障或显卡驱动损坏所致。这几种故障点的判断都是错误的——显像管老化和对比度下降并不会造成此类故障现象。至于调整聚集极和加速极电位器就更不正确了，这样做是治标不治本，而且其很难调到令人满意的程度，最让人头痛的是用不了多久故障还会复发，甚至加速显像管老化。

故障原因及对策：通常都是使用 2 年以上的彩显才会出现这种故障，真正的故障原因多数情况下是显像管管座受潮氧化所致，只要更换一下正品新管座就能排除故障。有人说在插上新管座之前要先找一小块砂纸将显象管尾后凸出的管脚打磨干净，目的是除掉氧化层，这种做法无异于画蛇添足。在笔者更换过管座的显像管中，有一些的确在管脚上有一些氧化物，但这些氧化物是原管座内遗漏到管脚上的，只要用小毛刷一扫就能清除。至今笔者并未见到过管脚被氧化的情况，但由于用力过大而使管脚处漏气而损坏显像管的情况倒是遇到过几例，所以大家不要用砂纸进行打磨，以免出现“死亡”性损坏！如果更换管座不见效，就要更换高压包。不过，此工作建议最好找专业人员进行！另外，有些机型的视放部分电路比较特殊，有时发生故障后也会造成图像模糊，但这时通常亮度和行、场幅度也都有异常。对于此类故障点，建议也交付专业人员处理。

5．安装类故障

这类故障主要反映在安装操作系统或应用软件时出现故障。

（1）主要的故障现象。

① 安装操作系统时，在进行文件复制过程中死机或报错；在进行系统配置时死机或报错。

② 安装应用软件时报错、重启、死机等（包括复制和配置过程）。

③ 硬件设备安装后系统异常（如黑屏、不启动等）。

④ 应用软件卸载后安装不上，或卸载不了等。

（2）故障可能涉及的部件。

磁盘驱动器、主板、CPU、内存，及其他可能的部件、软件。

（3）检查要点。

① 要安装的设备、部件是否连接正确，连接电缆是否完好、插针是否有缺针、断针。

② 要安装的设备、部件的制作工艺是否优良。

③ 仔细检查报错信息，判断可能造成故障的部位。

④ 认真对照软件的使用手册，确认机器的软、硬件配置符合该手册的要求。

⑤ 检查安装设备的驱动程序。

（4）故障判断要点。

操作系统安装故障判断如下。

- 检查 CMOS 中的设置：如果需要，请先恢复到出厂设置；关闭防病毒功能，关闭 BIOS 防写开关；特别注意硬盘的参数、CPU 的温度等。注意观察自检时显示出来的信息是否与实际的硬件配置相符。
- 驱动器的检查：检查是否有病毒；检查分区表是否正确，分区是否激活。使用 Fdisk/mbr 命令来确保主引导记录是正确的（注意使用此命令后，如果机器不能启动，可证明原系统中存在病毒或有错误。硬盘应做初始化操作）；检查系统中是否有第三方内存驻留程序。
- 安装过程检查：在软件最小系统下检查（注：在最小系统下，需要添加与安装有关的其他驱动器）。如果在复制文件时，报 CAB 等文件错，可尝试将原文件复制到另一个硬盘上再行安装；如果正常通过，则原来硬盘有问题，可去检查硬盘是否有故障；若仍然不能复制，应检查相应的磁盘驱动器、数据线、内存等部件。如果是采用覆盖安装而出现上述问题，而更换硬盘后仍不能排除故障，应先对硬盘进行初始化操作，再重新安装（初始化操作时，最好将硬盘分区彻底清除后进行）。如果仍不能解决，再考虑硬件。安装过程中，在检测硬件时出现错误提示、蓝屏或死机等，一是重新多启动几次（应该是关机重启），看能否通过。另一个是在软件最小系统下检查是否能通过。如果不能通过，应该依次检查软件最小系统中的内存、磁盘、CPU（包括风扇）、电源等部件；若能正常安装，则是软件最小系统之外的部件的故障或配置问题，可通过在安装完成后，逐步添加那些部件，并判断是否有故障或配置不当。
- 硬件及其他应注意的问题：如果安装系统时重启或掉电，要在软件最小系统下进行测试。如果故障消失，在安装好系统以后，将软件最小系统之外的设备逐一接上，检查故障是由哪个部件引起的，并用替换法解决；如果故障不能消失，应检查软件最小系统中的电源、主板和内存，甚至磁盘驱动器。

应用软件安装故障判断如下。

① 检查安装应用软件问题时应注意的问题。

- 应用软件的安装问题，部分可参考上述的操作系统安装的检查方法。
- 在进行安装前，要求先备份注册表，再进行安装。

② 软件间、软硬件间的冲突检查。

- 可采用两种软件问题隔离的方法。一个是在软件最小系统下，关闭正在运行的应用程序，然后安装需要的应用软件；另一个是在原系统下直接关闭正在运行的应用程序，然后安装需要的应用软件。关闭已有的应用程序的方法是：使用 msconfig 禁用启动组，autoexec.bat，config.sys，win.ini，system.ini 中在启动时调用的程序。

- 使用任务管理器，检查系统中有无不正常的进程，并予以删除。
- 对于基本满足软件技术手册要求但安装不上的情况，看能否通过设置调整来解决。如果不能解决，则视为不兼容。
- 利用其他机器（最好是不同配置的），检查是否存在软、硬件方面的兼容问题。
- 检查系统中是否已经安装过该软件。如果已经安装过，应先将其卸载后再安装。如果无法正常卸载，可以手动卸载或通过恢复注册表来卸载（对于 Windows 7 可使用系统还原功能来卸载）。

③ 硬件检查。

在执行以上的步骤都不解决问题时，应检查光驱、驱动器、接线等配件。

硬件设备安装故障判断如下。

① 冲突检查。

- 所安装的设备、部件是否能在系统启动前的自检过程中识别到，或能由操作系统识别到（非即插即用识备除外）。如果不能识别，应检查 BIOS 设置及设备本身，包括跳线及相应的插槽或端口。
- 检查新安装的设备与原系统中的设备是否有冲突；通过改变驱动的安装顺序，去除原系统中的相应部件或设备，更换插槽，看故障是否消除，如果不能消除，则为不兼容。
- 加装的设备是否与现有系统的技术规格或物理规格匹配。
- 当前系统中的一些设置（主要是.ini 文件中的设置）是否与所安装的部件或设备驱动有不匹配的地方。

② 驱动程序检查。

- 所安装的设备驱动是否为合适的版本（不一定是最新的）。

③ 硬件检查。

- 所安装的部件或设备是否本身就有故障。
- 原系统中的部件是否有不良的现象（如插槽损坏、供电能力不足等）。

（5）实例。

故障现象：有一台计算机在安装 Windows 7 时，显示有错误，错误名称为“0x0000000A：IRQL_NOT_LESS_OR_EQUAL”，能告知是什么原因和解决办法吗？

故障分析与处理办法：0x0000000A 错误表示在内核模式中存在以过高的进程内部请求级别（IRQL）访问其没有权限访问的内存地址。这个错误一般是因为硬件设备的驱动程序存在 BUG，某些软件或硬件与 Windows 不兼容引起的。如果遇到 0x0000000A 错误，建议尝试以最后一次正确的配置方式启动 Windows，并检查一下最近有没有安装或升级过任何系统更新、硬件设备的驱动程序、BIOS、Firmware 及应用软件等。如果有的话，请将最近更新过的应用软件及硬件设备逐一卸载、恢复到之前可以稳定运行的版本，看看问题能否解决。

故障现象：当覆盖安装系统时，屏幕上突然显示“Boot sector write!! VIRUS continue(Y/N)?”提示错误，导致覆盖安装失败，这是什么提示，如何解决？

故障分析与处理办法：其实，这并非故障，而是因为原来系统中的某些应用程序，如系统恢复工具或杀病毒软件、系统防火墙的保护功能所致。具体地说，在 BIOS 中打开了防病毒功能，或者有的杀毒软件在安装时智能化地打开了BIOS中的防病毒功能，由于Windows安装时会向硬盘的主引导区写入数据，打开防病毒功能后会导致硬盘的主引导区无法写入任何数据，安装程序当然就无法继续运行。出现此类错误时，应该到原来的操作系统中将这些软件通过“开始”→“设置”→“控制面板”→“添加/删除程序”进行卸载，或进入BIOS将防病毒功能暂时关闭。然后再对系统覆盖或升级。

6．端口与外设故障

这类故障主要涉及串并口、USB端口、键盘、鼠标等设备的故障。

（1）主要的故障现象。

① 键盘和鼠标工作不正常、功能键不起作用。

② 不能打印或在某种操作系统下不能打印。

③ 其他外部设备工作不正常。

④ 串口通信错误（如传输数据报错、丢数据，串口设备识别不到等）。

⑤ 使用USB设备不正常（如USB硬盘带不动，不能接多个USB设备等）。

（2）故障涉及的部件。

装有相应端口的部件（如主板）、电源、连接电缆、BIOS中的设置。

（3）检查要点。

设备数据电缆接口是否与主机连接良好、针脚是否有弯曲、缺失、短接等现象。

① 对于一些品牌的USB硬盘，最好使用外接电源以使其更好地工作。

② 连接端口及相关控制电路是否有变形、变色现象。

③ 连接用的电缆是否与所要连接的设备匹配。

④ 外接设备的电源适配器是否与设备匹配。

⑤ 检查外接设备是否可加电（包括自带电源和从主机信号端口取电）。

⑥ 检测其在纯DOS下是否可正常工作。如果不能工作，应先检查线缆或更换外设及主板；如果外接设备有自检等功能，可先行检验其是否完好；也可将外接设备接至其他机器检测。

（4）故障判断要点。

① 尽可能简化系统，无关的外设先去掉。

② 端口设置检查（BIOS和操作系统两方面）。

- 检查主板BIOS设置是否正确，端口是否打开，工作模式是否正确。
- 通过更新BIOS、更换不同品牌或不同芯片组主板，测试是否存在兼容问题。
- 检查系统中相应端口是否有资源冲突。接在端口上的外设驱动是否安装，其设备属性是否与外接设备相适应。在设置正确的情况下，检测相应的硬件——主板等。
- 检查端口是否可在DOS环境下使用，可通过接一外设或用下面介绍的端口检测工具进行检查。
- 对于串、并口等端口，需使用相应端口的专用短路环，配以相应的检测程序（推荐使用AMI）进行检查。如果检测出错误，则应更换相应的硬件。
- 检查在一些应用软件中是否有不当的设置，导致一些外设在此应用下工作不正常。如在一些应用下，设置了不当的热键组合，会使某些键不能正常工作。

③ 设备及驱动程序检查。

- 驱动重新安装时优先使用设备驱动自带的卸载程序。
- 检查设备软件设置是否与实际使用的端口相对应，如USB打印机要设置USB端口输出。

- USB 设备、驱动、应用软件的安装顺序要严格按照使用说明操作。
- 外设的驱动程序，最好使用较新的版本，并可到厂商的网站上去升级。

（5）实例。

故障现象：主板 COM 口或并行口、IDE 口失灵。

故障分析与处理办法：这种情况一般是由于用户带电插拔相关硬件造成的。可以用多功能卡代替。在代替之前，必须先禁止主板上自带的 COM 口与并行口，注意有的主板连 IDE 口都要禁止，方能正常使用。

故障现象：主板上键盘接口不能使用，接上一副好键盘并开机自检时，出现提示“Keyboard Interface Error”后死机，拔下键盘，重新插入后又能正常启动系统，使用一段时间后键盘无反应。

故障分析与处理办法：多次插拔键盘，引起主板键盘接口松动。拆下主板用电烙铁重新焊接即可。如果带电插拔键盘，引起主板上一个保险电阻断了（在主板上标记为 Fn 的电阻器），换上一个 1Ω/0.5W 的电阻即可。

故障现象：集成在主板上的显示适配器故障。有一台长城计算机，开机响 8 声，确定是显示适配器故障。打开机箱发现显示适配器集成在主板上，又无主板说明书。

故障分析与处理办法：开机后响几声，大多数是主板内存没插好或显示适配器故障。仔细查看主板上的跳线标示，屏蔽掉主板上集成的显示设备，有些主板需要通过 CMOS 设置来禁止主板上集成的显卡。然后在扩展槽上插上好的显卡即可。

故障现象：主板上的打印机并口损坏。486 以上的计算机，打印机并口大多集成在主板上，容易发生这类故障，造成不能打印。

故障分析与处理办法：带电插拔打印机信号电缆线，最容易引起主板上并口损坏。检查打印机是否支持 DOS 打印，在纯 DOS 状态下，使用 DIR>PRN（只对针式打印机和部分激光、喷墨打印机有效），查看打印是否正常；查看主板说明书，通过“禁止或允许主板上并口功能”相关跳线，设置“屏蔽”主板上并口功能（或者通过 CMOS 设置来屏蔽），然后在 ISA 扩展槽中加上一块多功能卡即可。

故障现象：主板上软/硬盘控制器损坏。

故障分析与处理办法：从 486 开始，大多数主板均集成了软/硬盘控制器，控制器损坏大多是带电插拔造成的。针对以下情况，分别处理。

如果是软盘控制器损坏，可以更改主板上跳线或 CMOS 设置，加一块多功能卡即可修复。

如果是硬盘控制器坏时，要视硬盘大小而定。假如所接硬盘小于 528MB，加一块多功能卡即可；假如所接硬盘大于 528MB，需要更新主板 BIOS，或者利用相关的软件进行设置。

故障现象：IDE 接线错误，找不到硬盘。一台 40GB 主机，在一次双硬盘对拷后，重新连接主硬盘并开机，机器提示找不到任何 IDE 设备，找不到硬盘也无法进入 Windows XP。重启进入 CMOS 设置程序后，发现检测不到任何 IDE 设备，换另外硬盘也检测不到。

故障分析与处理办法：此类故障经常发生。假如不是硬盘本身损坏，主板的 IDE 线接错或者 IDE 口损坏可以导致此类故障。另外，挂硬盘时，如果没有及时更改跳线，也会出现类似情况。经查本例是 IDE 接线错误造成的，ATA/100 硬盘线的 Slave 口接在了硬盘上。更换为 Master 接口即可。

7．音、视频类故障

与多媒体播放、制作有关的软硬件故障。

（1）故障现象。

① 播放 CD、VCD 或 DVD 等报错、死机。

② 播放多媒体软件时，有图像无声音或无图像有声音。

③ 播放声音时有杂音、声音异常、无声。

④ 声音过小或过大，且不能调节。

⑤ 不能录音、播放的录音杂音很大或声音较小。

⑥ 设备安装异常。

（2）故障涉及的部件。

音/视频板卡或设备、主板、内存、光驱、磁盘介质、机箱等。

（3）检查要点。

① 检查设备电源、数据线连接是否正确，插头是否完全插好，如音箱、视频盒的音/视频连线等；开关是否开启；音箱的音量是否调整到适当大小。

② 操作方法是否正确。

③ 周围使用环境，有无大功率干扰设备。

④ 检查主板 BIOS 设置是否被调整，应先将设置恢复为出厂状态，特别检查 CPU、内存是否被超频。

（4）故障判断要点。

① 对声音类故障（无声、噪声、单声道等），首先确认音箱是否有故障，方法是：可以将音箱连接到其他音源（如录音机、随身听）上检测声音输出是否正常，此时可以判定音箱是否有故障。

② 检查是否由于未安装相应的插件或补丁，造成多媒体功能工作不正常。

③ 对多媒体播放、制作类故障，如果故障是在不同的播放器下、播放不同的多媒体文件时均复现，则应检查相关的系统设置（如声音设置、光驱属性设置、声卡驱动及设置），乃至检查相关的硬件是否有故障。

④ 如果是在特定的播放器下才有故障，在其他播放器下正常，应从有问题的播放器软件着手，检查软件设置是否正确，是否能支持被播放文件的格式。可以重新安装或升级软件后，看故障是否排除。

⑤ 如果故障是在重装系统、更换板卡、用系统恢复盘恢复系统或使用一键恢复等情况下出现，应首先从板卡驱动安装入手，检查驱动是否与相应设备匹配等。

⑥ 对于视频输入、输出相关的故障，应首先检查视频应用软件采用的信号制式设定是否正确，即应该与信号源（如有线电视信号）、信号终端（电视等）采用相同的制式。中国地区普遍为 PAL 制式。进行视频导入时，应注意视频导入软件和声卡的音频输入设置是否相符，如软件中音频输入为 MIC，则音频线接声卡的 MIC 口，且声卡的音频输入设置为 MIC。

⑦ 仅从光驱读取多媒体文件时出现故障，如播放 DVD/VCD 速度慢、不连贯等，先检查光驱的传输模式，应设为“DMA”方式。

⑧ 检查有无第三方的软件，干扰系统的音视频功能的正常使用。另外，杀毒软件会引起播放 DVD/VCD 速度慢、不连贯等（如瑞星等，应关闭）。

⑨ 软件检查。

- 检查系统中是否有病毒。
- 声音/音频属性设置：音量的设定，是否使用数字音频等。
- 视频设置：视频属性中分辨率和色彩深度。
- 检查 Direct X 的版本，安装最新的 Direct X。同时使用其提供的 Dxdiag.exe 程序，对声卡设备进行检查。
- 设备驱动检查：在 Windows 的“系统→设备管理”中，检查多媒体相关的设备（显卡、声卡、视频卡等）是否正常，即不应存在有“？”或“！”等标识，设备驱动文件应完整。必要时，可卸载驱动再重新安装或进行驱动升级。对于说明书中注明必须手动安装的声卡设备，应按要求删除或直接覆盖安装（此时，不应让系统自动搜索，而是手动在设备列表中选取）。
- 如果用户曾重装过系统，可能在装驱动时没有按正确步骤操作（如重启动等），导致系统显示设备正常，但实际驱动并没有正确工作。此时应为用户重装驱动。
- 用系统恢复盘恢复系统或使用一键恢复后，有时出现系统识别的设备不是用户实际使用的设备，而且在 Windows 的“系统→设备管理”中不报错。这时，必须仔细核对设备名称是否与实际的设备一致，不一致则重装驱动（如更换过可替换的主板后，声卡芯片与原来的不一致）。
- 重装驱动仍不能排除故障，应检查是否有更新的驱动版本，进行驱动升级或安装补丁程序。

⑩ 硬件检查。

用替换法检查与故障直接关联的板卡、设备、连接线、跳线，如声卡、显卡、音箱、主板上的音频接口跳线。

（5）实例。

故障现象：一台计算机的主板集成了 AD1881A 声卡，安装了几次驱动程序，总是不能使用，请问是声卡的问题还是安装的驱动有问题？

故障分析与处理办法：即使采用相同的 AD1881A 音效芯片，但某些主板使用某些版本的驱动程序时仍有不兼容的情况发生，而且如果在安装新驱动时没有将旧版本驱动卸载的话，两者还会经常发生冲突，导致声卡无法正常工作。因此，建议多下载几个版本的 SOUNDMAX 驱动进行安装，如果不兼容就换用其他版本。在这里需要提醒，并不是版本越新其兼容性就越好，有时恰恰相反。另外安装新版本驱动时，一定要将旧版本的驱动程序卸载后再进行安装，否则易出现驱动程序冲突的问题。

5.3 系统环境的优化与安全

5.3.1 系统启动优化

刚安装好的操作系统运行是相当稳定的，但是这不意味着我们新安装的操作系统处于最佳状态，里面还存在着用户不必使用的设置。而随着计算机的使用时间越长，磁盘中的文件就越来越多，从而影响了计算机的运行速度，因此我们需要对系统环境进行优化设置，以便获得更佳的操作环境。

1．合理进行硬盘分区，提升系统运行速度

现在计算机的硬盘容量都比较大，如何进行合理分区使其得到充分的应用，是我们在使用硬盘时需要考虑的。在分区的时候我们应考虑将硬盘按系统、软件、资料和备份四大类进行分区。以500GB硬盘为例，每个操作系统各占用一个约50GB的分区、个人文档区占50GB左右、软件存放区100GB、娱乐区250GB，资料备份区50GB。操作系统所占分区无须太大，有50GB左右足以安装系统及应用软件；个人文档区则可用来存放“我的文档”、“IE临时文件夹”、“TEMP（系统临时文件夹）”以及虚拟内存文件。虚拟内存文件、TEMP、IE文件夹都可以两个系统共用。此外，像QQ、Foxmail、优化大师等应用软件也可安装在此分区中，只需在一个系统中安装一次即可实现共用，减少了垃圾文件的产生。操作系统及个人文档分区均采用NTFS模式，这样可以保证系统的安全性。合理的硬盘分区可以方便文档的管理，减少了垃圾文件的产生，提升系统的运行速度。

2．减少系统启动时的时间

（1）窗口转换更快速。

Windows 7绚丽的效果的确美观，但漂亮的效果需要拿速度来交换，因此如果想要Windows 7中的各个窗口切换得更快速，那就关闭窗口最大、最小化的动画效果，你会发现窗口切换得更快了。

操作方法：首先在Windows 7开始菜单处输入“SystemPropertiesPerformance”，然后找到视觉效果（Visual Effects）标签，去掉其中“最大化和最小化时动态显示窗口（Animate windows when minimizing and maximising）”选项的勾选点，之后确定就完成了。

（2）减少Windows 7系统启动时间。

其实使用过Windows 7系统的用户也许都感觉到了它的启动速度快了不少，但是我们觉得现在速度根本还不能显示出多核CPU电脑的优势，那我们可以让它更快一点。

操作方法：首先在开始菜单处输入“msconfig”，接下来将弹出一个设置窗口，找到“Boot”标签，然后选中高级选项“Advanced options…”。这时又会弹出另一个设置窗口，勾选上“处理器数量（Number of processors）”，在下拉菜单中按照自己的电脑配置进行选择，现在双核比较常见，当然也有4核，8核……就这样确定后重启电脑生效。

（3）加快Windows 7关机速度。

上面讲了如何加快Windows 7的启动速度，既然启动时间能降低，相对应的关机时间同样能减少。这项修改需要在注册表中进行。

操作方法：还是在系统开始菜单处输入“regedit”，回车，打开注册表管理器，然后找到键值“HKEY_LOCAL_MACHINE→SYSTEM→CurrentControl→SetControl”，鼠标右键单击“WaitToKillServiceTimeOut”，将数值修改到很低，一般默认是12 000（代表12秒），这是在关机时Windows等待进程结束的时间，如果你不愿意等待可以把这个时间值改小，任意值都可以，修改完成后也需要重启电脑才能生效。

（4）删除多余的字体。

以上的那些修改有些用户可能有点不敢下手，但是这一项操作你绝对不用手软。Windows系统中的字体，特别是TrueType默认字体将占用一部分系统资源。你只需保留自己日常所需的字体即可，其余的对你来说没有一点用处。

操作办法：打开控制面板，找到字体文件夹，然后可以把自己不需要经常使用的字体都移到另外一个备份起来的临时文件夹中，以便日后你想使用时可以方便找回。如果你觉得自己不会再使用这些字体，不必备份，那完全卸载了也可以。总之，你卸载的字体越多，空闲出来的系统资源也就越多，Windows 7 系统整体性能当然也就提高了。

（5）关闭搜索列表特性。

如果你是一个从不丢三落四的人，随时都清楚地知道自己的文件放在何处，那么搜索列表这个特性对你来说几乎是完全没用的，而且它还会占用你宝贵的系统资源，不如关掉。

操作方法：打开系统的开始菜单，键入“services.msc”，找到“Windows Search”并右键单击，然后选择“停止”关闭此功能即可。

（6）更快的工具栏。

任务栏缩略图预览功能是 Windows 7 系统新加入的一个超酷的特性，如果你想让任务栏预览显示更快速，还是需要从注册表着手。

更快的任务栏预览操作方法：在开始菜单中输入“regedit”命令后回车，打开注册表，然后寻找键值“HKEY_CURRENT_USER→Software→Microsoft→Windows→CurrentVersion→Explorer→Advanced”，鼠标右键点选高级设置“Advanced”，再选中“New DWORD”，进入“ThumbnailLivePreviewHoverTime”数值，右键点选该项，选择“Modify”修改，下面就可以选择十进制计数制，输入一个新值，单位为毫秒。

比如，输入 200 那就表示 0.2 秒，总之你可以按照个人想要的速度来设置，确认后需要重启电脑才会生效。

（7）关闭系统声音。

在进行这项操作之前，你还是先想想系统声音对自己来说是否有用，如果确定没有用那我们就动手吧，关闭系统声音同样可以释放一些系统资源。

操作方法：在系统开始菜单处输入“mmsys.cpl”，单击声音管理（Sounds）标签，然后在声音方案下选择“（No Sounds）删除”选项就能关闭系统声音了。

（8）管理好自己的系统启动项。

之前虽然介绍了加速 Windows 7 启动的方法给大家，可是有一点众所周知，系统的启动项程序越多自然也就越花费时间，同时也占用不少系统资源。因此很多 PC 用户都利用各种系统优化工具来清理一些不必要随机启动的应用程序。其实很多程序的确没有必要随 Windows 一起启动，需要使用时你再运行即可。

这里介绍的操作方法不需要借助系统优化工具软件，直接在系统开始菜单处键入“msconfig”，回车，马上将弹出一个设置窗口，单击“（startup）启动”标签后就能在下面的列表中看见自己电脑开机启动项中的所有进程，你不认识的可以不要动，但是像一些影音播放软件、下载工具、图像处理工具等是可以自己分辨出来的，将这些程序统统从系统启动项中移除，开机时你将发现速度大大提高，但是注意不要移除杀毒软件。

（9）不使用 Aero 主题。

Windows 7 系统中提供的 Aero 主题也是很占用系统资源的，如果想要系统速度快一些，那么很有必要不使用该主题。

更改 Windows 7 外观操作方法：鼠标右键单击桌面，选择“（Personalise）个性化”，选“属性”然后选择“（Window Color）窗口颜色”标签，然后不要勾选“Enable Transparency”这项，单击“Open classic appearance 实现颜色混合器（properties for more color options）”，接下来随便选择一个标准主题就可以了。

（10）隐藏 Windows 7 服务项。

Windows 7 操作系统中的一些服务项会占用过多的内存，如果不使用这些服务就浪费了系统的资源。最好的办法是能够完全明白每一项服务后进行调整设置，不过这对计算机初级用户来说也许有些难度，建议放弃这项优化。操作方法：打开 Windows 7 的控制面板，单击“Administrative Tools”，然后选择“Services”。右键依次点击每个服务进行设置，这项操作请一定小心进行，最好能多听听 Windows 的建议。

5.3.2 系统性能优化

随着计算机使用时间的增加，磁盘上的文件也会越来越多。同时无用的临时文件、工作文件、一些不常用的功能不仅占用硬盘空间，还会影响访问磁盘的速度。所以我们要对磁盘中的垃圾文件及时进行清理，关闭一些不常用的功能，这样才能使磁盘正常运行。

1．清除系统垃圾文件

Windows 7 操作系统为了提供更好的性能，往往会采用建立临时文件的方式加速数据的存取。如果这些临时文件没有定期清理，就会耗费大量的硬盘空间，影响计算机的整体系统性能，所以我们有必要定期对临时文件进行清理。

手工清除系统垃圾文件，包括清除系统分区中的文件、删除 Windows 7 中无用的输入法、删除 Windows 7 的帮助文件、清除 Internet 残留文件、卸载不用的组件和不用的程序等。

（1）定期清除系统分区中的文件。

垃圾文件的名称一般为 *.bak、*.??、*.chk、*.fts、*.tmp、*.old、*.xlk。这些都是系统或软件运行产生的临时文件。随着计算机使用时间的增加，垃圾文件占用的磁盘空间也会越来越大，越来越影响计算机的速度，所以我们应及时对垃圾文件进行清理。操作过程如下：单击“开始”→“搜索”→“在文件和文件夹”。在打开的“搜索结果”窗口中单击左侧“搜索助理”一栏中的“所有文件和文件夹”选项，在“全部或部分文件名”文本框中输入要搜索的文件，例如输入“*.old”，然后在“在这里寻找”下拉列表框中选择“我的电脑”选项，单击“搜索”按钮，稍等一会儿就会将文件查找出来，再将查找出来的的文件删除即可。

（2）删除 Windows 7 的帮助文件。

在使用 Windows 7 的初期，系统的帮助功能是非常有用的，但随着我们对系统越来越熟悉，帮助文件也就越来越多余，此时我们可以将其删除。Windows 7 的帮助文件均储存在系统安装目录下的 Help 文件夹下，可将其下的文件及目录全部删掉。

（3）删除系统的安装备份文件。

Windows 7 安装完成后会自动备份文件，打开“计算机”，右击系统盘（通常是 C 盘）→选取“属性”，单击弹出窗口中的“常规”→“清理磁盘”，清理磁盘程序计算可清除多少磁盘空间后，会弹出一个窗口，该窗口上列出“要删除的文件”列表，检查该列表，若已经列出 Windows7 SP1 备份文件和安装 SP1 时清理出来的多余文件，勾选它们，若没有列出，可单击该窗口左下方的“清理系统文件”，一阵计算之后，重新弹出的磁盘清理窗口要删除的文件列表里肯定会列出上述两类文件，勾选它们后单击“确定”按钮，磁盘清理系统即会清理以上文件。

（4）删除 Windows 中无用输入法。

Windows7 系统自带的输入法存放在 Windows\ime 文件夹下，共占用大约 80MB 的空间。如果不用这些输入法，建议清除，因为不用的输入法既占用磁盘空间，又影响系统的运行速度。我们可以对这些不合适自己使用的输入法进行有选择的删除。操作过程如下：在任务栏上输入法右击，选择 “设置”命令，在打开的“文字服务和输入语言”对话框中的“已安装的服务”列表框中，选中多余的输入法，单击“删除”按钮，就可以将多余的输入法删除。设置完毕后，单击“确定”按钮。或者在“我的电脑”窗口中，打开的 Windows\ime 文件夹，在该文件夹中我们可以将相应的输入法文件夹及文件删除。

（5）删除 windows 强加的附件。

用记事本打开“Windows→inf→sysoc.inf”（先将文件复制一个作为备用），用查找/替换功能，在查找框中输入，“HIDE”（一个英文逗号紧跟 HIDE），将“替换为”框设为空，并选全部替换，这样，就把所有的，“HIDE”都去掉了。保存并退出，再运行“添加→删除程序”，就会看见“添加/删除 WINDOWS 组件”中多出了好几个选项，这样就可以删除那些没有用的附件。

（6）清除 Internet 残留文件。

当我们每次上网浏览时，硬盘中就会残留下和站点相关的临时文件。日积月累，这些文件就会占据大量的硬盘空间，需要及时把无用的 Internet 残留文件清除，释放硬盘空间。操作过程如下：在 IE 浏览器中运行“工具”→“Internet 选项“命令，然后切换到“常规”标签，在“Internet 临时文件”区域中，单击“删除文件”按钮，就能够将硬盘中的临时文件全部清理出去了。

2．关闭不需要的功能

在 Windows7 系统中，有一些我们平时很少使用的功能。例如计算机的休眠功能、自动更新功能、系统错误发送功能等。可以关闭这些不需要的功能，从而可以释放磁盘空间。下面我们对这些内容进行详细介绍。

（1）关闭计算机的休眠功能。

系统休眠功能是指在计算机休眠时，将内存中的所有信息保存到硬盘中，退出休眠时，又会恢复到原来的状态。但该功能占用的硬盘空间较大，可以取消该功能，节省系统盘空间。操作过程如下：打开“控制面板”→“系统安全”→“电源选项”，在弹出的“更改计算机睡眠时间”对话框中的 “使计算机进入睡眠状态”选项卡中选择“从不”复选框即可。

（2）关闭系统错误发送功能。

在 Windows7 下，运行注册表编辑器，依次定位到 HKEY_CURRENT_USER→Software→Microsoft→Windows→Windows Error Reporting，在右侧窗口中找到并双击打开 DontshowUI，然后在弹出的窗口中将默认值“0”修改为“1”。

（3）关闭系统还原。

系统还原功能使用的时间一长，就会占用大量的硬盘空间，因此有必要对其进行手工设置，以减少硬盘占用量。首先在开始菜单处输入“msconfig”，在打开的组策略编辑器窗口中依次选择“计算机配置→管理模板→系统→系统还原”，在右侧窗口右击“关闭系统还原”，选择“编辑”，在打开的系统还原窗口中选择“已启用”，关闭系统还原。

（4）关闭不常用的服务。

Windows 7 操作系统中，系统启动时会自动为用户添加一些服务，而这些服务并不是系统所必须的。这不仅严重影响了系统的启动速度，还浪费了部分系统资源。所以，完全可以将一些不常用的功能关闭，从而节省系统资源。操作过程如下：打开“控制面板”→“系统和安全”→“Windows Update”，在弹出的窗口中选择“更改设置”，打开 “Windows Update 更新安装方法”对话框，取消“Windows Update”选项。

【注意】在这些服务中，有的服务是 Windows 7 启动或行动所必须的，关闭后会影响系统的正常运行，造成系统崩溃。所以在关闭某项服务前，一定要认真查看窗口左侧的文字说明，确定后再将其禁用。

5.3.3　磁盘维护

当用户在硬盘中删除一些不用的应用程序或文件，或者安装一些新的应用程序时，就会在硬盘上产生越来越多的碎片，系统性能就会明显下降。磁盘维护主要是对磁盘进行清理和磁盘碎片整理，以提高系统的性能。

（1）磁盘清理。

软件在运行中会产生很多临时文件，如果临时文件过多，不仅会占用大量的磁盘空间，同时也会使系统的运行速度变慢，这时就需要清理磁盘中的临时文件，收回硬盘空间供用户利用。操作过程如下。

单击“开始”→“所有程序”→“附件”→“系统工具”→“磁盘清理”，在打开的“选择驱动器”对话框中，选择要清理的磁盘（这里选择 C 盘），单击“确定”，打开“磁盘清理”对话框，在对话框中选择需要清理的文件左侧的复选框，单击“确定”，弹出确认要执行这些操作的对话框，单击“是”，弹出“正在清理不需要的文件”提示对话框，过一会儿就可以将搜索的文件全部清除了。

【注意】在“（C:）的磁盘清理”对话框中选择“其他选项”选项卡，在“Windows 组件”、“安装的程序”和“系统还原”3 个选项组中，单击相应的“清理”按钮即可开始卸载相应的无用组件。

（2）磁盘碎片整理。

系统在配置文件使用磁盘空间时，尽可能配置连续使用的扇区，但使用了一段时间后，由于文件的增删还是会造成磁盘的可用空间不连续，即产生磁盘“碎片”，碎片太多会导致系统运行变慢，所以要定期清理碎片。操作过程如下。

单击“开始”→“程序”→“附件”→“系统工具”→“磁盘碎片整理程序”。在打开的“磁盘碎片整理程序”窗口中选择需要进行碎片整理的分区（这里选择 F 盘）。单击“分析”按钮，再单击“查看报告”按钮，则打开“分析报告”对话框，在该对话框中显示出更详细的卷信息以及最多碎片文件列表。如果需要对碎片进行整理，则单击“碎片整理”按钮，开始对碎片进行整理。整理完毕后，则打开“已完成对碎片整理”提示对话框，单击“查看报告”按钮，则打开“碎片整理报告”对话框，在该对话框中可以查看已整理分区中的碎片整理报告。

【注意】在对磁盘进行碎片整理时，首先要将开机自动执行的软件以及屏幕保护设置禁止，重新启动后再执行碎片整理，否则可能出现异常或整理死机现象。

5.3.4　系统内存优化

Windows 7 对内存的需要很大，有时会出现系统内存不足导致速度缓慢的问题，这是因为在 Windows 7 中加入了很多崭新的功能，这些功能要占用大量的内存。我们可以通过系统设置来决定内存的主要优化对象。

1．内存设置

一般来说，计算机的主要优化对象应该是应用程序。优化应用程序的操作过程如下。

单击“开始”→“控制面板”，打开“控制面板”窗口，选择“系统和安全”，在打开窗口中选择“系统”→“系统高级设置”，在“系统高级设置”窗口中的“高级”选项中的“性能”选项中选择“设置”，打开“性能选项”窗口，在“高级”选项中的“处理器计划”选项中选择“程序”按钮，然后单击“确定”按钮。

2．虚拟内存设置

Windows 系统虚拟内存实际是硬盘上的一个交换文件，当系统物理内存不够用时，为了提高系统运行速度，就将这个交换文件虚拟成内存使用。虚拟内存对 Windows7 操作系统的稳定运行起着非常重要的作用。虚拟内存设置得好坏将直接影响计算机的整体运行性能。

（1）启动磁盘写入缓存。

对磁盘写入缓存进行设置是在设置虚拟内存之前要完成的。操作过程如下：右击“我的电脑”→“属性”。在打开的“系统属性”对话框中，选择“硬件”选项卡。单击“设备管理器”按钮，在打开的“设置管理器”窗口中展开“磁盘驱动器”选项。

右击当前使用的硬盘，从弹出的快捷菜单中选择“属性”。在打开的硬盘属性对话框中选择“策略”选项卡，选中“更好的性能”复选框，单击“确定”按钮即可。

【注意】选择“启用磁盘上的写入缓存”后，将会激活硬盘的写入缓存，从而提高硬盘的读写速度。

（2）对虚拟内存进行调整。

调整虚拟内存的具体操作步骤如下。

单击“开始”→“控制面板”，打开“控制面板”窗口，选择“系统和安全”，在打开窗口中选择“系统”→“系统高级设置”，在“系统高级设置”窗口中的“高级”选项中的“性能”选项中选择“设置”，打开“性能选项”窗口，在“高级”选项中选择“虚拟内存”选项，就打开了“虚拟内存”对话框。在对话框中的“驱动器”列表框中，选择要修改页面文件大小的驱动器。在“所选驱动器的页面文件大小”选项组中，选中“自定义大小”单选按钮，分别在“初始大小”和“最大值”文本框中输入页面文件的大小。单击“设置”按钮，此时所选驱动器页面文件大小的设置生效。最后单击“确定”按钮即可。

5.3.5 系统安全

计算机在经过长时间的使用后，其中肯定保存了大量的重要数据和文件，为了保证文件和数据的安全，我们可以给文件、账户进行加密。

1．系统用户密码设置

当我们和别人共用一台计算机，而我们又不想让别人看到自己的资料时，可以通过在 Windows 7 系统中给自己账户加密码的方法来保护自己的计算机。具体操作步骤如下。

（1）设置 Windows 7 用户账号。

单击“开始”→“控制面板”→“用户账户”→“添加或删除用户账户”，在打开的“选择希望更改的账户”窗口中，选择“创建一个新账户”选项，在打开的“选择一个用户并设置家长控制”窗口中单击 “为新账户键入一个名称”，进入到“命名账户并选择账户类型”窗口，在这里选择“标准账户”并输入新账户名“zhangming”。单击“创建账户”按钮，回到“选择希望更改的账户”窗口中，就可以看到新账户“zhangming”了。

单击新建的“zhangming”账户，再打开“更改 zhangming 的账户”窗口选择“创建密码”，进入到“为 zhangming 的账户创建一个密码”窗口，在该窗口中的“输入一个新密码”和“再次输入密码以确认”文本框中输入一个账户新密码，在“输入一个单词或短语作为密码提示”文本框中输入密码提示语言。单击“创建密码”按钮，此时已为该账户添加了密码。

（2）创建更改 Windows 7 当前用户密码。

如果想更改账户密码，单击新建的“zhangming”账户，则打开“更改 zhangming 的账户”窗口。在该窗口中单击“更改密码”选项。此时则打开“更改 zhangming 的密码”窗口，在该窗口中的“输入一个新密码”和“再次输入密码以确认”文本框中输入一个账户新密码，在“输入一个单词或短语作为密码提示”文本框中输入密码提示语言。单击“创建密码”按钮，此时已为该账户添加了密码。

【注意】在“输入一个新密码”和“再次输入密码以确认”文本框中输入的密码应该是相同的。

（3）设置家长控制账户。

“开始”→“控制面板”→“用户账户和家庭安全”，在打开的“用户账户”窗口中，单击“家长控制”选项组中的“创建一个新账户”选项，在打开的“选择一个用户并设置家长控制”窗口中单击 “为新账户键入一个名称”，在打开文本框中输入新的账户名“zhangxiao”，单击“创建”按钮，在打开的“设置管理员密码”窗口中输入要设置的密码，单击“确定”按钮，再次回到“选择一个用户并设置家长控制”窗口，在这里可以看到 “zhangxiao”账户。

2．启用 Windows7 账户的数据安全功能

（1）双重密码保护的设置。

Windows7 系统自带了一个账户数据安全功能，该功能也可以有效地增强系统的安全性。启用该功能的具体操作步骤如下：

单击“开始”→“运行”命令，在“搜索文件和程序”文本框中输入“syskey”。回车，在打开的“保证 Windows 7 账户数据库的安全”对话框中，单击“更新”按钮，然后在打开的“启动密码”对话框中，单击“密码保护”按钮，在“密码”和“确认”文本框中输入系统启动时需要的密码，然后单击“确定”按钮即可。

【注意】操作系统启动时，在输入用户和密码之前会出现“本台计算机需要密码才能启动，请输入启动密码”的提示信息，这就是我们设置的第一重密码保护。

（2）创建 Windows 7 账户密码启动盘。

在 Windows 7 中提供了修改忘记账号、密码的功能。如果用户在登录时忘记了密码，就可以使用这个功能直接建立一个新密码进行登录。具体操作步骤如下。

单击要创建密码启动盘的账户，进入到“设置管理员密码”窗口，在该窗口中的“输入一个新密码”和“再次输入密码以确认”文本框中输入一个账户密码，在“输入一个单词或短语作为密码提示”文本框中输入密码提示语言。单击“创建密码”按钮，此时已为该账户添加了密码。密码设置完成后，单击“为找回密码做准备”选项，进入到“欢迎进入忘记密码向导”窗口，单击“下一步”，在“忘记密码向导”窗口中的选项框中，选择需要的密码密钥盘（U 盘），单击“下一步”进入到“当前用户账户密码”窗口，在文本框中输入账户密码，单击“下一步”按钮创建就完成了。

（3）Windows BitLocker 驱动器加密，保障文件安全。

Windows BitLocker 驱动器加密是一种全新的安全功能，可以阻止没有授权的用户访问该驱动器下的所有文件，该功能通过加密 Windows 操作系统卷上存储的所有数据，可以更好

地保护计算机中的数据的安全，无论是个人用户，还是企业用户，该功能都非常实用。打开控制面板里的“系统和安全”，选择“BitLocker 驱动器加密”，选择要加密的盘符，单击“启用 BitLocker”，然后会提示正在初始化驱动器，然后设置驱动器加密的密码，单击“下一步”。为了防止忘记密码，还可以设置 BitLocker 恢复密钥文件，最后单击“启动加密”就可以了。这样，如果要访问该磁盘驱动器，则需要输入密码。

3．给文件和文件夹设置密码

我们不仅可以给计算机设置密码，还可以给一些重要的文件或文件夹加密，从而达到更好的保护效果。

（1）利用 Word 自带的加密方法给文档加密。

Word 是我们平时最常用的文字编辑软件，为了避免其他人进行查看自己的文档，我们可以利用 Word 自带的加密功能给文档加密。具体操作步骤如下：打开需要设置密码的 Word 文档，选择“工具”→“选项”命令，在打开的“选项”对话框中选择“安全性”选项卡，在“打开文件时的密码”和“修改文件时的密码”文本框中输入密码，单击“确定”按钮即可。

【注意】“打开文件时的密码”表示打开该文件时所需要的密码，“修改文件时的密码”表示设置了此项后只能以只读的形式打开该文档。

（2）利用 Excel 自带的加密方法给文件电子表格加密。

Excel 是我们平时使用最多的电子表格处理软件，为了避免其他人看到我们电子表格中的数据内容，可以利用 Excel 自带的加密功能给电子表格加密。具体操作步如下：打开需要加密的电子表格，选择“工具”→“选项”命令，在弹出的“选项”对话框中选择“安全性”选项卡，在此选项卡中的“打开权限密码”和“修改权限密码”文本框中输入密码，单击“确定”按钮即可，下次启动该电子表格后即可生效。

（3）给压缩文件设置密码。

除了可以给 Word 和 Excel 设置密码之外，我们还可以利用压缩软件给文件打包加密。目前我们常用的压缩文件软件一般是 WinZip 和 WinRAR。这两个软件都带有加密功能，下面就以 WinRAR 为例来介绍一下加密的过程。具体操作步骤如下：打开资源管理器窗口，右键单击需要加密的文件，从弹出的快捷菜单中选择“添加到压缩文件”命令，在打开的“压缩文件名和参数”对话框中，选择“高级”，单击“设置密码”按钮，在打开的“带密码压缩”对话框的“输入密码”和“再次输入密码以确认”文本框中输入密码，单击“确定”按钮，返回到“压缩文件名和参数”对话框中，单击“确定”按钮，打开“正在创建压缩文件”对话框。在该对话框中可经看到压缩的进行，压缩完毕后，再需要查看该压缩文件时只有输入密码才可以查看。

5.4 计算机系统的数据备份与恢复

计算机在日常的操作过程中，由于兼容性、用户误操作等原因，往往会发生数据和程序的损坏。因此，平时要将自己的数据备份好，这样当发生意外时，利用备份可以减少损失。计算机的数据备份就是创建数据的副本。当因误操作或其他原因原始数据被删除或因故障而无法访问时，使用副本可恢复丢失或损坏的数据。

1．Windows 注册表的备份与恢复

Windows 操作系统的核心就是注册表，它直接控制着 Windows 的启动，硬件驱动程序的装载，应用程序的运行，以及硬件的有关配置和状态信息。如果注册表遭到破坏，Windows 在启动过程中会出现异常，严重的可能导致系统瘫痪。因此注册表的维护是非常重要的，应及时对注册表进行备份，并利用在正常工作状态下备份的注册表来恢复发生错误的注册表，从而使系统重新恢复正常的工作。

2．用 Windows 操作系统自带的“备份工具”进行备份与恢复

Windows 操作系统都备有实用的备份工具，下面以 Windows 7 为例。系统还原可在 Windows 7 图形界面下进行，如果进不了图形界面，也可以在命令行模式下进行。

（1）文件的备份。

单击“开始”→“控制面板”→“系统安全”→“备份或还原”菜单项，单击“从备份还原文件”，在打开的“备份或还原”窗口中选择“设置备份”，打开“选择要保存备份的位置”窗口，选择备份目标，单击“下一步”，进入到“您希望备份哪些内容”窗口，有“让 Windows 选择（推荐）”和“让我选择”选项，一般用户通常根据个人的需求选择“让我选择”选项，单击“下一步”，再次确定个人需要备份的内容，单击“下一步”，进入“查看备份位置”，可以看到需要备份的文件和备份文件保存的位置，以及备份的时间，单击“保存设置并运行备份”就可以开始备份了。

（2）文件的还原。

单击“开始”→“控制面板”→“系统安全”→“备份或还原”菜单项，单击“从备份还原文件”，在打开的“备份或还原”窗口中选择“选择要从中还原文件的其他备份”，进入到“还原文件”窗口，在这里可以看到需要备份的文件所在的位置以及备份的位置，单击“下一步”，看到“浏览或搜索要还原的文件和文件夹的备份”，在打开的“备份或还原”窗口中选择“选择要从中还原文件的其他备份”，单击“浏览文件”，在打开的对话框中选择要备份的文件，单击“添加”，此时再次回到“选择要从中还原文件的其他备份”窗口，在这里可以看到添加的需要备份的文件，单击“下一步”，进入到“您想在何处还原”窗口，选择还原位置，单击“还原”就可以了。

（3）在命令行模式下还原系统。

在 Windows 7 启动时按下 F8 键显示启动菜单，在启动菜单中选择“带命令行提示的安全模式”，并以管理员身份登录，在命令行提示符后输入“C:\windows\system32\restore\rstrui”，回车后即可根据屏幕上的向导将系统恢复到正常状态。

3．使用工具软件进行数据备份与恢复

使用 Norton Ghost 就可以备份与恢复操作系统。也可以使用 Disk Genius 进行分区表的备份与恢复。

启动 Disk Genius 后，按 F9 键，或选择“工具”→“备份分区表”，在弹出的对话框中输入文件名，即可备份当前分区表。按 F10 键，或选择“工具”→“恢复分区表”，然后输入已经备份的文件名，Disk Genius 将读入指定的分区表备份文件，并更新屏幕显示，确认无误后，可将备份的分区表恢复到硬盘。

5.5 计算机病毒的防范

随着计算机在社会生活各个领域的广泛运用，计算机病毒攻击与防范技术也在不断拓展。据报道，世界各国遭受计算机病毒感染和攻击的事件已数以亿计，严重地干扰了正常的人类社会生活，给计算机网络和系统带来巨大的潜在威胁和破坏。与此同时，病毒技术在战争领域也曾广泛地运用，在海湾战争、科索沃战争中，双方都曾利用计算机病毒向敌方发起攻击，破坏对方的计算机网络和武器控制系统，达到了一定的政治目的与军事目的。可以预见，随着计算机、网络运用的不断普及和深入，防范计算机病毒将越来越受到各国的重视。

5.5.1 计算机病毒的概念

计算机病毒是一个程序，一段可执行代码。就像生物病毒一样，计算机病毒有独特的复制能力。计算机病毒可以很快地蔓延，又常常难以根除。它们能把自身附着在各种类型的文件上。当文件被复制或从一个用户传送到另一个用户时，它们就随同文件一起蔓延开来。

计算机病毒有以下特点。一是攻击隐蔽性强。病毒可以无声无息地感染计算机系统而不被察觉，待发现时，往往已造成严重后果。二是繁殖能力强。计算机一旦染毒，可以很快“发病”。目前的三维病毒还会产生很多变种。三是传染途径广。通过磁盘、有线和无线网络、硬件设备等多渠道自动侵入计算机中，并不断蔓延。四是潜伏期长。病毒可以长期潜伏在计算机系统内而不发作，待满足一定条件后，就激发破坏。五是破坏力大。计算机病毒一旦发作，轻则干扰系统的正常运行，重则破坏磁盘数据、删除文件，导致整个计算机系统的瘫痪。六是针对性强。计算机病毒的效能可以准确地加以设计，满足不同环境和时机的要求。

5.5.2 计算机病毒的防范

计算机病毒防范，是指通过建立合理的计算机病毒防范体系和制度，及时发现计算机病毒侵入，采取有效的手段阻止计算机病毒的传播和破坏，恢复受影响的计算机系统和数据。

对计算机病毒攻击的防范的对策和方法有如下两种。

（1）建立有效的计算机病毒防护体系。

有效的计算机病毒防护体系应包括多个防护层。一是访问控制层，二是病毒检测层，三是病毒遏制层，四是病毒清除层，五是系统恢复层，六是应急计划层。上述 6 层计算机防护体系，需有有效的硬件和软件技术的支持，如安全设计及规范操作。

（2）严把硬件安全关。

国家的机密信息系统应建立自己的生产企业，生产系统所用的设备和系列产品，实现计算机的国产化、系列化；对引进的计算机系统要在进行安全性检查后才能启用，以预防和限制计算机病毒伺机入侵。

5.5.3 360 杀毒软件的使用

本节主要介绍 360 杀毒软件，通过对 360 杀毒软件的安装、配置及使用功能的讲解，使大家能够对常见的杀毒软件有大体的了解，并能熟练用这些杀毒软件进行防毒、杀毒的操作。

360 杀毒是 360 安全中心出品的一款免费的云安全杀毒软件。360 杀毒具有以下优点：查杀率高、资源占用少、升级迅速等。同时，360 杀毒可以与其他杀毒软件共存，是一个理想的杀毒备选方案。同时 360 杀毒也是一款一次性通过 VB100 认证的国产杀毒软件。

1．安装 360 杀毒软件

首先启动计算机并进入 Windows 7 系统，关闭其他应用程序。

要安装 360 杀毒，首先请到 360 杀毒官方网站 sd.360.cn 下载最新版本的 360 杀毒安装程序。下载完成后，双击运行下载好的安装包，弹出 360 杀毒安装向导。在这一步您可以选择安装路径，建议按照默认设置即可。也可以单击“更换目录”按钮选择安装目录，如图 5.1 所示。之后 360 杀毒软件即会自动安装，简单快捷。

文件复制完成后，会显示安装完成窗口。请单击“完成”，安装完成之后就可以看到全新的 360“云动”杀毒界面，如图 5.2 所示。

图 5.1　安装界面

图 5.2　安装完成界面

2．360 杀毒主程序界面说明

360 杀毒具有实时病毒防护和手动扫描功能，为系统提供全面的安全防护。

360 杀毒提供了 5 种病毒扫描方式。

快速扫描：扫描 Windows 系统目录及 Program Files 目录；

全盘扫描：扫描所有磁盘；

指定扫描：扫描您指定的目录；

右键扫描：当您在文件或文件夹上单击鼠标右键时，可以选择“使用 360 杀毒扫描”对选中文件或文件夹进行扫描；

常用工具栏：帮助您解决电脑上经常遇到的问题。

3．升级 360 杀毒病毒库

360 杀毒具有自动升级功能，如果开启了自动升级功能，360 杀毒会在有升级可用时自动下载并安装升级文件。也可以手动升级病毒库，在杀毒软件的主界面点击“产品升级”标签，然后单击“检查更新”按钮进行更新。升级程序会连接服务器检查是否有可用更新，如果有的话就会下载并安装升级文件，如图 5.3 所示。

图 5.3　升级病毒库

4．处理扫描出的病毒

360 杀毒扫描到病毒后，会首先尝试清除文件所感染的病毒，如果无法清除，则会提示您删除感染病毒的文件。木马和间谍软件由于并不采用感染其他文件的形式，而是其自身即为恶意软件，因此会被直接删除。

在处理过程中，由于情况不同，会有些感染文件无法被处理，请参见表 5.1 下面的说明采用其他方法处理这些文件。

表 5.1　病毒处理操作

错误类型	原　因	建议操作
清除失败（压缩文件）	由于感染病毒的文件存在于 360 杀毒无法处理的压缩文档中，因此无法对其中的文件进行病毒清除。360 杀毒对于 RAR、CAB、MSI 及系统备份卷类型的压缩文档目前暂时无法支持	使用针对该类型压缩文档的相关软件将压缩文档解压到一个目录下，然后使用 360 杀毒对该目录下的文件进行扫描及清除，完成后使用相关软件重新压缩成一个压缩文档

续表

错误类型	原　因	建议操作
清除失败（密码保护）	对于有密码保护的文件，360 杀毒无法将其打开进行病毒清理	去除文件的保护密码，然后使用 360 杀毒进行扫描及清除。如果文件不重要，您也可直接删除该文件
清除失败（正被使用）	文件正在被其他应用程序使用，360 杀毒无法清除其中的病毒	退出使用该文件的应用程序，然后使用 360 杀毒重新对其进行扫描清除
删除失败（压缩文件）	由于感染病毒的文件存在于 360 杀毒无法处理的压缩文档中，因此无法对其中的文件进行删除	使用针对该类型压缩文档的相关软件将压缩文档中的病毒文件删除
删除失败（正被使用）	文件正在被其他应用程序使用，360 杀毒无法删除该文件	退出使用该文件的应用程序，然后手工删除该文件
备份失败（文件太大）	由于文件太大，超出了文件恢复区的大小，文件无法被备份到文件恢复区	删除系统盘上的无用程序和数据，增加可用磁盘空间，然后再次尝试。如果文件不重要，也可选择删除文件，不进行备份

本章小结

通过本章的学习，我们了解了计算机的日常维护方法，常见加电类故障、启动与关闭故障、磁盘类故障、显示类故障、安装类故障、端口与外设类故障、音频与视频类故障的检修方法，系统的启动优化、系统的性能优化、磁盘维护、系统内存的优化、系统的安全、环境的优化、数据备份与恢复的方法，以及计算机病毒的防范等方面的内容，这使我们可以掌握计算机基本的维护方法与技能，使计算机系统达到最优化。

习题五

1．填空题

（1）要保证计算机的工作环境，应该考虑的是洁净度、湿度、温度和______。

（2）计算机在工作过程中，不得随意搬动、移动和______，硬盘以免由于震动造成硬盘表面划伤。

（3）启动计算机时应先开稳压电源，待输出稳定后，再开______，最后开主机。

（4）延长光驱寿命的方法就是尽可能减少光驱的______。

（5）硬盘读写时不能______。

2．选择题

（1）以下哪些文件是垃圾文件（　　）。

A. *. tmp　　B. *.doc　　C. *. xls　　D. *. ppt

（2）计算机的工作温度范围是（　　）。

A. 10℃～30℃　　B. 15℃～30℃　　C. 25℃～35℃　　D. 5℃～20℃

（3）软件在运行中会产生很多临时文件，过多临时文件会占用大量的磁盘空间，同时也会使系统的运行速度变慢。此时我们可以利用（　　）功能清理临时文件。

A. 磁盘碎片整理　　　B. 格式化

C. 磁盘清理　　　D. 文件和设置转移向导

（4）计算机的数据备份就是（　　）。当原始数据丢失或损坏时，可以使用副本恢复丢失或损坏的数据。

A. 将数据文件隐藏　　　B. 创建数据的副本

C. 将数据文件存储　　　D. 将数据文件加密

（5）有效的计算机病毒防护体系应包括（　　）个防护层。

A. 3　　B. 5　　C. 5　　D. 6

3．简答题

（1）计算机故障可分为哪些类？

（2）计算机故障的检修原则是什么？

（3）计算机病毒的特点有哪些？

PART 6 第6章 常用工具软件的安装与使用

在日常使用计算机的过程当中，往往会遇到各种问题，而需要利用工具软件满足一些我们对计算机的特殊要求，帮助我们提高计算机的运行效率，增强计算机的处理问题、解决问题能力。本章通过对系统维护软件工具，如360安全卫士，硬盘工具Partition Magic、Norton Ghost，恢复数据文件工具EasyRecovery等工具软件的学习，可使我们对整个计算机系统的维护工作变得轻松自如。

6.1 系统维护软件工具360安全卫士

一般来说，在计算机刚安装好的Windows系统是非常干净的，但并没有处于最佳状态。计算机使用一段时间后，由于软件的安装与卸载及非法删除等原因，注册表中会累积很多错误项和垃圾项，手工清理费时费事，而且不安全，这些日常工作可用系统维护工具来完成。系统工具可在原有操作系统的支持下运行，使用户的计算机系统工作更稳定、效率更高，它能够提供操作系统所不具备的某些功能，或对系统某些功能进行补充和增强。

从桌面到网络，从注册表清理到垃圾文件清除，从黑客病毒扫描到系统信息检测，360安全卫士都能提供全面的解决方案，让计算机系统时刻保持在最佳状态。

360安全卫士提供了多种实用工具，有针对性地帮助用户解决计算机的问题，提高计算机的速度。

1．体检

体检可以使用户快速全面地了解计算机的状态，并且可以提醒用户对计算机做一些必要的维护。如：木马查杀，垃圾清理，漏洞修复等。定期体检可以有效地保持计算机的健康。

体检功能可以全面地检查计算机的各项状况。体检完成后软件会提交一份优化计算机的意见，用户可以根据需要对计算机进行优化也可以便捷地选择一键优化。

点开360安全卫士的界面，体检会自动开始进行。如图6.1所示。

图6.1　360安全卫士的体检

2．木马查杀

利用计算机程序漏洞侵入计算机窃取文件的程序被称为木马。360安全卫士的木马查杀功能可以找出计算机中疑似木马的程序并在取得允许的情况下删除这些程序。木马对计算机危害非常大，可能导致包括支付宝，网络银行在内的重要账户密码丢失。木马的存在还可能导致个人的隐私文件被拷贝或删除，所以及时查杀木马对安全上网来说十分重要。

点击进入360安全卫士木马查杀的界面后，可选择“快速扫描”“全盘扫描”和“自定义扫描”来检查计算机里是否存在木马程序。扫描结束后若出现疑似木马，可以选择删除或加入信任区。如图6.2所示。

图6.2　360安全卫士的木马

3．清理插件

插件是一种遵循一定规范的应用程序接口编写出来的程序。很多软件都有插件，例如在IE中，安装相关的插件后，WEB浏览器能够直接调用插件程序，用于处理特定类型的文件。但过多的插件会拖慢计算机的速度。清理插件功能会检查计算机中安装了哪些插件，用户可以根据需要来选择清理哪些插件，保留哪些插件。

过多的插件会拖慢计算机的速度，而很多插件可能是在用户不知情的情况下安装的，用户有可能并不了解这些插件的用途，也并不需要这些插件。通过定期的清理插件，可以及时地删除这些插件，保证计算机正常的运行速度。点击进入计算机清理界面后，单击“开始扫描”，360 安全卫士就会开始检查计算机。如图 6.3 所示。

图 6.3　360 安全卫士的清理插件

4．修复漏洞

系统漏洞这里是特指 Windows 操作系统在逻辑设计上的缺陷或在编写时产生的错误。系统漏洞可以被不法者或者计算机黑客利用，通过植入木马、病毒等方式来攻击或控制整个计算机，从而窃取计算机中的重要资料和信息，甚至破坏系统。可单击“系统修复”的“漏洞修补”以查看是否有需要修补的漏洞。如图 6.4 所示。检查完后单击“立即修复”。

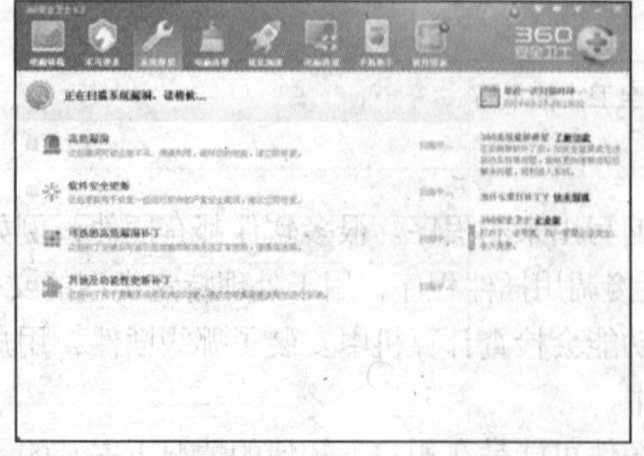

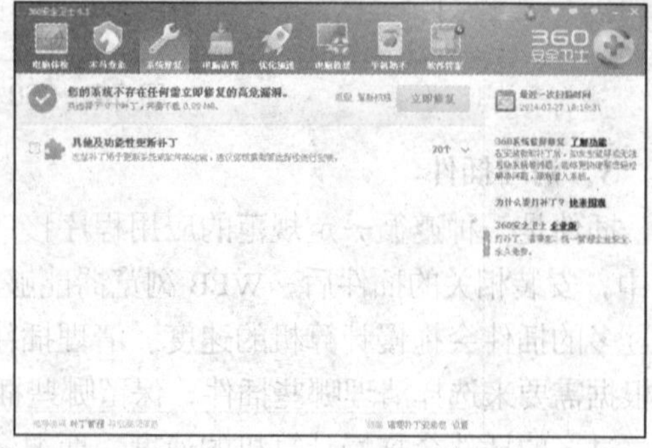

图 6.4　360 安全卫士的漏洞修补

5．系统修复

系统修复可以检查计算机中多个关键位置是否处于正常的状态。

当遇到浏览器主页、开始菜单、桌面图标、文件夹、系统设置等出现异常的情况时，使用系统修复功能，可以帮助用户找出问题出现的原因并修复问题。如图 6.5 所示。

图 6.5　360 安全卫士的系统修复

6．计算机清理

为什么要进行计算机清理？因为计算机会产生垃圾文件。垃圾文件指系统工作时所过滤加载出的剩余数据文件，虽然每个垃圾文件所占系统资源并不多，但是长时间没有清理的话，垃圾文件会越来越多。垃圾文件的堆积会拖慢计算机的运行速度和上网速度，浪费硬盘空间。在 360 安全卫士中，我们可以勾选需要清理的垃圾文件种类并点击“一键清理”。如果不清楚哪些文件该清理，哪些文件不该清理，可点击“自动清理”，让 360 安全卫士来做合理的选择。如图 6.6 所示。

图 6.6　360 安全卫士的垃圾清理

7．计算机门诊

计算机门诊是集成了“上网异常”、“系统图标”、“IE 功能”、“游戏环境”、“常用软件”、“系统综合”6 大系统常见故障的修复工具，可以一键智能解决计算机故障。用户可以根据遇到的问题进行选择修复。

计算机用久了难免会出现一些小故障，比如上不了网、没有声音、软件报错、乱弹广告等现象。而往往一些缺乏经验的用户，即便是遇到这些小问题也会束手无策。为此 360 推出了“计算机门诊”，汇集了各种系统故障的解决方法，免费提供便捷的维修服务。用户只需选择需要解决的问题，即可一键智能修复。对于不愿意多花钱的，或者对计算机不是太了解的菜鸟用户，360 计算机门诊可以说是最好的选择，即使你不懂计算机，也能轻松解决计算机大部分的疑难杂症。 计算机门诊内置在 360 安全卫士中，在“查杀木马”和“系统修复”页面均可找到，进入后只需找到遇到的问题，点击“点此解决”，即可一键修复。

8．优化加速

优化加速可以帮助用户全面优化系统，提升计算机速度，更有专业贴心的人工服务。如图 6.7 所示。

图 6.7　360 优化加速

9．功能大全

① 开机加速：让计算机开机更加快速，运行更加流畅。当计算机的开机速度过慢的时候可以使用此功能。

② 进程管理：可一目了然地看到当前计算机里有哪些程序正在运行，分别占用了你多少 CPU 和内存。让用户可以快捷地关闭一些程序。当计算机运行速度过慢，怀疑有不正常的程序在运行时可以使用。

③ 360 网购保镖：进入网上交易页面的时候，自动扫描可疑程序；自动禁止危险和可疑程序运行；加强聊天传文件、下载保护的程度、拦截虚假网银和交易网站。进行网上交易或

使用网银时推荐使用。

④ 强力卸载软件：直观展示计算机中存在哪些软件。完全卸载选中的软件，不留下任何残余。卸载软件时使用。

⑤ 360 硬件检测：可以全面地检测计算机各部件的性能，实时监控重要部件的运行状况。怀疑计算机硬件存在问题时可以用来检测哪些硬件的运行存在问题。同时长期开启使用可以让你第一时间发现硬件的问题。

⑥ 系统急救箱：360 系统急救箱（原名“顽固木马专杀大全”）是强力查杀木马病毒的系统救援工具，适用于系统紧急救援，各类传统杀毒软件查杀无效的情形；计算机感染木马，导致 360 无法安装或启动的情形。

⑦ C 盘搬家：将放在 C 盘的重要文件一键搬到其他位置。想要释放系统盘空间，保护重要文件不丢失时可使用此功能。

⑧ 系统服务状态：可以直观地展示计算机的后台有哪些程序在“悄悄”运行，并且一键关闭不需要的程序。当计算机过慢、CPU 和内存使用量不正常或网速不正常时，可以使用此项功能，检查并关闭“悄悄”在后台运行占用资源的程序。该功能可以和开机加速、流量监控等功能配合使用。

⑨ 全面诊断：系统全面诊断将扫描系统 191 个容易被恶意程序和木马感染的位置，将这些位置的内容一一列举，并依托庞大的知识库对各项的功能予以解释，现状予以描述。并给出 360 针对该项目的优化建议。

⑩ 360 桌面管理：在一个界面中完全展示你桌面及快速启动栏中的所有图标，并可以实现勾选和一键删除。想要快速地整理桌面和快速启动栏的时候使用这个功能将大大提高效率。

⑪ 360 右键菜单管理：在一个界面中完全展示 IE 右键菜单、文件右键菜单的项目并实现勾选后一键删除。当右键项目过多需要清理时使用。

⑫ 360 游戏优化器：集合了各项可提高游戏运行速度的功能，非常方便地为游戏而优化计算机。觉得玩游戏很卡，想要在不升级硬件的情况下尽可能地达到最优的游戏效果时，可使用此功能。

⑬ 摄像头保护：当摄像头被开启时给出提示。建议在使用有摄像头的计算机时保持开启。

⑭ 默认软件设置：在一个界面中集合浏览器、输入法、视频播放器、音乐播放器、看图软件、邮件客户端的默认项目设置，方便用户按照自己的意愿设置默认项目。想调整相关默认项目的时候可以使用该功能

⑮ 文件粉粹机：彻底粉碎顽固文件并阻止其再次生成。当无法删除某个文件，或某文件总是在删除后再生时使用。

⑯ 一键装机：在一个界面中推荐一般计算机上网所需的软件，实现勾选后一键下载。新机刚开始使用或重装系统后用来下载常用软件很方便。

⑰ 隐私保护器：在一个界面中集成了保护隐私的常用功能，全面保护你的隐私，建议定期使用。

⑱ 修复网络（LSP）：将 LSP 协议恢复到 Windows 的默认状态。当网络连接异常时可以使用。

⑲ 流量监控：集成了流量管理、网速保护和网络连接查看以及网速测试功能，实现实时监控网络流量状况、限制上传速度以及针对不同需求（看网页、下载、游戏等）调整流量分配比例。觉得网速异常时可以使用；同时想获得更好的网页打开速度或者更好的游戏速度时

也可以使用。

⑳ 文件恢复：360 文件恢复可以快速从硬盘、U 盘、SD 卡等磁盘设备中恢复被误删除的文件。

㉑ 360 计算机技术：有专业的技术人员提供一对一的帮助，解决计算机的顽固问题。

10．木马防火墙

全方位地保护计算机不被木马入侵。木马的入侵会造成计算机被控制、隐私资料被窃取等很严重的后果。开启木马防火墙可以保证计算机不被木马侵害。

11．软件管家

软件管家聚合了众多安全优质的软件，可以方便、安全地下载。软件管家还提供了“开机加速”和“卸载软件”的便捷入口。

6.2 硬 盘 工 具

6.2.1 Partition Magic

PowerQuest Partition Magic 是硬盘分区管理工具 Partition Magic 的最新版本。其最大特点是允许在不损失硬盘中原有数据的前提下，对硬盘进行重新设置分区、分区格式化，以及复制、移动、格式转换和更改硬盘分区大小，隐藏硬盘分区及多操作系统启动设置等操作，是目前应用最为广泛的分区工具之一。

1．Partition Magic 与 Fdisk 相比具有以下特点

① 数据无损分区：可以对现有的分区进行合并、分割、复制调整等，不破坏原有的数据。

② 多主分区格式：可以是 FAT16、FAT32 等 DOS 主分区，也可以是 NTFS、Linux 等非 DOS 主分区。

③ 分区格式转换：支持 FAT16、FAT32 格式转换为 NTFS 格式，也支持 NTFS 转换为 FAT16、FAT32 格式。

④ 格式化分区：分区后可以直接进行格式化。

⑤ 分区隐藏：可将分区隐藏起来。

⑥ 分区簇调整：通过手动可将分区簇调整为 4KB、2KB、1KB、512B，以减少空间的浪费。

⑦ 多系统引导功能：可以通过 Boot Magic 建立多系统引导。

⑧ 修改盘符功能：利用 Partition Magic 修改盘符顺序，解决一些系统下盘符交错的问题。

2．Partition Magic 的使用

（1）分区调整。

① 调整某一分区容量（Resize partitions）。

单击向导图标“调整分区的容量”，弹出如图 6.8 所示“调整分区的容量”对话框。选择“下一步”，出现“选择分区”对话框，如图 6.9 所示。

按向导提示选择需要调整的分区（如 C 分区）、欲调整容量的分区（如调整为 1500MB，必须在系统提示范围之内），接着要求选择其他被调整的分区。假如选择了 D、E 分区，C 分区被减小的容量会被系统自动按比例增加到这两个分区。

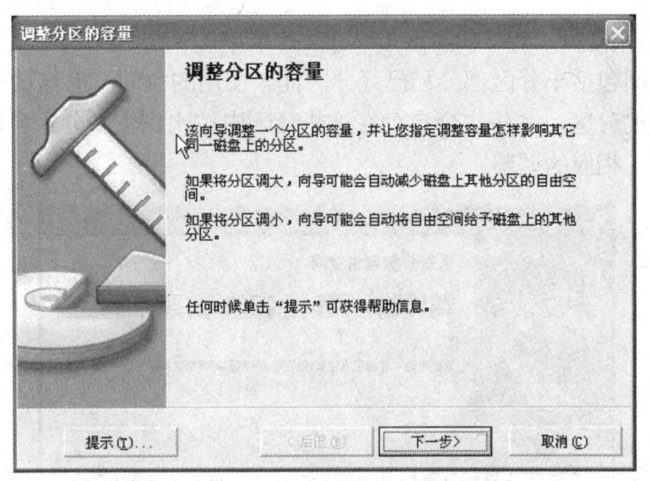

图 6.8　调整分区的容量

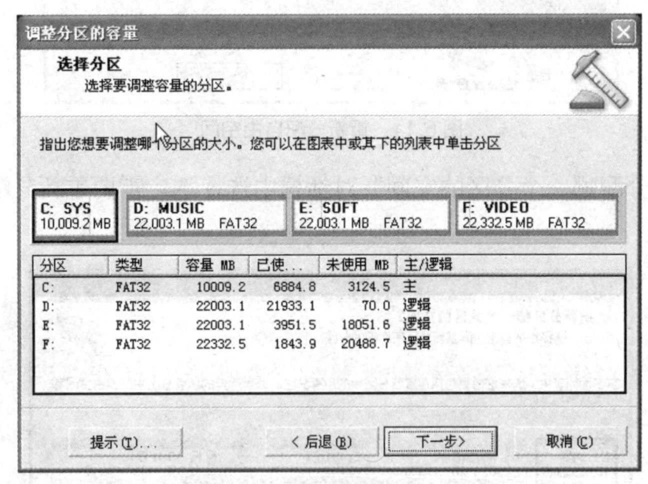

图 6.9　选择调整分区

随后在如图 6.10 所示的“确认分区调整容量”对话框中，可以通过对比清楚地看到调整后的容量变化。

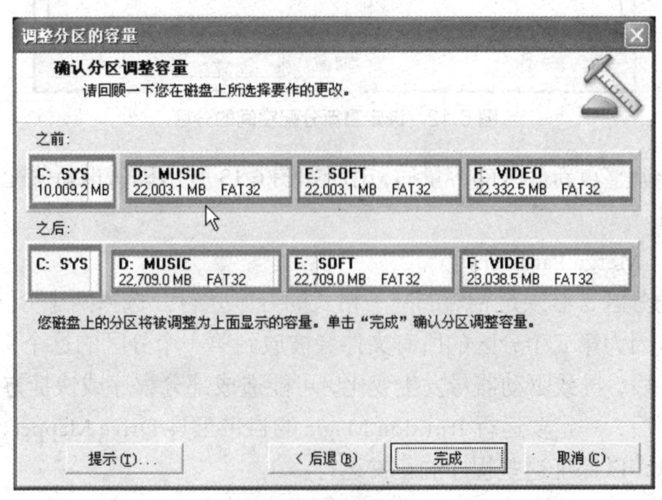

图 6.10　确认调整分区

② 重新分配自由空间（Redistribute free space）。

这里的自由空间包括未分区部分和已经分区而未使用的空间。操作过程同上，如图 6.11 所示。选择被分配的分区，系统也会自动在这些分区中按比例重新分配自由空间，当然所牵涉的分区容量也做了相应的调整。

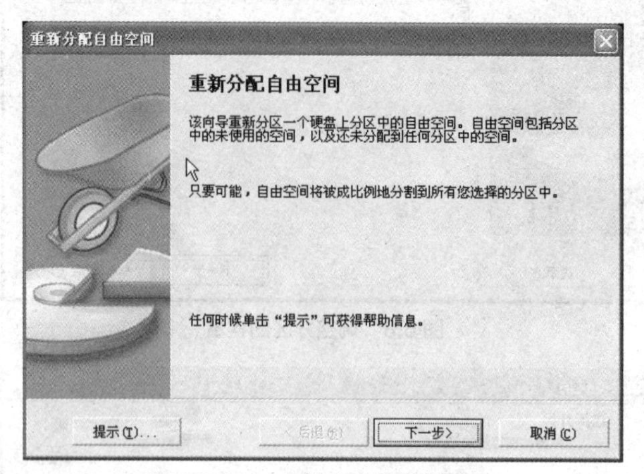

图 6.11　重新分配自由空间

接着在“重新分配哪一个分区的空间”对话框中选择选定需要重新分配空间的分区，如图 6.12 所示。

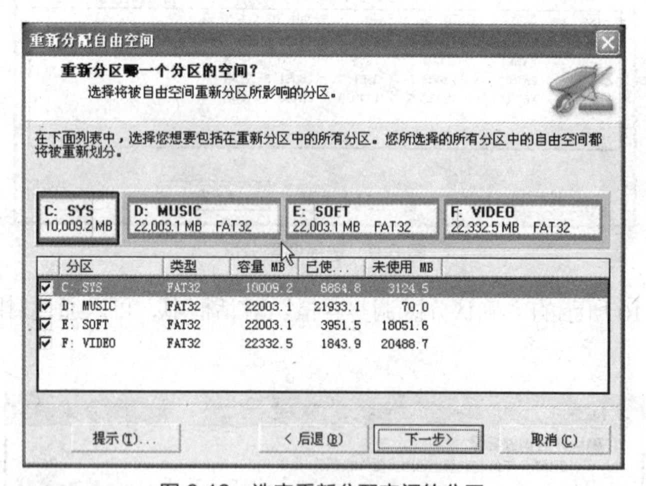

图 6.12　选定重新分配空间的分区

按照提示向导调整重新分区的容量后，出现如图 6.13 所示确认重新分配自由空间对话框，以确认分区的容量。

③ 合并分区（Merge Partitions）。

两个欲合并的分区，必须是相邻的同一格式的分区才行。选择两个分区后，系统提示输入一个文件夹名，因为第二个分区的所有文件会被放到第一个分区的这个文件夹中。

由于分区合并后，导致驱动器号发生变化，可能造成部分程序或快捷方式无法正常使用，所以在合并完分区后，一定要运行 Partition Magic 的自带工具 Drive Mapper，让系统自动搜索并且修改有关信息，以保证这些程序的正常运行。

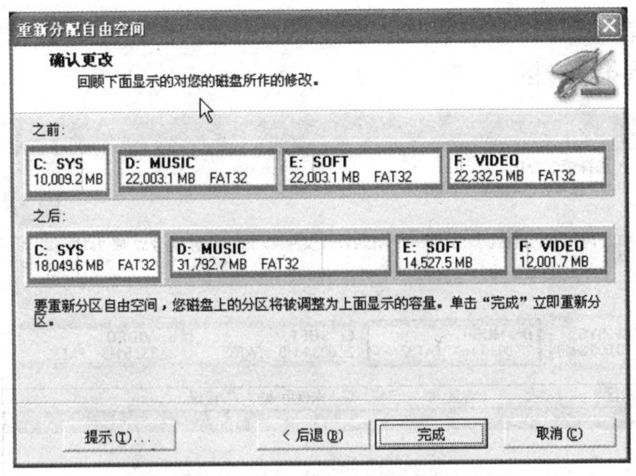

图 6.13　确认重新分配自由空间

单击向导图标“合并分区”，出现如图 6.14 所示的“合并分区”对话框。

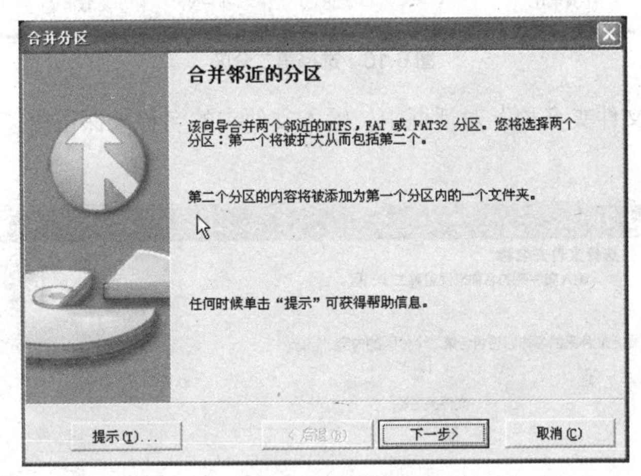

图 6.14　合并分区

接着出现“选择第一分区”对话框，如图 6.15 所示，在此选择要合并的第一分区。

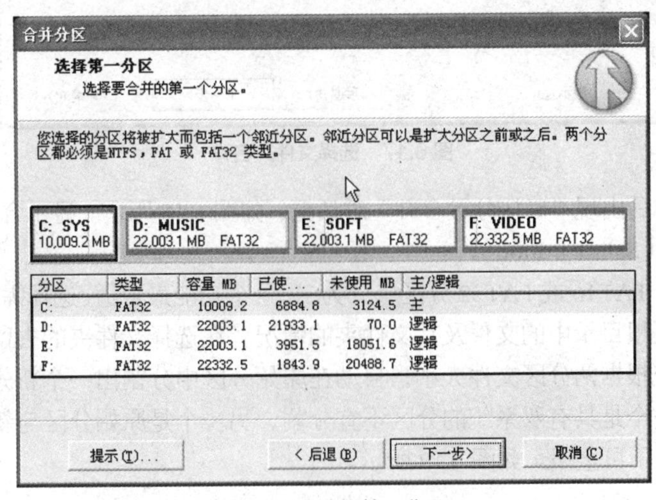

图 6.15　选择第一分区

然后出现“选择第二分区”对话框，如图 6.16 所示，在此选择要合并的第二分区，该分区的容量将被调整到第一分区。

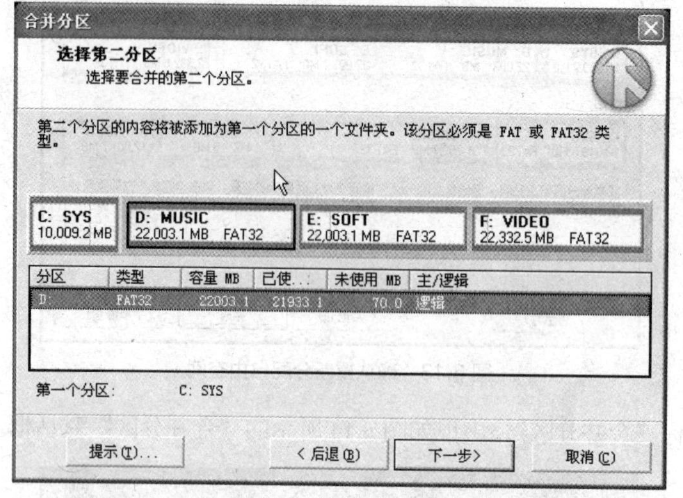

图 6.16 选择第二分区

接着在“选择文件夹名称”对话框中，输入文件夹的名称来保留第二分区的内容，如图 6.17 所示。

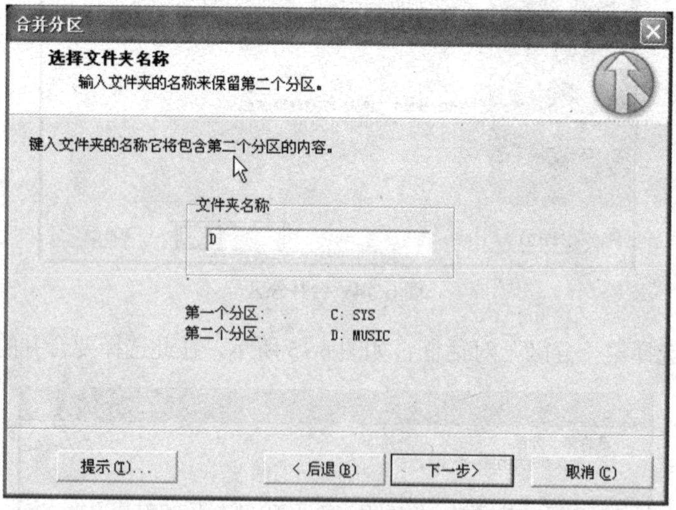

图 6.17 选择文件夹名称

完成上述操作后出现“确认分区合并”对话框，如图 6.18 所示。显示合并分区后的容量。

④ 分割分区（Split Partition）。

如果想将一个 FAT16 或 FAT32 分区一分为二，这个功能最合适。选择需要分割的分区后，系统自动分析分区根目录中的文件及其文件夹的情况，在选择文件夹的去留及新建分区的盘符后，即可由系统根据两分区文件大小，自动在原始分区中分割出一个新分区来。在这里应注意两个问题，一个是具有双系统的分区不宜分割，另一个是原始分区与新建分区中至少得有一个根目录项，不可全搬。如图 6.19 所示。

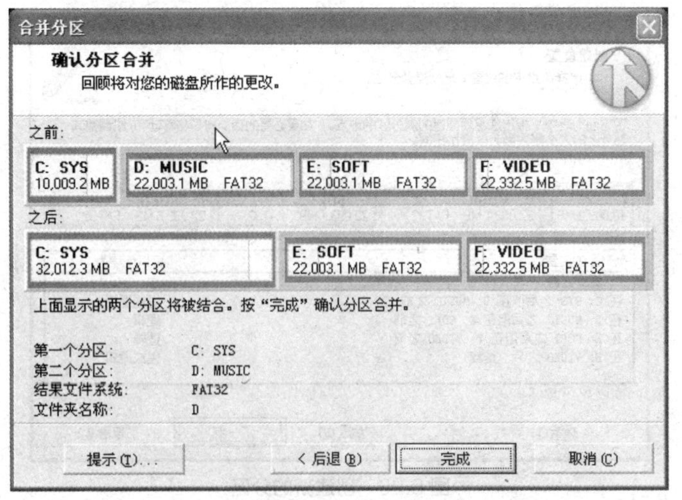

图 6.18 确认合并分区

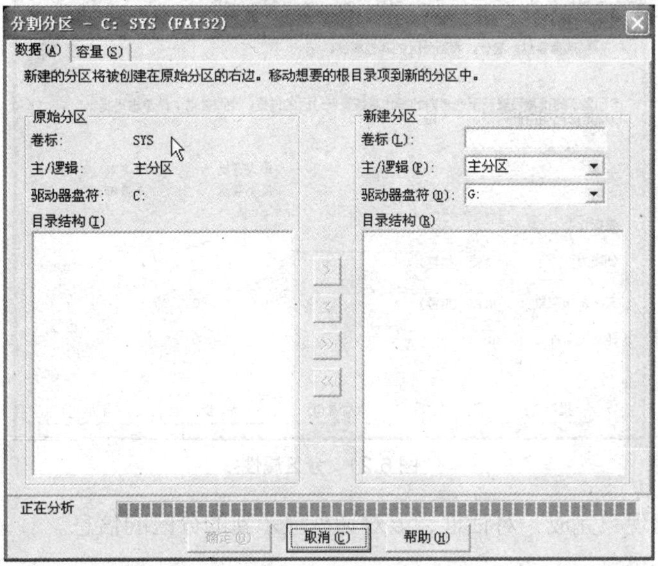

图 6.19 分割分区

（2）创建分区。

利用 Partition Magic 可在一块硬盘中创建新的分区，不管这块硬盘中有无可分配的空间。

① 将未分配的硬盘空间分区。

如果只想将还未分配的硬盘空间给这个新的分区，只要利用右键快捷菜单“创建（Create）”，即可立即完成。也可以利用“创建新的分区（Create new Partition）”向导去实现，只要在选“减少哪一分区的空间”时，取消所有已有分区复选框中的“√”即可。

② 在已有分区的基础上创建分区。

如果硬盘中已经没有未分配的硬盘空间，但还有未使用的空间，需要创建一个比这个未使用的空间还大的分区，可利用“创建新的分区（Create new Partition）”向导去完成。单击向导图标“创建新的分区”，出现“创建新的分区”对话框，选择需要减少容量的分区，如图 6.20 所示。

然后在“分区属性”对话框确定新分区的容量、卷标、文件类型，如图 6.21 所示。

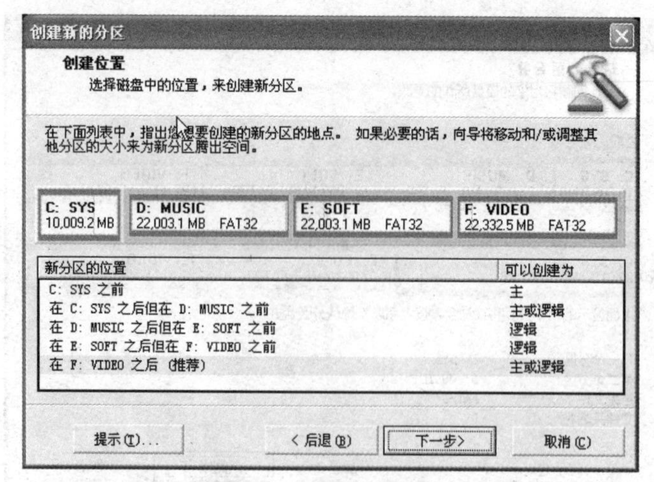

图 6.20　创建新的分区

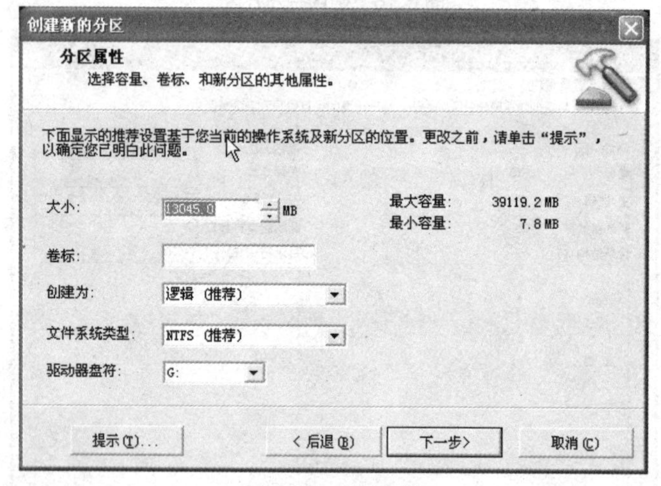

图 6.21　分区属性

完成操作后出现“完成”对话框，该对话框显示新的分区的信息。

【注意】在已有分区的硬盘中创建新分区时，系统默认新分区建在原分区的最后，也可以建在如 D、E 分区之间，不过这样会使较多分区的盘符发生变化，对应用程序的运行不利。

（3）用 Partition Magic 修复损坏的 0 磁道。

系统在管理硬盘时，并不使用 0 磁道所有扇区，而使用 1 扇区对 0 磁道进行保护。在使用过程中由于各种各样的原因，硬盘的 0 磁道会出现损坏。对硬盘而言只要 0 磁道损坏，整个硬盘就报废。可以利用工具软件，将 0 磁道稍微往后移动，让 1 磁道代替 0 磁道使用，也就是让硬盘从 1 磁道开始使用，而不是从 0 磁道使用。这样就可以是“报废”的硬盘重新使用了。

使用这种方法修复硬盘，不能使用 Fdisk 之类的分区软件，因为又会使用原来的 0 磁道；可以采用 Partition Magic 进行修复。

6.2.2　Norton Ghost

Norton Ghost 是一个极为出色的硬盘“克隆”工具，它不但可以把一个硬盘中全部内容完全相同地复制到另一个硬盘中，还可以将一个磁盘中的全部内容复制为一个磁盘镜像文件，备份至另一个磁盘中。这样，能用镜像文件还原系统或数据，最大限度地减少安装操作系统和恢复数据的时间。

1．Ghost 的特点

① 可以创建硬盘镜像备份文件。

② 可将备份恢复到原硬盘上。

③ 磁盘备份可在各种不同的存储系统间进行。

④ 支持 FAT16/32、NTFS、OS/2 等多种分区的硬盘备份。

⑤ 支持 Windows 9x/NT、UNIX、Novell 等系统下的硬盘备份。

⑥ 可将备份复制（克隆）到别的硬盘上。

⑦ 在复制（克隆）过程中自动分区并格式化目的硬盘。

2．Norton Ghost 安装与启动

Ghost 安装非常简单，只要将 Ghost.exe 复制到硬盘即可执行。注意，由于操作需要鼠标，最好将鼠标驱动程序复制到和 Ghost.exe 在一个目录下，这样方便使用（不使用鼠标请使用 Tab 键）。

Norton Ghost 启动程序时，在纯 DOS 下请先运行鼠标驱动程序 mouse.exe，再运行 Ghost.exe。出现如图 6.22 所示的 Ghost 主画面。

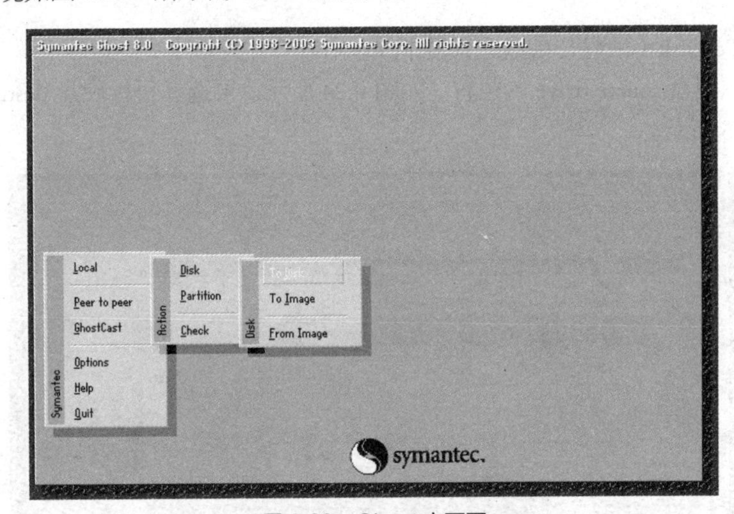

图 6.22 Ghost 主画面

主画面操作说明：Ghost 复制、备份可分为硬盘（Disk）和磁盘分区（Partition）两种。其中

Disk ——表示硬盘功能选项；

Partition ——表示磁盘分区功能选项；

Check ——表示检查功能选项。

3．硬盘备份与还原

硬盘功能分为 3 种：Disk To Disk（硬盘与硬盘之间复制）、Disk To Image （硬盘与硬盘之间备份）、Disk From Image （硬盘与硬盘之间备份还原），如图 6.23 所示。

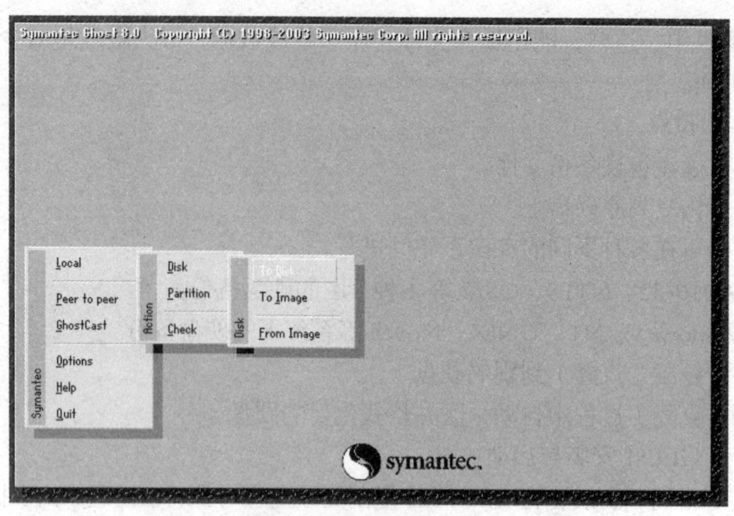

图 6.23 Ghost 硬盘功能

【注意】若要使用硬盘功能，必须有两个硬盘以上，才能实现硬盘功能；还有所有被还原的硬盘或磁碟，原有资料将完全丢失。（请慎重使用，把重要的文件或资料提前备份，以防不测。）

（1）Disk To Disk（硬盘与硬盘之间复制）。

先选择来源硬盘 source drive 的位置，如图 6.24 所示。再选择目标硬盘 destination drive 的位置，如图 6.25 所示。

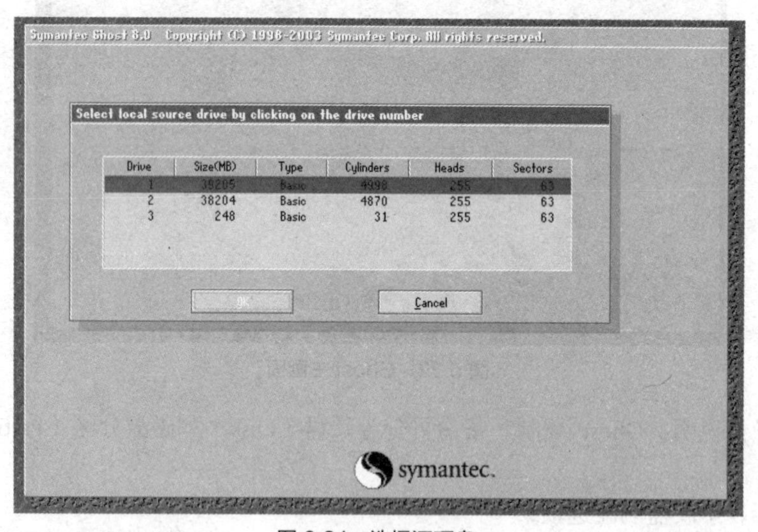

图 6.24 选择源硬盘

在磁盘复制或备份时，可依据使用要求设定分区大小，如图 6.26 所示。选定后单击“OK”按钮，出现确认选择对话框，选择“Yes”即开使执行复制，如图 6.27 所示。

（2）Disk To Image（硬盘与硬盘之间备份）。

选择来源硬盘 source drive 的位置，如图 6.28 所示。再选择备份文件存储的位置，如图 6.29 所示。

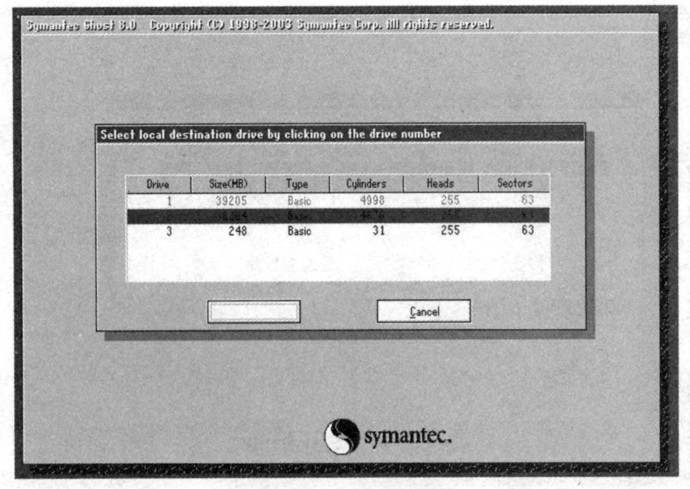

图 6.25　选择目标硬盘

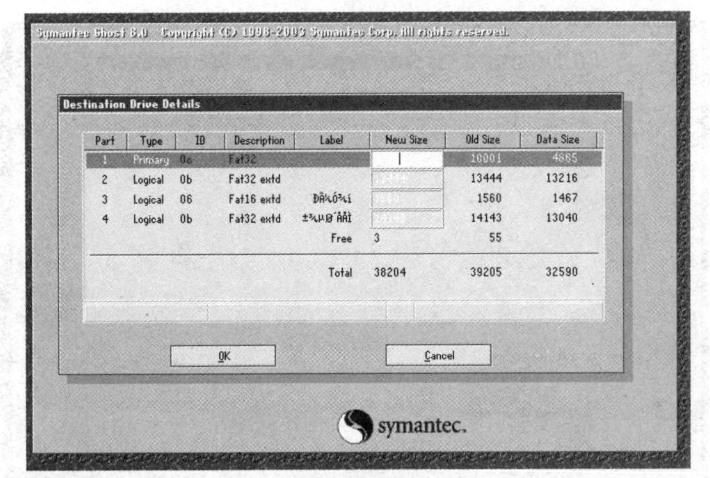

图 6.26　设定分区大小

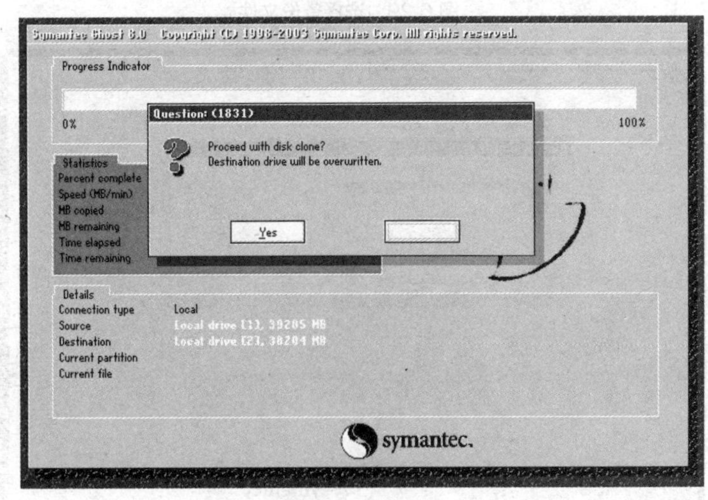

图 6.27　确认选择

选择好后，单击“OK”按钮后，出现确认选择对话框，单击“Yes”按钮即开使执行备份，如图 6.30 所示。

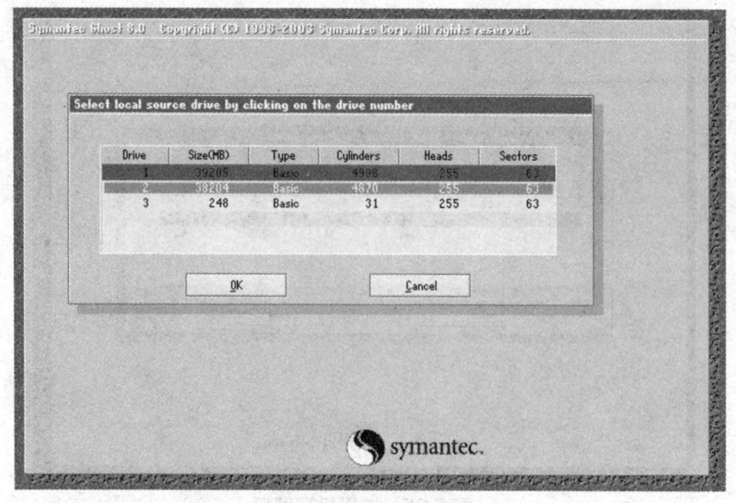

图 6.28　选择源盘

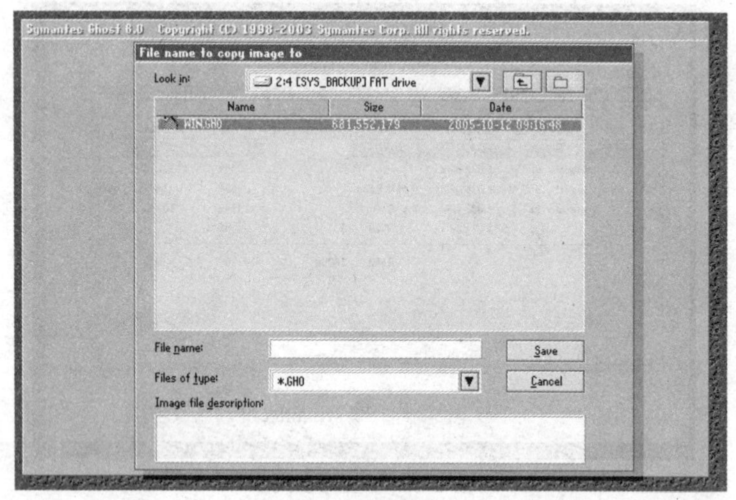

图 6.29　选择备份文件

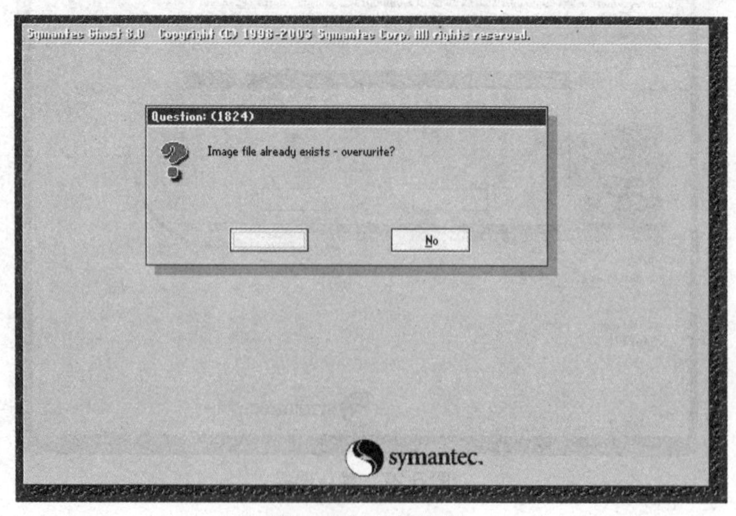

图 6.30　确认选择

（3）Disk From Image（硬盘与硬盘之间的备份还原）。

选择还原文件，如图 6.31 所示。再选择要还原的硬盘 destination drive，如图 6.32 所示。

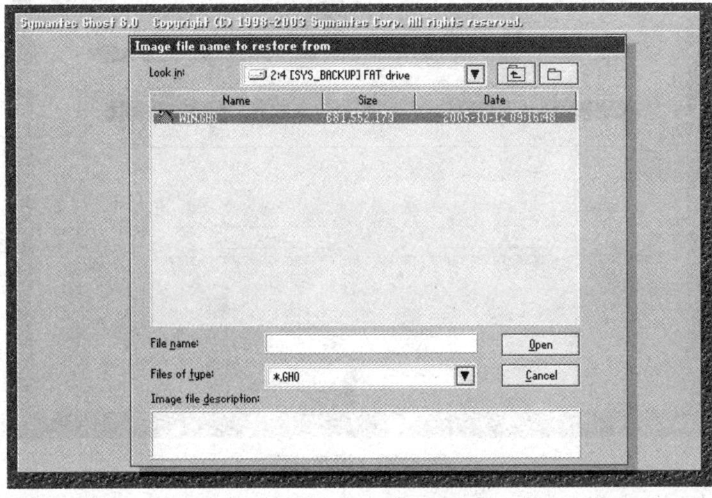

图 6.31　选择还原文件

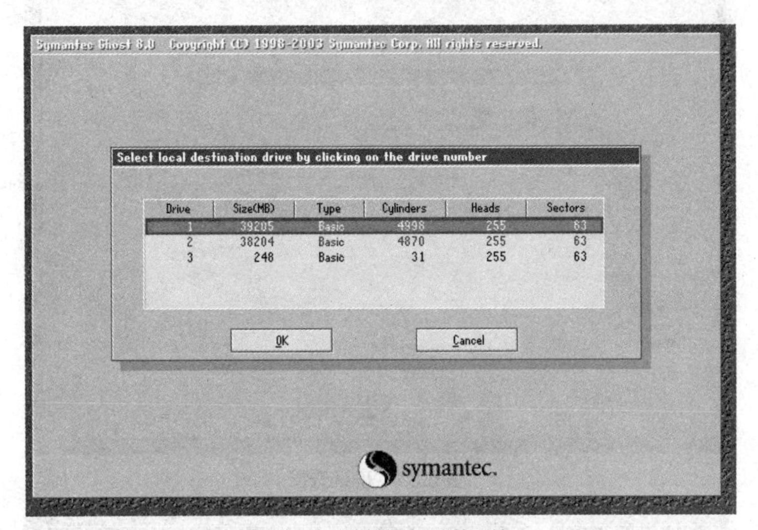

图 6.32　选择要还原的硬盘

接着进行硬盘还原（复制）操作，可依据使用要求设定分区大小，如图 6.33 所示。按“OK”按钮后，出现确认选择对话框，单击“Yes”按钮即开使执行还原，如图 6.34 所示。

4．硬盘分区的备份与还原

硬盘分区功能分为 3 种：Partition To Partition（硬盘复制分区）、Partition To Image（硬盘备份分区）、Partition From Image（硬盘还原分区），如图 6.35 所示。

（1）Partition To Partition（硬盘复制分区）。

复制分区的方法很简单，首先选择来源区，再选择目标区，确定就可以了，与磁盘之间的复制方法基本一样。

（2）Partition To Image（硬盘备份分区）。

选择要备份的硬盘，如图 6.36 所示。再选择备份的硬盘分区，如 C 盘通常存放操作系统与应用程序，如图 6.37 所示。

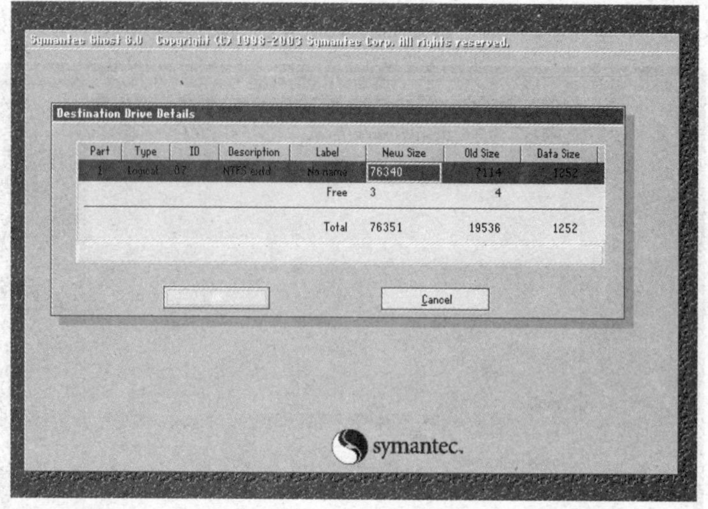

图 6.33 设定分区

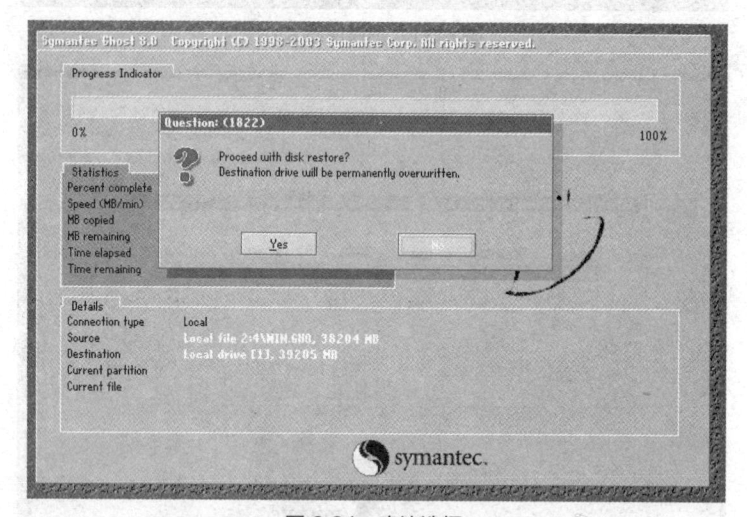

图 6.34 确认选择

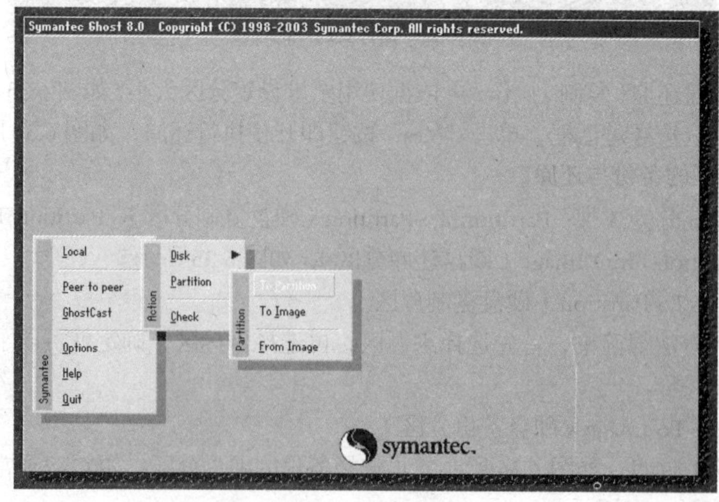

图 6.35 硬盘分区

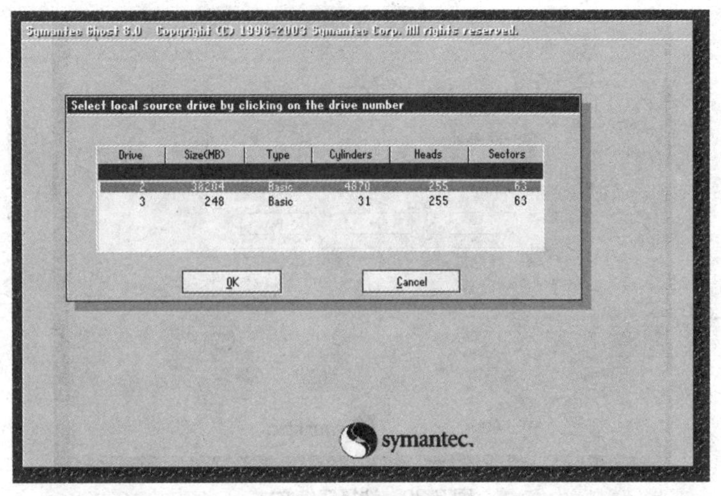

图 6.36 选择备份的硬盘

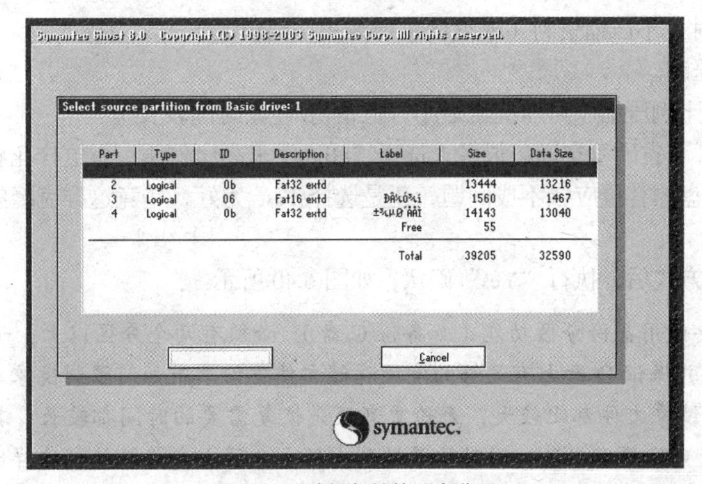

图 6.37 选择备份的硬盘分区

接着，选择备份文件存放的路径与文件名（创建），但不能放在选择备份的分区，如图 6.38 所示。回车确定后，有 3 种选择，如图 6.39 所示。

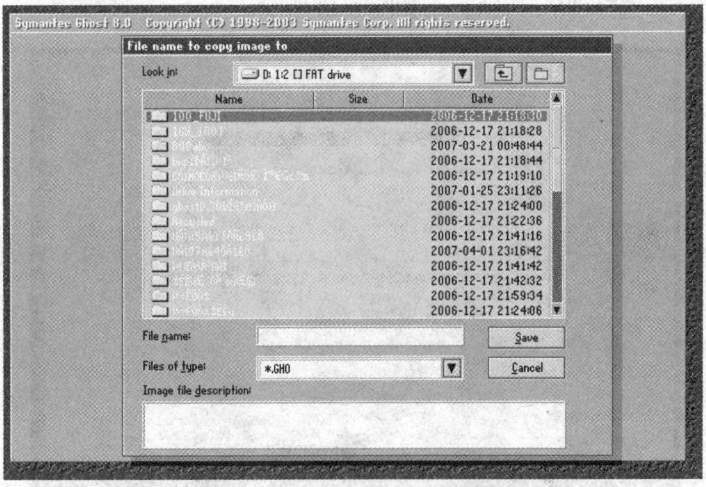

图 6.38 选择备份文件存放的路径

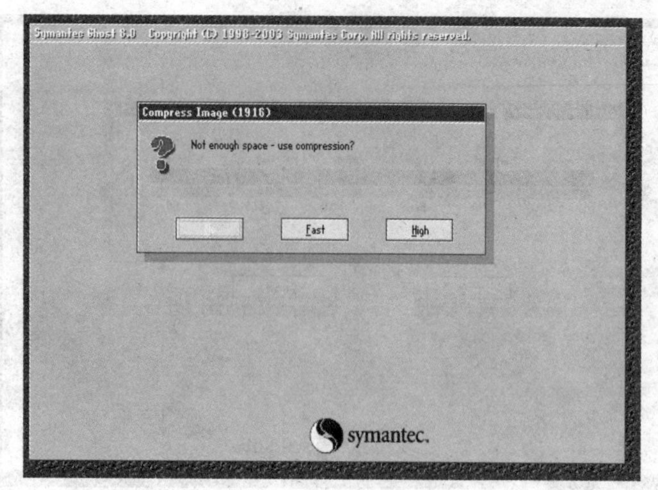

图 6.39 选择压缩方式

NO：备份时，不压缩资料（速度快，但占用空间较大）。

Fast：少量压缩。

High：最高比例压缩（可压缩至最小，但备份/还原时间较长）。

【建议】为了节省硬盘空间，很多人选择“High”来高比例压缩，这样花费的时间就比较长了。其实，硬盘的容量应该不成问题，还是选择 Fast 为好，毕竟这样克隆的数据更不易出现错误。

选择好压缩方式后，执行“Yes”确认，如图 6.40 所示。

【注意】若要使用备份分区功能（如备份 C 盘），必须有两个分区以上，而且 C 盘必须小于 D 盘的容量，并保证 D 盘上有足够的空间存储文件备份。而如何限制镜像文件的大小？一般来说，制作的镜像文件都比较大，无论更新还是恢复需要的时间都较长。其实，只需要将主分区 C 盘进行克隆就可以了，同时尽量做到少往主分区上安装软件，这样制作的镜像文件就不会太大了。

（3）Partition From Image（还原硬盘分区）。

选择还原的备份文件，如图 6.41 所示。再选择要还原的硬盘，接着选择要还原的硬盘分区，如图 6.42 所示。选择“Yes”执行，如图 6.43 所示。

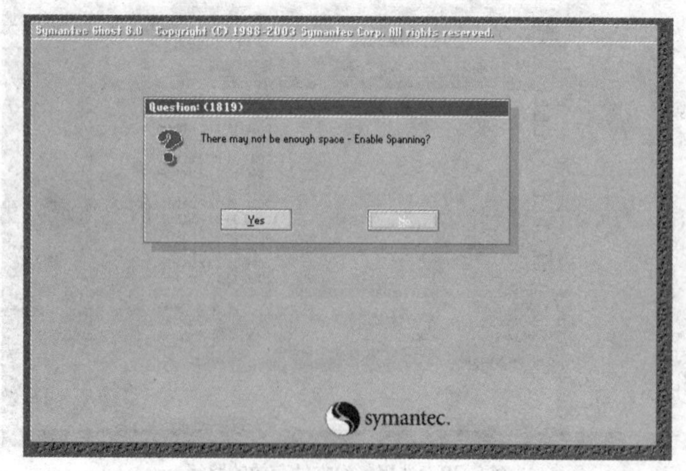

图 6.40 确认

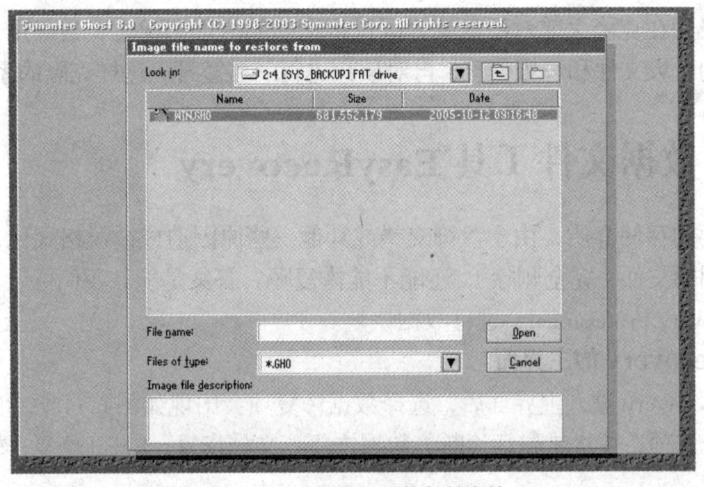

图 6.41 选择要还原的备份文件

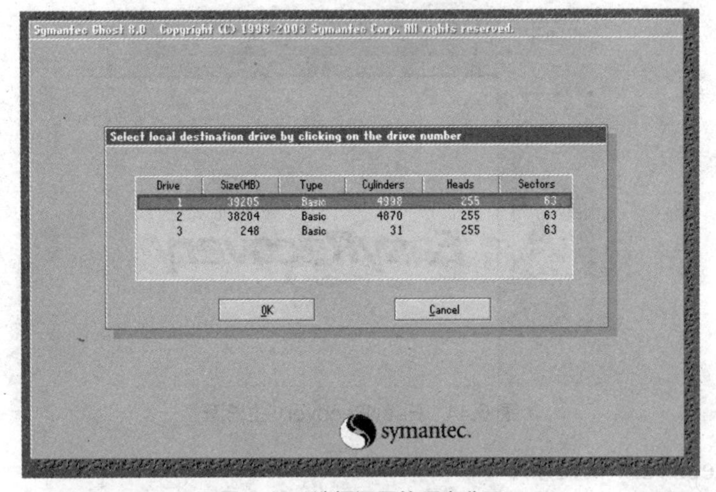

图 6.42 选择还原的硬盘分区

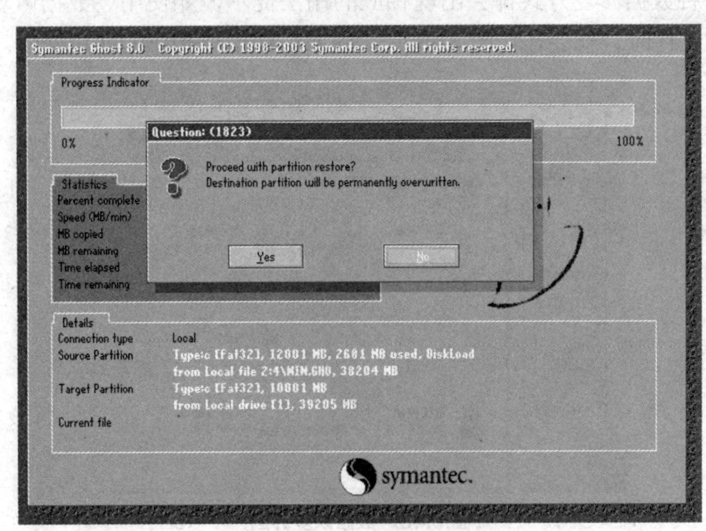

图 6.43 选择“Yes”执行

【建议】在克隆之前先对硬盘或分区进行清理和优化。有一点必须提醒，使用 Ghost 进行数据的备份，必须在克隆之前对硬盘或分区进行彻底的清理和优化，最好用一些工具软件好好清理系统中的垃圾文件和垃圾信息，再对硬盘进行一番整理，这样克隆的系统才是最好的。

6.3 恢复数据文件工具 EasyRecovery

硬盘是重要的存储介质，由于盘符交错或其他一些原因造成被误格式化，分区损坏，或者误删除了有用的文件（完全删除），还能不能恢复呢？答案是能！我们可以利用数据恢复工具——EasyRecovery Professional，进行数据恢复。

1. EasyRecovery 的主界面

启动 EasyRecovery 进入主界面后，选择数据修复项会出现如图 6.44 所示的界面。该主界面最左边有 6 个选项，依次是磁盘诊断、数据恢复、文档修复、Email 修复、软件升级和急救中心。

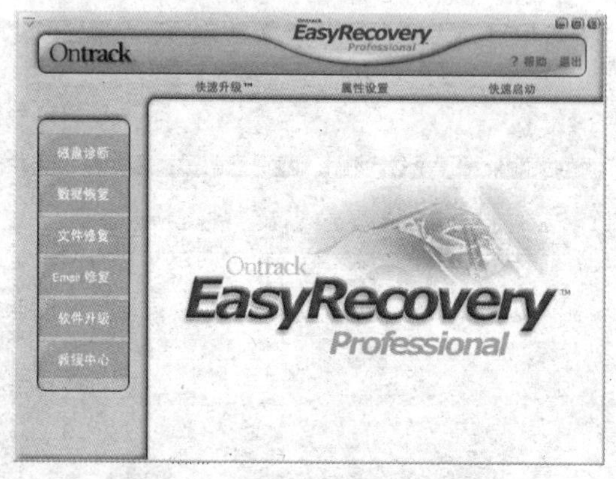

图 6.44 EasyRecovery 主界面

2. EasyRecovery 的使用

选择任何一种数据修复方式都会出现相应的用法提示，如使用“数据修复”项来查找并且恢复已删除的文件时，就会在如图 6.45 所示界面右侧出现相应的使用提示。

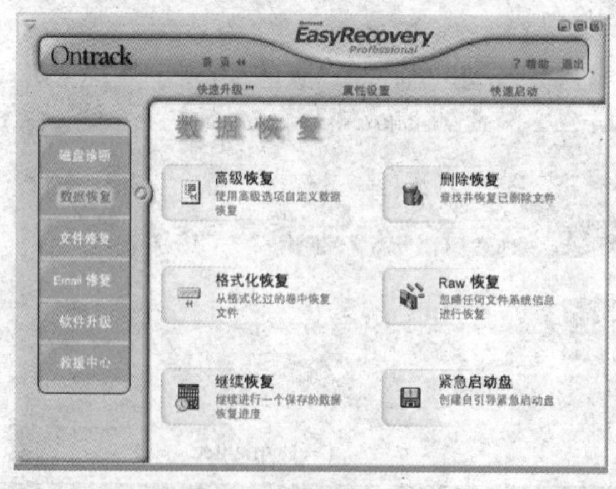

图 6.45 数据恢复界面

使用“删除恢复”项来查找并恢复已删除的文件时，就会出现如图 6.46 所示的相应使用提示。单击“确定”按钮，可以进行恢复操作。

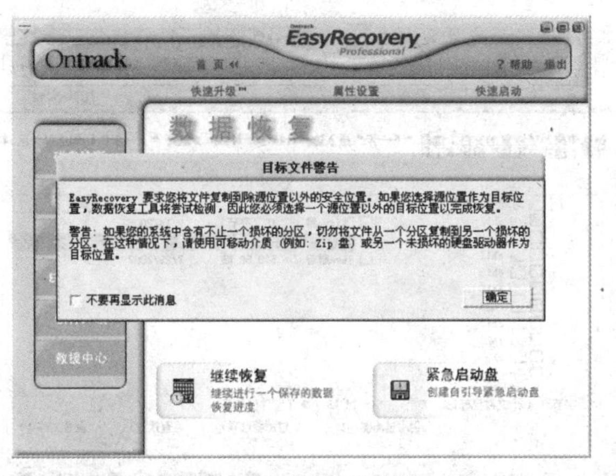

图 6.46 删除恢复提示

① 选择想要恢复的文件所在驱动器进行扫描，单击“下一步”按钮；也可以在文件过滤器下直接输入文件名或通配符来快速找到某个或某类文件。如果要对分区执行更彻底的扫描，可以勾选“完全扫描”选项，如图 6.47 所示。

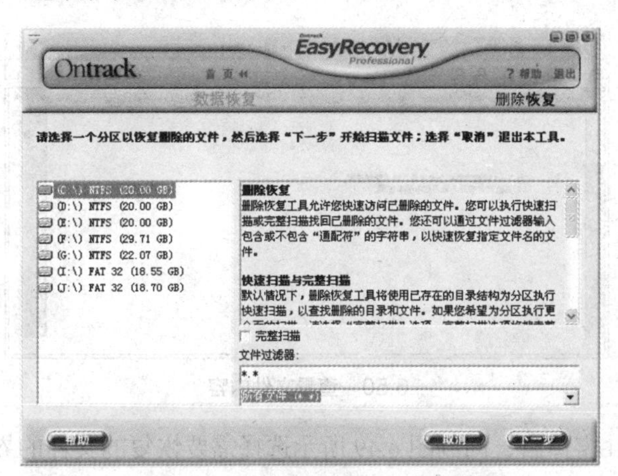

图 6.47 选择要恢复删除文件的分区

② 扫描之后，曾经删除的文件及文件夹会全部呈现出来，如图 6.48 所示。然后选择需要恢复的文件，如图 6.49 所示。

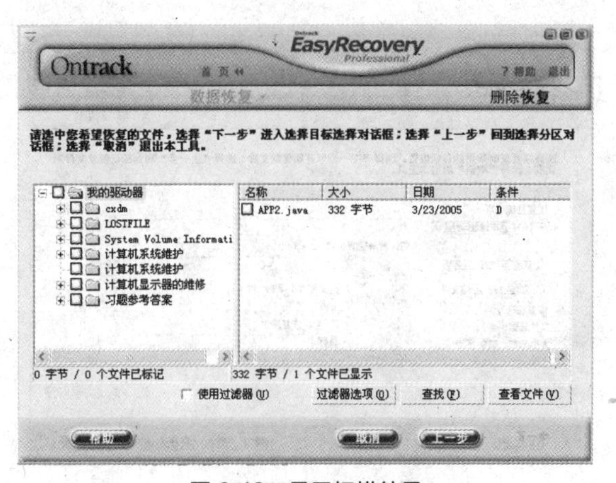

图 6.48 显示扫描结果

图 6.49　选择需要恢复的文件

③ 如果不能确认文件是否是想要恢复的，可以通过单击“查看”按钮来查看文件内容，如图 6.50 所示。

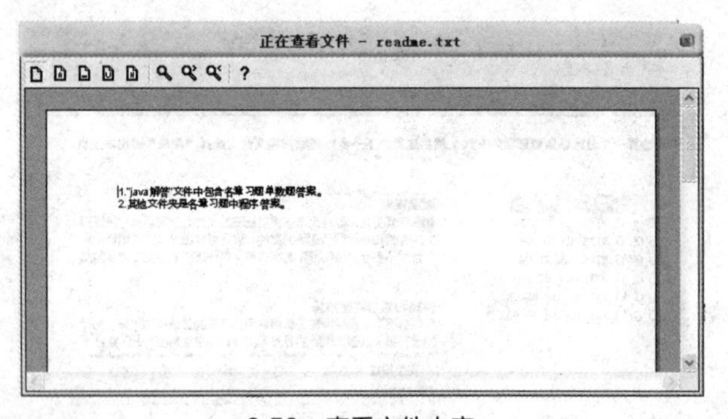

6.50　查看文件内容

④ 关闭查看文件窗口后，回到图 6.49 所示选择需要恢复的文件的界面。单击“下一步”按钮。进行文件的恢复。

选择恢复的文件后，它会提示选择一个用以保存恢复文件的逻辑驱动器，此时应存放在其他分区上。所以最好准备一个大容量的移动硬盘，这一点在误格式化某个分区时尤为重要。如图 6.51 所示。

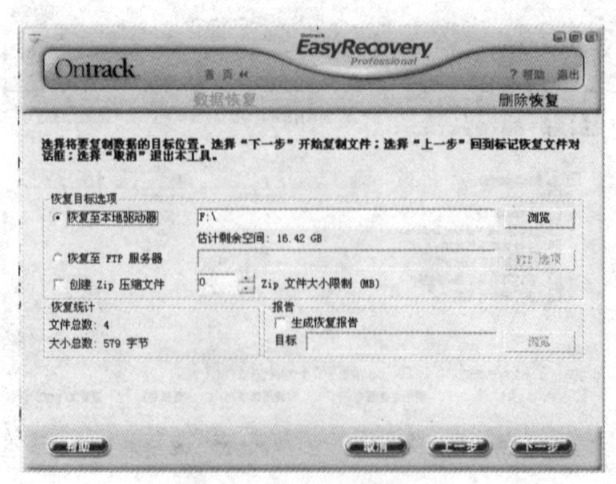

图 6.51　保存恢复文件

⑤ 单击“下一步”按钮进行扫描后，出现恢复摘要，如图 6.52 所示。

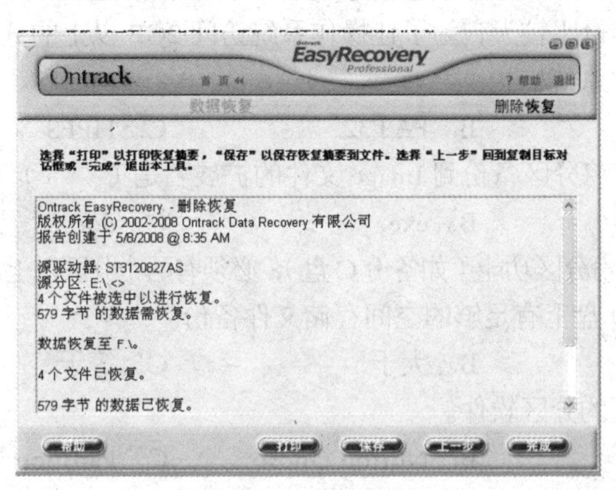

图 6.52 数据恢复摘要

⑥ 当恢复完成后要退出时，程序会跳出保存恢复状态的对话框，单击“是”按钮就可以了。如果进行保存，则可以在下次运行 EasyRecovery 时通过执行 ResumeEasyrecovery 命令继续以前的恢复。这一点在没有进行全部恢复工作时非常有用。如图 6.53 所示。

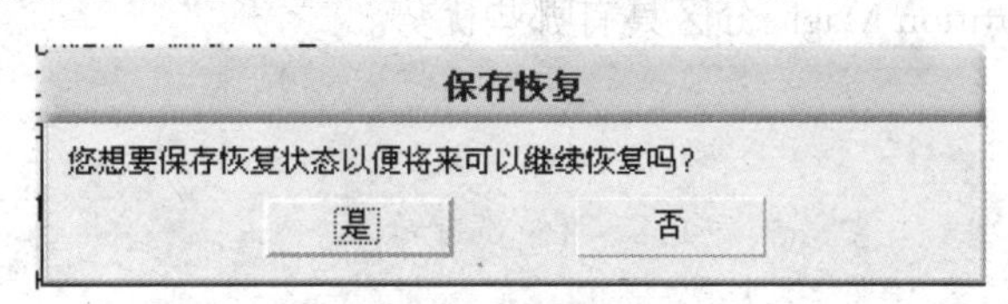

图 6.53 保存恢复

本章小结

对于计算机维护来说，仅仅懂得计算机的基本知识是不够的，还应系统地了解如何通过工具软件来维护计算机。本章通过对系统维护软件工具，如 360 安全卫士，硬盘工具 Partition Magic、Norton Ghost，恢复数据文件工具 EasyRecovery 等工具软件使用方法的介绍，使学生掌握优化系统的方法，不损坏数据的分区方式，创建硬盘镜像备份文件的方法，因为误格式化、分区损坏，或者误删除了有用的文件进行恢复的方法。熟练使用这些工具软件，可以让计算机系统运行得更好。

习题六

1. 填空题

（1）Partition Magic 可以对现有的分区进行合并、分割、复制、调整等，不破坏______。

（2）Partition Magic 具有重新分配自由空间（redistribute free space）功能。这里的自由空间包括未分区部分和______而未使用的空间。

（3）如果在纯 DOS 下启动 Norton Ghost 程序，要首先运行______，再运行 Ghost.exe。

（4）在 Norton Ghost 中，硬盘备份与还原功能分为“硬盘与硬盘之间复制”、“硬盘与硬盘之间备份”和“______”。

（5）360 安全卫士点击进入木马查杀的界面后，可选择“快速扫描”、“全盘扫描”和______。来检查计算机里是否存在木马程序。

2．选择题

（1）由于硬盘的容量比较大，为了让操作系统访问 2GB 以上的分区，在分区时，不能使用下述的（　　）文件系统格式。

A. FAT16　　B. FAT32　　C. HPFS　　D. NTFS

（2）使用 GHOST 将分区备份到 Image 文件的扩展名是（　　）。

A. gho　　B. exe　　C. doc　　D. txt

（3）如果要使用备份分区功能（如备份 C 盘），必须有两个分区以上，而且 C 盘必须（　　）D 盘的容量，并保证 D 盘上有足够的空间存储文件备份。

A. 小于　　B. 大于　　C. 等于　　D. 不考虑

（4）______是常用的分区软件。

A. Office　　B. Norton Ghost　　C. Partition Magic　　D. EasyRecovery

（5）EasyRecovery Professional 是常用的（　　）。

A. 分区软件　　B. 数据恢复软件　　C. 杀毒软件　　D. 加密软件

3．简答题

（1）简述 360 安全卫士能对哪些项目进行优化。

（2）简述使用 Partition Magic 分区具有哪些优势。

PART 7

第7章 注册表与组策略的使用及维护

注册表是操作系统管理软硬件的核心，其中包含了计算机用户的配置文件以及有关系统硬件、已安装程序和属性设置等重要信息。因此，注册表错误往往会导致系统崩溃，所以保持注册表的“安全”及“健康”就显得尤为重要。那么，如何保证注册表的“安全”及“健康”呢？本章就介绍 Windows 操作系统的注册表知识及对它的操作和维护。掌握注册表相关知识可以提高系统的安全性，同时它是计算机软件维护中的必备知识。

7.1 注册表的使用及维护

7.1.1 注册表的结构

注册表是操作系统、硬件设备以及客户应用程序得以正常运行和保存设置的核心“数据库”，是一个非常巨大的树状分层结构的数据库。注册表记录了用户安装在计算机上的软件和每个程序的相互关联信息，它包括了计算机的硬件配置，包括自动配置的即插即用的设备和已有的各种设备说明、状态属性以及各种状态信息和数据。操作系统利用一个功能强大的注册表数据库来统一集中地管理系统硬件设施、软件配置等信息，从而方便了管理，增强了系统的稳定性。

注册表由两部分组成：注册表数据库和注册表编辑器。其中注册表数据库包含两个文件：System.dat 和 User.dat.

System.dat 用于保存计算机的系统信息，例如硬件设备配置和设备驱动程序相关的信息，通常位于 Windows 子目录下。

User.dat 用于保存用户特有的信息，例如桌面设置、墙纸设置等，通常也位于 Windows 子目录下。

在注册表中，所有的数据通过一种树状结构以配置单元和项的方式组织起来，十分类似于目录结构。由项（键）、子项（子键）、分支、值项和默认值构成。注册表都采用配置单元来描述，以“HKEY”作为前缀开头。

注册表包括 5 个分支：HKEY_CLASSES_ROOT、HKEY_CURRENT_USER、HKEY_LOCAL_MACHINE、HKEY_USERS、HKEY_CURRENT_CONFIG。

1．HKEY_CLASSES_ROOT

该关键字包含的是 Windows 操作系统中所有数据文件的信息，以便系统在工作过程中实现对各种文件和文档信息的访问，主要记录不同文件的扩展名、文件类型、文件图标，如图 7.1 所示。

2．HKEY_CURRENT_USER

该关键字包含当前登录用户的配置信息，可以进行用户的文件夹、屏幕颜色、控制面板的设置。它是 HKEY_USERS\Default 下面的一部分信息，如图 7.2 所示。

3．HKEY_LOCAL_MACHINE

该关键字包含用来控制系统和软件的设置信息，以及操作系统及硬件相关信息。这些设置是针对那些使用 Windows 系统的用户而设置的，是一个公共配置信息，它与具体用户无关。它与 HKEY_LOCAL_MACHINE\Config\0001 下面的内容相同，如图 7.3 所示。

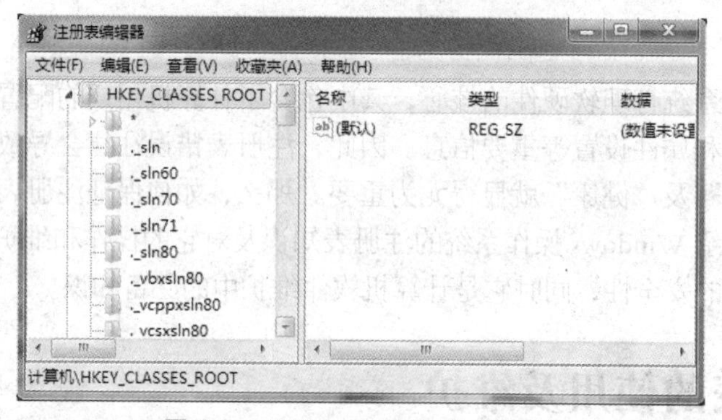

图 7.1　HKEY_CLASSES_ROOT

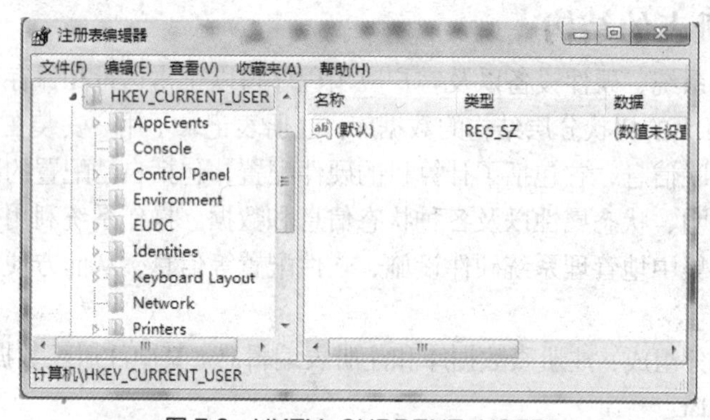

图 7.2　HKEY_CURRENT_USER

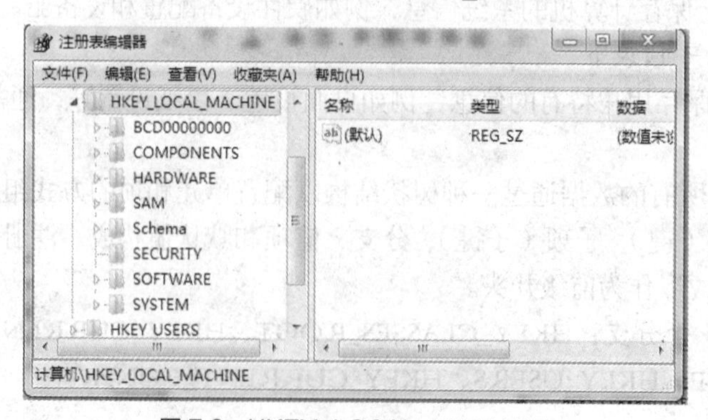

图 7.3　HKEY_LOCAL_MACHINE

4. HKEY_USERS

该关键字包含当前计算机上所有的用户配置文件，包含与具体用户有关的桌面配置、网络连接及开始菜单等相关信息。用户可以根据自己的爱好设置桌面、背景、开始菜单、显示字体等，如图 7.4 所示。

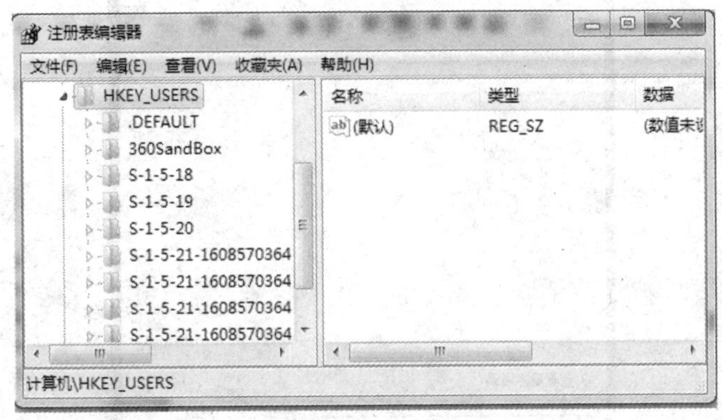

图 7.4　HKEY_USERS

5. HKEY_CURRENT_CONFIG

该关键字包含当前计算机的配置情况，配置信息可以根据当前连接网络的类型、硬件配置，以及应用软件的变化而变化，如图 7.5 所示。

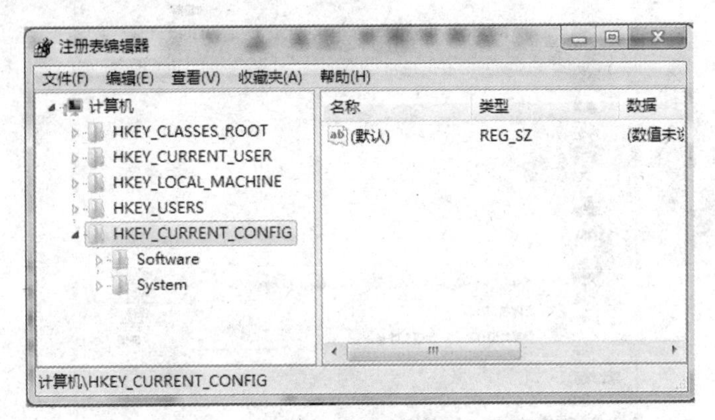

图 7.5　HKEY_CURRENT_CONFIG

7.1.2　注册表的维护

1. 注册表的备份

（1）用注册表编辑器备份。

在电脑桌面上单击“开始”，在搜索框里输入“regedit”，回车后就可以打开注册表编辑器，在 Windows 7 的“运行”中输入“regedit”回车也是一样的。如图 7.6 所示。

接着在注册表编辑器中选择“文件”→“导出注册表”。此时打开“导出注册表文件”对话框，如图 7.7 所示。在“文件名”中，输入注册表文件的名称。在“导出范围”中选择“全部”，单击“保存”按钮。

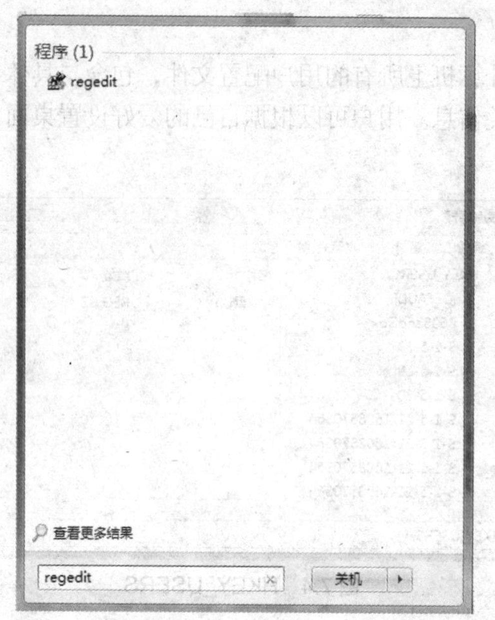

图 7.6　运行注册表

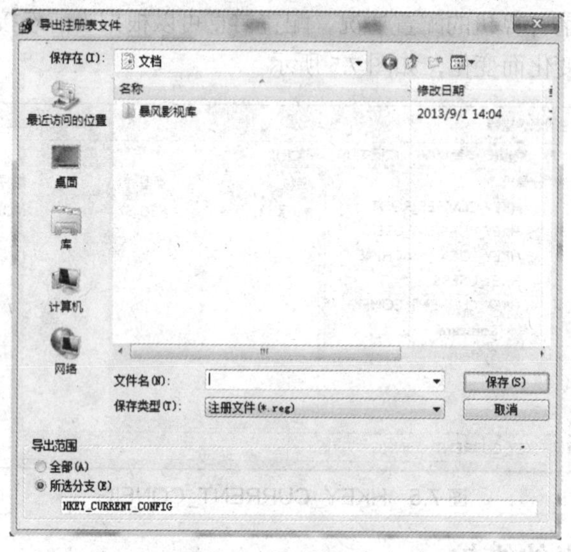

图 7.7　导出注册表

（2）手工备份注册表。

在 Windows 中，注册表系统配置文件保存在“C:\windows\system32\config”下，主要包括 SAM（安全账户管理器注册表文件）、SYSTEM（系统注册表文件）、SOFTWARE（应用软件注册表文件）、DEFAULT（默认注册表文件）、SECURITY（安全注册表文件）几个无后缀的文件，以及对应的 log 文件；用户配置文件保存在 Windows XP 安装目录下的“Documents and settings\User”目录中，主要有 Ntuser.dat 与对应的 log 文件。手工备份 Windows XP 注册表时，只需要将上面的文件复制到其他目录中就可以了。

（3）利用系统的备份工具备份注册表。

单击“开始”→“控制面板”→“系统和安全”→“备份或还原文件”→“设置备份”。如图 7.8 所示。

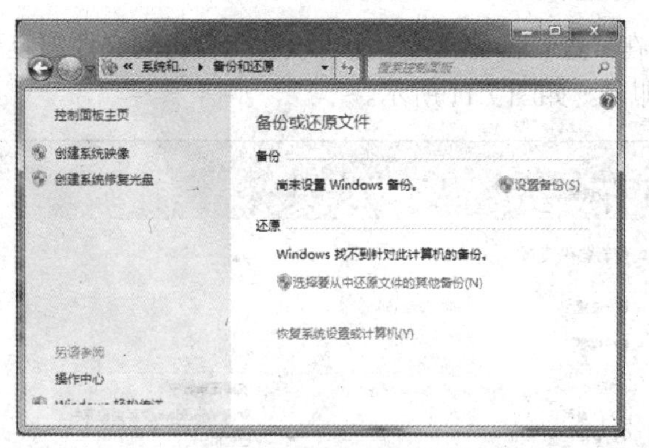

图 7.8　备份或还原文件

打开“备份工具”标签，在“选择要保存备份的位置”选择备份文件保存的驱动器，如图 7.9 所示。单击“下一步”，在“您希望备份哪些内容”中选择“让 Windows 选择（推荐）”，如图 7.10 所示。

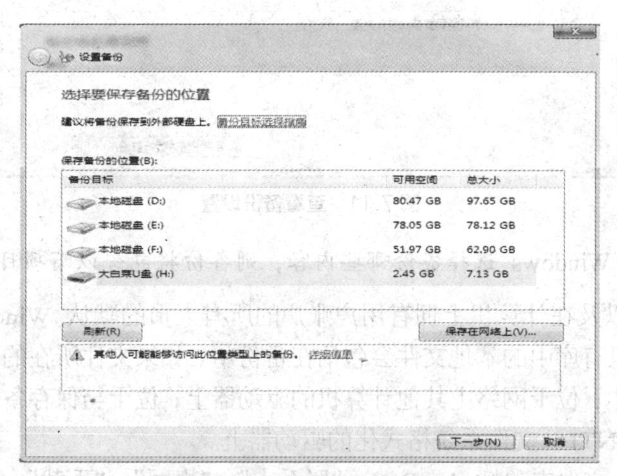

图 7.9　选择要保存备份的位置

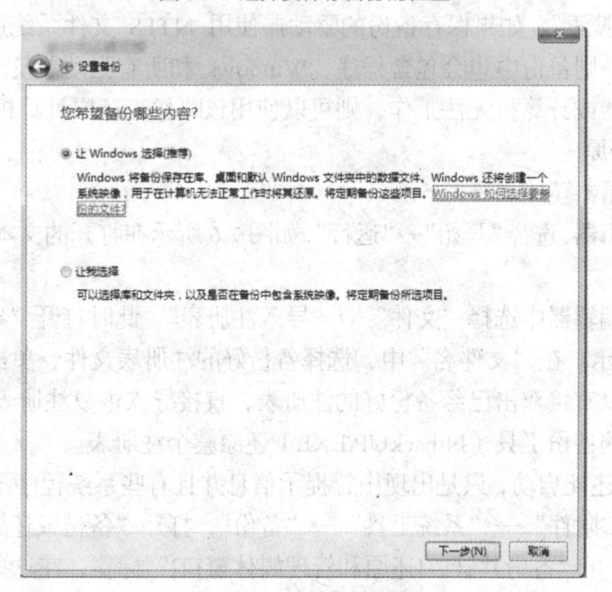

图 7.10　选择备份内容

单击“下一步”，在“查看备份设置”中可以看到备份的文件内容和备份位置，单击“保存设置并运行备份”即可。如图 7.11 所示。

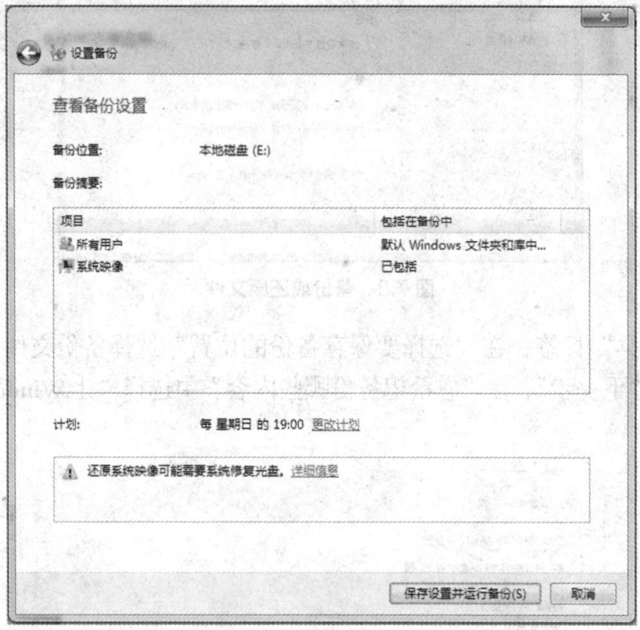

图 7.11　查看备份设置

【注意】如果让 Windows 选择备份哪些内容，则备份将包含以下项目。

在库、桌面上以及在计算机上拥有用户账户的所有人员的默认 Windows 文件夹中保存的数据文件。注意只有库中的本地文件会包括在备份中。如果文件所在的库保存在以下位置，则不会包括在备份中：位于网络上其他计算机的驱动器上；位于与保存备份相同的驱动器上；或者位于不是使用 NTFS 文件系统格式化的驱动器上。

默认 Windows 文件夹包括 AppData、“联系人”、“桌面”、“下载”、“收藏夹”、“链接”、“保存的游戏”和“搜索”。如果保存备份的驱动器使用 NTFS 文件系统进行了格式化并且拥有足够的磁盘空间，则备份中也会包含程序、Windows 和所有驱动器及注册表设置的系统映像。如果硬盘驱动器或计算机无法工作，则可以使用该映像来还原计算机的内容。

2．注册表的还原

（1）注册表编辑器还原。

打开注册表编辑器，选择“开始”→“运行”，如图 7.6 所示在打开的文本框中输入“regedit”，单击“确定”按钮。

接着在注册表编辑器中选择“文件”→“导入注册表”。此时打开“导出注册表文件”对话框，如图 7.12 所示。在“文件名”中，选择备份好的注册表文件，单击“打开”按钮，即可恢复数据；也可以直接双击已经备份好的注册表，直接导入恢复注册表。

（2）利用系统的备份工具（NtbackUP.EXE）还原整个注册表。

如果 Windows 还能启动，只是出现出错提示信息并且有些系统程序不能用，单击“开始”→“所有程序”→“附件”→“系统工具”→“备份”，打开“备份或还原向导”对话框，单击“高级模式”。打开“备份共计－[还原和管理媒体窗口]”标签，在这里可以选择将注册表还原到损坏前的状态。

图 7.12　导入注册表

（3）用 Windows 7 的“系统还原”功能还原。

单击“开始”→“控制面板”→“系统和安全”→“系统”→“系统保护”菜单项，调出“将计算机还原到所选事件之前的状态”，选择一个较早的还原点进行恢复，然后单击“下一步”确认。Windows7 便会重新启动系统，将系统设置还原到指定的时间，并给出恢复完成的提示。

【注意】在还原点列表中可以看到，除了手动创建的还原点之外，Windows 7 通常会在执行 Windows Update、安装/卸载软件以及进行系统备份后，自动创建一个还原点。此外还需要注意的是，系统还原并不是为了备份个人文件，因此通过还原点恢复系统时，是无法恢复已删除文件的。

（4）使用上次正常启动的注册表配置。

如 Windows 7 无法正常启动，可使用上次正常启动的注册表配置。当计算机通过内存、硬盘自检后，按 F8 键，进入启动菜单，选择“最后一次正确的配置”项，这样 Windows 7 就可以正常启动，同时将当前注册表恢复为上次的注册表。

【注意】选择“最后一次正确的配置”，并不能解决由于驱动程序或文件被损坏、丢失所导致的问题。同时，选择“最后一次正确的配置”，Windows 7 只还原注册表项 HKEY_LOCAL_MACHINE\System\CurrentControlSet 中的信息，任何在其他注册表项中所作的更改均保持不变。

7.1.3　注册表的编辑

（1）增加一个项（键）。

① 打开注册表编辑器，双击“HKEY_LOCAL_MACHINE”配置单元（或者单击它左边的小方框内的“+”号）展开它。

② 在“HKEY_LOCAL_MACHINE”配置单元下有一个项（键）“SOFTWARE”，用鼠

标右键单击“SOFTWARE”，弹出一个菜单。

③ 单击“新建”→“项”，新建一个项，如图 7.13 所示。在“SOFTWARE”项（键）的最下端新建一个名为“新项 #1”的子项。

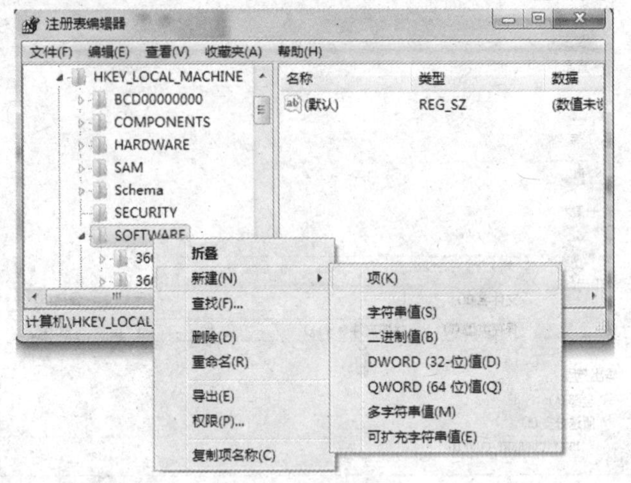

图 7.13　新建子项

④ 对新增的子项（键）进行重命名。在“新项 #1”上单击鼠标右键，在弹出的菜单中选择“重命名”，这时“新项 #1”处于可编辑状态，把“新项 #1”改为“doc”。这样就在“SOFTWARE”项下新建了一个“doc”子项，如图 7.14 所示。

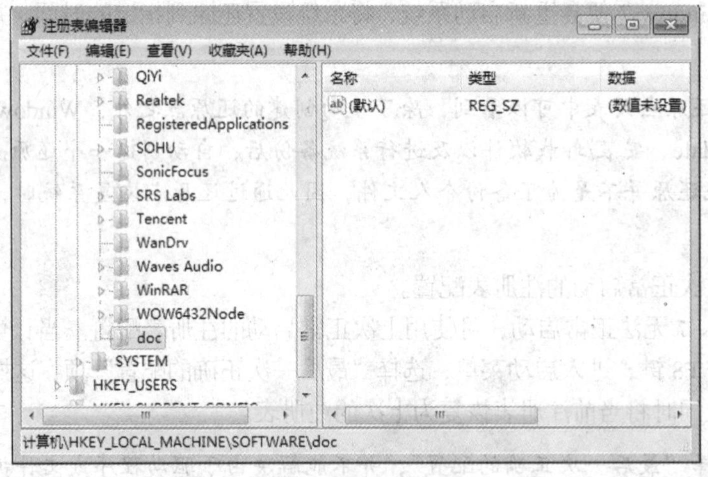

图 7.14　增加一个子项

（2）删除一个项。

右键单击刚才新建的“doc”项，在弹出的菜单中选择“删除”，如图 7.15 所示。这样就删除了注册表中的一个项。

（3）增加一个值。

① 在新建的“doc”项上单击鼠标右键，在弹出菜单上选择“新建”，弹出一个子菜单，分别为“项”、“字串值”、“二进制值”、“DWORD 值”、“QWORD 值”、“多字符串值”、“可扩充字符串值”。如图 7.16 所示。

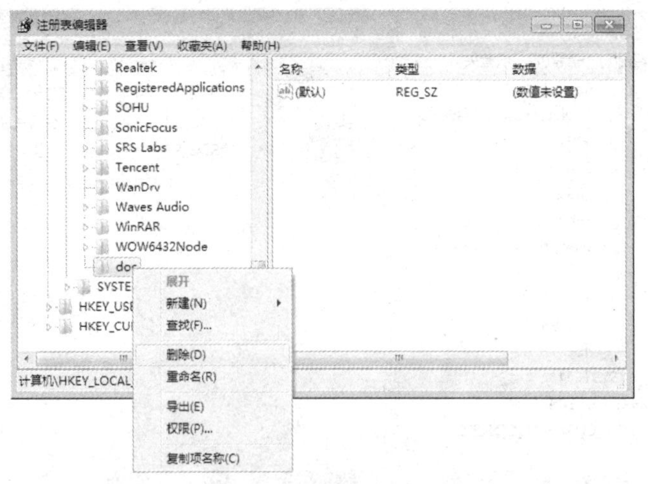

图 7.15 删除子项

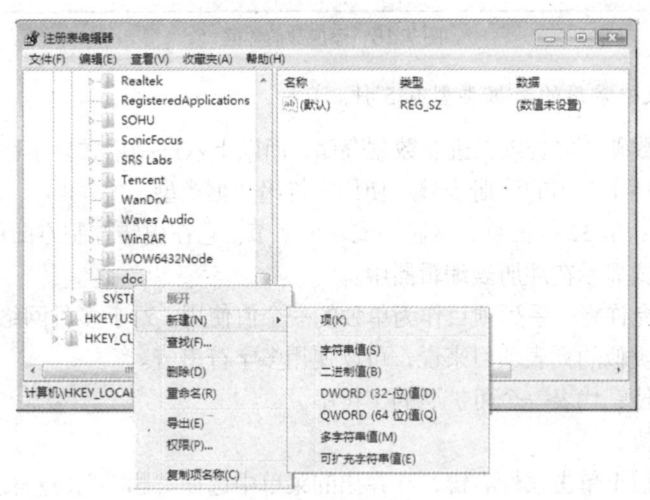

图 7.16 新建值

② 选择“字符串值”，则在“doc”下建立一个新的字符串值。这时注册表窗口右边数据栏出现一个名为“新值 #1”的值。

③ 在“新值 #1”上单击鼠标右键，在弹出的菜单上选择“重命名”。这时“新值 #1”变为可编辑状态，把值的名字改为“字符串”。

④ 双击新建的“字符串”值，弹出一个“编辑字符串”窗口，在“数值数据”编辑框内输入“欢迎”，如图 7.17 所示。单击“确定”按钮，完成数值数据的添加。完成后新建值如图 7.18 所示。

图 7.17 新建值

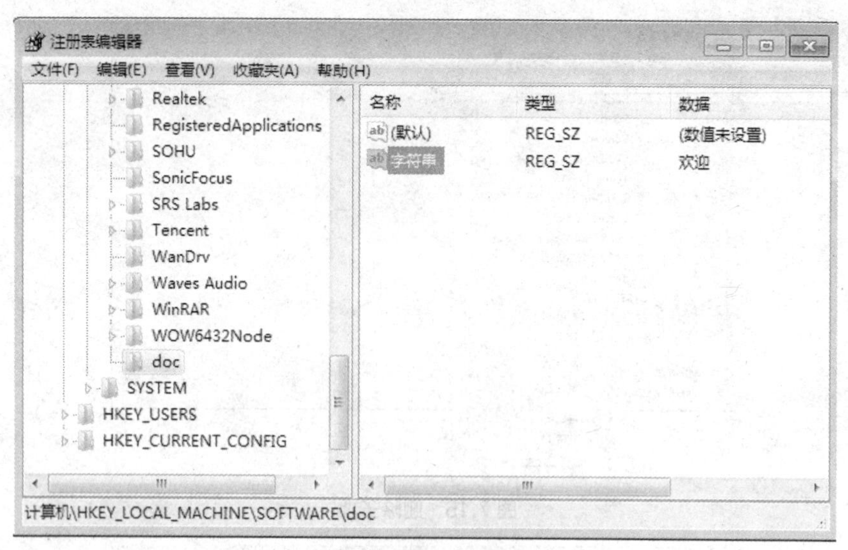

图 7.18 添加数值数据

【注意】注册表中常用的数据类型有 5 种。

二进制值：多数硬件信息以二进制数据存储，而以十六进制格式显示在注册表编辑器中。

字符串值：包括字符串的注册表键，使用字符串数据类型。

DWORDR 值：是 32 位信息，常显示成 4 个字节。它在出错控制方面用处极大，其数据一般以十六进制格式显示在注册表编辑器中。

多字符串值：允许将一系列项目作为单独的一个值使用。对于多种网络协议、多个项目、设备列表以及其他类似的列表项目来说，可以使用多字符串值。

可扩充字符串值：代表一个可扩展的字符串。

（4）删除一个值。

在刚才新建的值上单击鼠标右键，在弹出的菜单中选择“删除”，这样就删除了一个值，如图 7.19 所示。

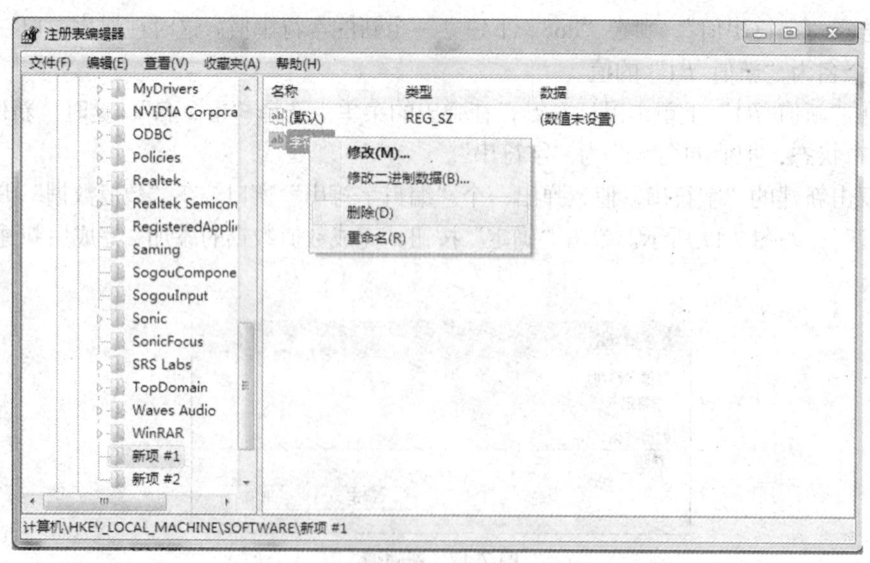

图 7.19 删除值

【注意】注册表里的数据在没有把握的情况下不要随便删除；如果没有把握，在删除之前可以先进行注册表的备份，这样一旦出现问题，可以恢复注册表。

7.1.4 注册表编辑应用举例

1．隐藏桌面快捷方式图标的箭头

该操作主要是要根据用户要求隐藏快捷方式图标的箭头。

操作步骤：运行注册表编辑器，打开已有的或新建下列项——

HKEY_CLASSES_ROOT\Lnkfile\IsShortcut

删除此键（字符串值）值。

2．隐藏桌面上的图标

该操作可以实现桌面图标的显示和隐藏。

操作步骤：运行注册表编辑器，打开已有的或新建下列项——

HKEY_CURRENT_USER\Software\Microsoft\Windows\CurrentVersion\Policies\Explorer\Advanced

项：HideIcons

数据类型：DWORD（32-位）值

值：0（显示桌面图标），1（隐藏桌面图标）

3．更改桌面图标的默认大小

该操作可以使用户根据个人需求更改桌面默认图标的大小。

操作步骤：运行注册表编辑器，打开已有的或新建下列项——

HKEY_CURRENT_USER、Control panel、Desktop、WindowsMetrics

项：ShellIconSize

数据类型：字符串值

值：在此键值对话框内，输入图标的大小值即可。

4．隐藏桌面图标的提示信息

该操作主要是隐藏桌面图标的提示信息。

操作步骤：运行注册表编辑器，打开已有的或新建下列项——

HKEY_CURRENT_USER\Software\Microsoft\Windows\CurrentVersion\explorer\Advanced

项：ShowInfoTip

数据类型：DWORD（32-位）值

值：0（隐藏桌面图标的提示信息），1（显示桌面图标的提示信息）

5．修改开始菜单栏目

该操作主要将系统的菜单栏目默认隐藏起来的常用命令显示出来，也可以通过该设置将常用命令隐藏起来。

操作步骤：运行注册表编辑器，打开已有的或新建下列项——

HKEY_CURRENT_USER\ Software\Microsoft\Windows\ CurrentVersion\Policies\Explorer

① 显示或隐藏开始菜单中“关闭系统”命令。

项：NoClose

数据类型： DWORD（32-位）值

值：0（显示“关闭系统”命令），1（隐藏“关闭系统”命令）

② 显示或隐藏开始菜单中“注销”命令。

项：NoLogOff

数据类型： DWORD（32-位）值

值：0（显示“注销”命令），1（隐藏“注销”命令）

③ 显示或隐藏开始菜单中“运行”命令。

项：NoRun

数据类型：DWORD（32-位）值

值：0（显示“运行”命令），1（隐藏“运行”命令）

④ 显示或隐藏开始菜单中“查找”命令。

项：{450D8FBA-AD25-11D0-98A8-0800361B1103}

数据类型：字符串值

值：0（显示“查找”命令），1（隐藏“查找”命令）

6．缩短系统启动时间

操作步骤：运行注册表编辑器，打开已有的或新建下列项——

HKEY_LOCAL_MACHINE\SYSTEM\CurrentControlSet\Control\Session Manager

项：SetupExecute()。

数据类型：多字符串值

值：将此键值设置为 2

7．禁用 CD-ROM 的自动播放功能

该操作主要是禁止光盘放入光驱时，系统自动执行光盘中的内容。

操作步骤：运行注册表编辑器，打开已有的或新建下列项——

HKEY_LOCAL_MACHINE\SYSTEM\CurrentControlSet001\Services\CD-ROM

项：AUTORUN

数据类型：DWORD 值

值：1（启用自动播放功能），0（禁止自动播放功能）

8．调换鼠标的左右键功能

该操作主要是将鼠标的左右键功能进行调换。

操作步骤：运行注册表编辑器，打开或新建如下项——

HKEY_CURRENT_USER\Control Panel\Mouse

项：SwapMouseButtons

数据类型：字符串值

值：1（交换左右键），0（正常使用鼠标）

9．自定义任务栏预览窗口的打开速度

该操作主要是提高自定义任务栏预览窗口的打开速度

操作步骤：运行注册表编辑器，打开已有的或新建下列项——

HKEY_CURRENT_USER\Control Panel\Mouse（子键）

项：MouseHoverTime

数据类型：字符串值

值：400（默认值），将此键值重新设置

10. 禁用预读功能提高计算机启动速度

该操作主要是提高计算机开机启动速度。

操作步骤：运行注册表编辑器，打开已有的或新建下列项——

HKEY_LOCAL_MACHINE/SYSTEM/CurrentControlSet/Control/Session Manager/Memory Management/PrefetchParameters

项：EnablePrefetcher

数据类型：DWORD（32-位）值

值：0（取消预读功能），1（系统将只预读应用程序），
2（系统将只预读 Windows 系统文件），
3（系统将预读 Windows 系统文件和应用程序）。

11. 控制面板实例

该操作主要是使用注册表禁用控制面板。

操作步骤：运行注册表编辑器，打开已有的或新建下列项——

HKEY_CURRENT_USER/ Software/Microsoft/WINDOWS/Currentversion/Policies/Explorer/

项：NoControlPanel

数据类型：DWORD（32-位）值

值：0（可以使用控制面板），1（禁用控制面板）

7.2 组策略的使用

注册表是 Windows 系统中保存系统和应用软件配置的数据库，随着 Windows 功能的越来越丰富，注册表里的配置项目也越来越多。很多配置都是可以自定义设置的，但这些配置分布在注册表的各个分支，如果是手工配置，是比较困难和繁杂的。而组策略则将系统重要的配置功能汇集成各种配置模块，供管理人员直接使用，从而达到方便管理计算机的目的。

7.2.1 组策略编辑器的基本操作

单击“开始”→“运行”，在“运行”窗口中输入“gpedit.msc”命令，打开“组策略”编辑器窗口，如图 7.20 所示。

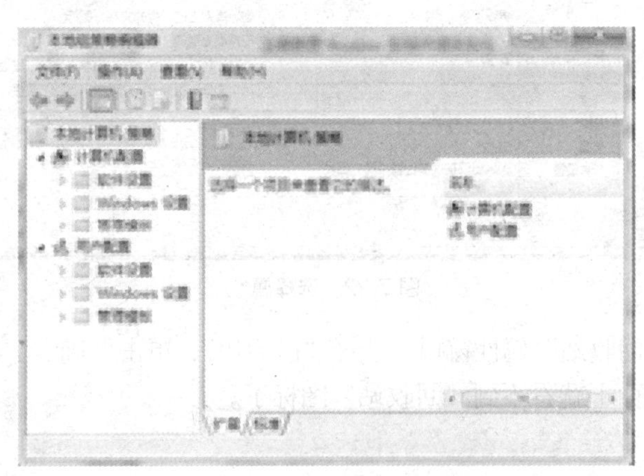

图 7.20 组策略编辑器

组策略编辑器的外观与资源管理器相似，左侧是树状目录区，右侧是列表项。在组策略

的树状目录中有“计算机配置”和“用户配置”两大部分。

“计算机配置”中的设置会应用到整个计算机，在此处修改的设置将影响到计算机中的所有用户。当然，需要以最高一级的管理员身份登录电脑才能使用全部功能；“用户配置”中的设置一般只应用到当前用户，如果改用别的用户身份登录，此处的设置就不会有效了。使用组策略编辑器对配置选项进行配置类似于注册表编辑器，所有的可修改项已经按功能在左侧的树状目录中分类，当单击左侧树状目录的某一分支时，在右侧列表区就会列出它所包含的可设置内容。

例如我们要从桌面删除“回收站”图标。首先在左侧目录区选择“用户配置”→“管理模板”→“桌面”，如图 7.21 所示。

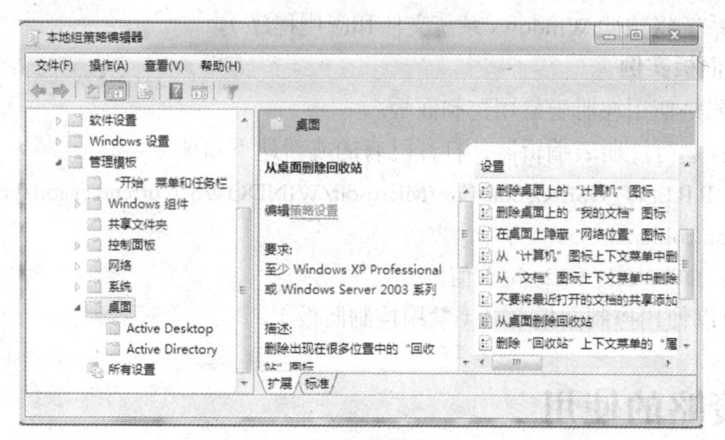

图 7.21 选择目录分支

然后选择右侧列表区“从桌面删除回收站”，单击右键，选择“编辑”，如图 7.22 所示。打开“从桌面删除回收站”属性窗口，如图 7.23 所示。

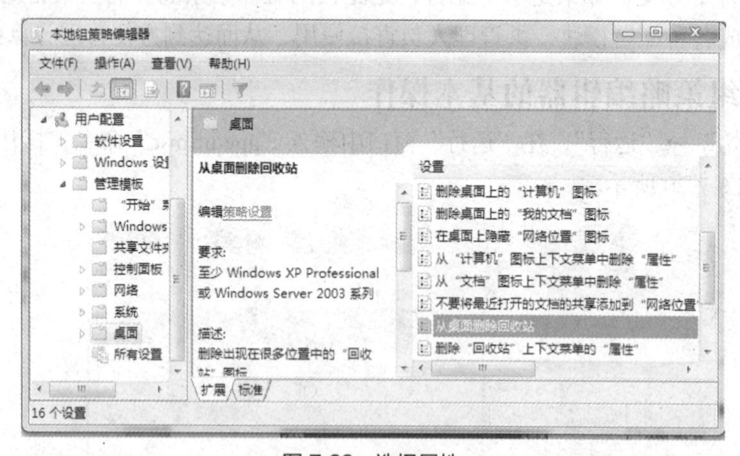

图 7.22 选择属性

在“从桌面删除回收站”属性窗口中选择“已启用”，单击“确定”按钮，组策略的修改就生效了。这样在桌面上就看不到“回收站”图标了。

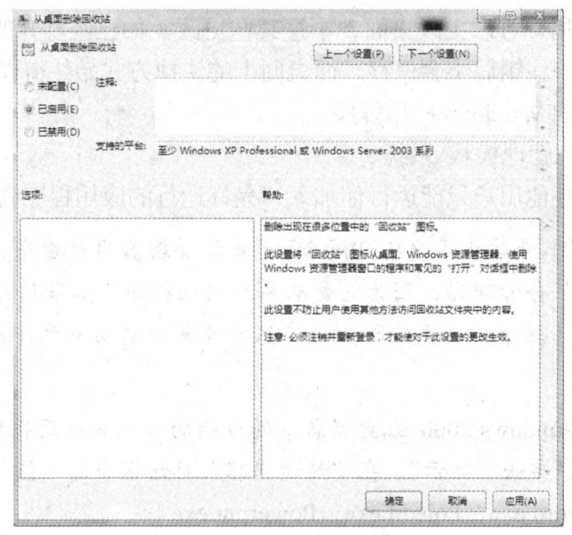

图 7.23　从桌面删除回收站

7.2.2　组策略的应用

组策略设置就是在修改注册表中的配置。当然，组策略使用了更完善的管理组织方法，可以对各种对象中的设置进行管理和配置，远比手工修改注册表方便、灵活，功能也更加强大。在这里，只举些例子让大家对组策略有更多的了解。

（1）登录时不显示欢迎屏幕。

位置：\用户配置\管理模板\系统\

这项设置可使系统在每次用户登录时将 Windows 欢迎屏幕隐藏。用户仍旧可以通过在「开始」菜单选择或在运行对话框中输入“Welcome”来显示欢迎屏幕。

【注意】这项设置出现在“计算机配置”和“用户配置”文件夹中。如果配置这项设置，“计算机配置”中的设置比“用户配置”中的设置优先。

窍门：要显示欢迎屏幕，请单击“开始”→“程序”→“附件”→“系统工具”，然后单击“开始”。要在不指定设置的情况下隐藏欢迎屏幕，请在欢迎屏幕上的复选框中取消选择“在开始显示这个屏幕”。

（2）配置驱动程序查找位置。

位置：\用户配置\管理模板\系统\驱动程序安装

用于配置查找到新硬件时 Windows 将要搜索驱动程序的位置。默认情况下，Windows 将在下列位置搜索驱动程序：本地安装、软盘驱动器、CD-ROM 驱动器、Windows Update。使用此设置，可以从搜索范围中删除软盘或 CD-ROM 驱动器。如果启用此设置，可以通过选择位置名称旁边的相关复选框，删除这三个位置中的任何位置；如果禁用或不配置此设置，Windows 将搜索安装位置、软盘驱动器、CD-ROM 驱动器。

【注意】要阻止搜索 Windows Update 以查找驱动程序，可以参阅“管理模板→系统→Internet 通信管理→Internet 通信设置”中的“关闭 Windows Update 设备驱动程序搜索”。

（3）退出时不保存设置。

位置：\用户配置\管理模板\桌面\

这项设置用于防止用户保存对桌面进行的某些更改。

启动这项设置，用户可以更改桌面，不过某些更改（如已经打开的窗口的位置，任务栏的大小和位置）在用户注销后不会保存，而桌面上的快捷方式始终得以保存。

（4）只运行许可的 Windows 应用程序。

位置：\用户配置\管理模板\系统\

启用这个设置，其他用户只能运行你加入“允许运行的应用程序列表”中的程序。

【注意】这个设置只能防止用户从 Windows 资源管理器启动程序。无法防止用户用其他方式启动程序，例如任务管理器，因为它是从系统启动程序。如果用户可以访问“命令提示符（Cmd.exe）”的话，这个设置无法防止用户从命令窗口启动不允许在 Windows 资源管理器中运行的程序。

【注意】对于有 Windows 2000 或更新版本的证明的第三方应用程序，要遵守此设置。要创建允许的文件列表，单击“显示”，在“显示内容”对话框中的“值”列中键入可执行程序文件名（例如，Winword.exe，Poledit.exe，Powerpnt.exe）。

（5）删除任务管理器。

位置：\用户配置\管理模板\系统\Ctrl+Alt+Del 选项\

该设置防止用户启动“任务管理器”（Taskmgr.exe）。

如果该设置被启用，并且用户试图启动任务管理器，系统会显示消息，解释是一个策略禁止了这个操作。任务管理器让用户启动或终止程序，监视计算机性能，查看及监视计算机上所有运行中的程序（包含系统服务），搜索程序的执行文件名，及更改程序运行的优先顺序。

（6）删除“改变密码”选项。

位置：\用户配置\管理模板\系统\Ctrl+Alt+Del 选项\

该设置防止用户按需更改他们的 Windows 密码。这个设置停用 Windows 安全设置对话框上的“更改密码”按钮（按 Ctrl+Alt+Del 时，该按钮会出现）。但是，用户在得到系统提示时依旧可以更改密码。管理员要求新密码和密码要过期时，系统会提示用户输入新密码。

（7）不允许运行 Windows Messenger。

位置：\用户配置\管理模板\Windows 组件\Windows Messenger

该设置允许禁用 Windows Messenger。

如果启用该设置，Windows Messenger 将不会运行。如果禁止或不配置该设置，Windows Messenger 可以被使用。

【注意】这个设置出现在“计算机配置”和“用户配置”文件夹中。如果两个设置都配置，“计算机配置”中的设置比“用户配置”中的设置优先。

（8）关闭系统还原功能。

位置：\计算机配置\管理模板\系统\系统还原\关闭系统还原

该设置确定是否打开或关闭“系统还原”。如果出现问题，系统还原使用户能够在不丢失个人数据文件的情况下，将其计算机还原到以前的状态。默认情况下，系统还原处于打开状态。

如果启用此设置，则系统还原关闭，并且不能访问“系统还原向导”和“配置界面”。

如果禁用此设置，则系统还原启用并有效。用户无法在配置界面中关闭系统还原，但可根据“关闭配置”设置进行配置。在重新启动系统之前，此功能不起作用。要关闭配置界面，请参阅“关闭配置”设置。如果不配置此设置，系统恢复到默认本地设置。

【注意】此设置仅在系统启动时刷新，仅在 Windows XP Professional 中可用。如果禁用或不配置“关闭系统还原”设置，则可用“关闭配置”设置来确定是否显示配置界面。

（9）配置「开始」菜单。

位置：用户配置 \ 管理模板 \ 任务栏和「开始」菜单。

其中有“从「开始」菜单中删除‘帮助’命令”、“删除「开始」菜单上的‘注销’”等选项，通过它们对「开始」菜单中的系统命令进行结构上的调整，可以打造符合自己使用习惯的「开始」菜单。

（10）删除文件夹选项。

位置：用户配置 \ 管理模板 \ Windows 组件 \ Windows 资源管理器

该设置可以从 Windows 资源管理器菜单上删除文件选项项目，并且从控制面板上删除文件夹选项项目。这样做用户就不能使用“文件夹选项”对话框了。

“文件夹选项”对话框可以让用户设置许多 Windows 资源管理器的属性，如 Active Desktop、Web 视图、脱机文件、隐藏系统文件和文件类别等。

本章小结

注册表是一个“庞大”的数据库。它包含应用程序和计算机的全部配置信息，Windows 系统和应用程序的初始化信息，应用程序和文档文件的关联关系，硬件设备的说明、状态属性，以及各种状态信息。对系统的正常运行起着至关重要的作用。要熟练解决计算机故障，必须了解注册表，掌握它的基本使用和维护方法。另外还要掌握注册表的日常备份和恢复方法，也可以采用工具软件进行备份和恢复。组策略则将系统重要的配置功能汇集成各种配置模块，供管理人员直接使用，从而达到方便管理计算机的目的。

习题七

1．填空题

（1）注册表是操作系统、硬件设备以及客户应用程序得以正常运行和保存设置的核心______。

（2）备份注册表可以用注册表编辑器备份、手工备份、______。

（3）在 Windows 7 中，注册表系统配置文件保存在______。

（4）在 Windows 7 中，注册表用户配置文件保存在______ 。

（5）在组策略的树状目录中的______设置会应用到整个计算机，在此处修改的设置将影响到计算机中的所有用户。

2．选择题

（1）Windows 7 注册表包括（　　）个分支。

A．3　　B．4　　C．5　　D．2

（2）如 Windows 7 无法正常启动，可使用上次正常启动的注册表配置。当计算机通过内存、硬盘自检后，按（　　）键，进入启动菜单。

A．F10　　B．F8　　C．F11　　D．F4

（3）组策略就是修改（ ）中的配置。

A. 注册表 B. 系统文件 C. 备份文件 D. 镜像文件

（4）注册表中使用的数据类型有“DWORD 值”型。其数据一般以（ ）格式显示在注册表编辑器中。

A. 二进制 B. 十进制 C. 八进制 D. 十六进制

（5）注册表系统配置文件 SAM 是指（ ）。

A. 系统注册表文件 B. 应用软件注册表文件
C. 安全注册表文件 D. 安全账户管理器注册表文件

3. 简答题

（1）注册表存储着哪些内容？

（2）注册表有哪些配置单元？

（3）组策略与注册表的关系是什么？

PART 8

第8章 实训

实训一　计算机硬件的认识与组装

一、实训目的

1. 通过实训，了解微型计算机系统的软硬件组成。
2. 培养对计算机硬件系统各组成部件的识别能力。
3. 学会自已动手配置、组装一台多媒体计算机。

二、实训准备

1. 配置完整的计算机配件。
2. 指导老师把实验室计算机硬件组成部件、卡件等归类和分组。

三、实训步骤

1．了解硬件的基本配置

（1）认识CPU的型号、主频、接口、封装形式、生产厂商。

（2）认识内存的型号、容量、接口、时钟频率、生产厂商。

（3）认识主板的型号、结构、控制芯片组、BIOS芯片、跳线设置、接口、生产厂商。

（4）认识硬盘的型号、结构、接口标准、跳线设置、生产厂商。

（5）认识光驱的型号、结构、接口标准、跳线设置、生产厂商。

（6）认识显卡的型号、显存、芯片、接口、生产厂商。

（7）认识网卡的型号、接口。

2．了解常用的外部设备

了解显示器、键盘、鼠标、扫描仪、打印机、音箱、数码相机、数字摄像头的接口，型号，生产厂商。

3．利用工具正确组装一台计算机

安装过程中，注意安装顺序，对计算机各部件要轻拿轻放；安装完毕后，注意清理布线，以免机箱内接线混乱，不便于检查。装机流程如图9.1所示。

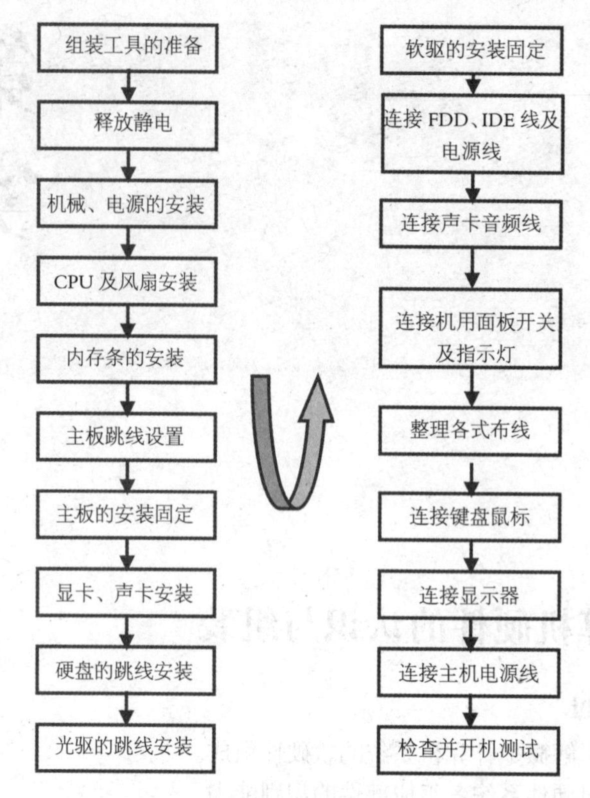

图 8.1 装机流程图

4．开机检测

安装完毕后，开机检测。如果能正常启动，则安装正确；若不能正常启动，则仔细检查安装过程，直到能够正常启动。

四、实训总结

1. 根据实训内容记录计算机硬件的基本配置。
2. 记录安装过程的故障现象，并写出故障排除方法。

实训二　CMOS 参数与 BIOS 参数的设置

一、实训目的

1. 熟悉计算机系统 BIOS 的主要功能及启动，并为下一步硬盘分区做准备。
2. 在“Standard CMOS Features”中设置日期、时间，设置暂停的出错状态。
3. 在“Advanced BIOS Features ”中设置开机启动顺序，加快启动速度。
4. 在“Integrated Peripherals”中设置设备的禁用。
5. 在“Set Supervisor Password”中设置开机密码和进入 BIOS 的密码。
6. 在“Save & Exit Setup”中保存设置，退出 BIOS 程序界面。

二、实训准备

1. 一台组装好的计算机，并能正常启动。
2. 阅读主板说明书，了解 CMOS 的内容。

三、实训步骤

1. 进入BIOS 程序菜单（以 Award BIOS 为例）

开机时，当屏幕左下角出现提示，按 DEL 键进入 BIOS 程序菜单，如图 8.2 所示。

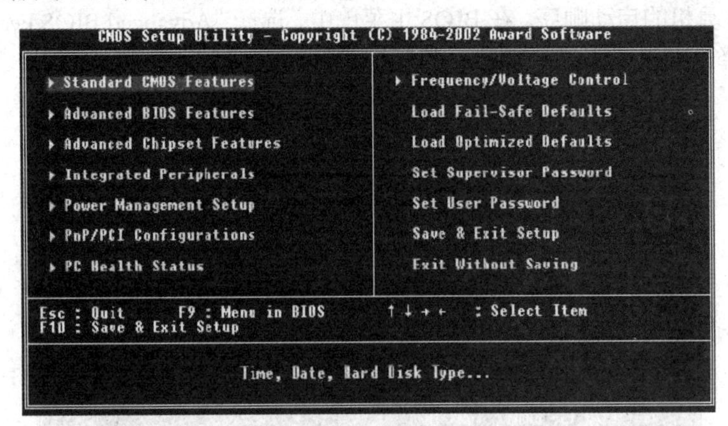

图 8.2　BIOS 程序菜单

【注意】 CMOS 参数设置常规操作方法：用方向键移动光标→选择 CMOS 设置菜单上的选项，然后按回车键进入子菜单，用 Esc 键来返回主菜单，用 PAGE UP 和 PAGE DOWN 键来选择具体选项，用 F10 键保存设置并退出 CMOS 设置。

2. 在“Standard CMOS Features”中的设置

在 BIOS 主菜单中，选择“Standard CMOS Features”子菜单→回车→进入该子菜单，如图 8.3 所示。

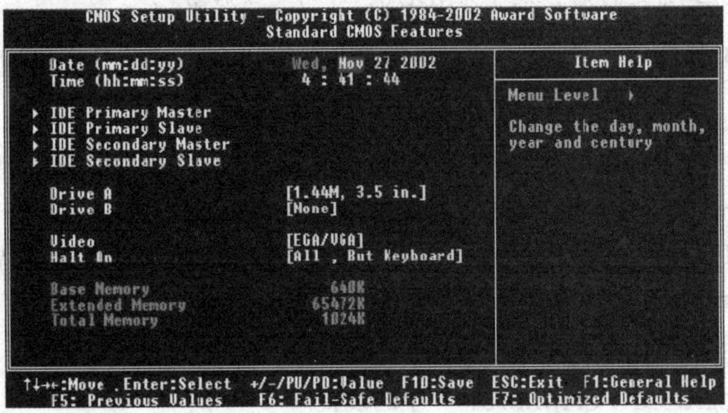

图 8.3　标准 CMOS 特征（Standard CMOS Features）

（1）设置日期和时间。

选择 DATE 项，根据当天日期来进行具体设置。选择 Time 项，根据当地时间来进行具体设置。

（2）设置禁用软驱。

选择 Drive A 项，将该项设置为“Disable”；选择 Drive B 项，该项也设置为“Disable”。

（3）设置暂停的出错状态。

选择 Halt On 项，将该项设置为“Au,But Keyboard”。

（4）设置显示类型。

选择 Video 项，用户应根据情况正确选用。

（5）回主菜单。

按 ESC 键回到 BIOS 主菜单。

3．在“Advanced BIOS Features ”中的设置

（1）设置计算机的启动顺序。在 BIOS 主菜单中，选择“Advanced BIOS Features”子菜单，按回车键，选择进入该子菜单，如图 8.4 所示。

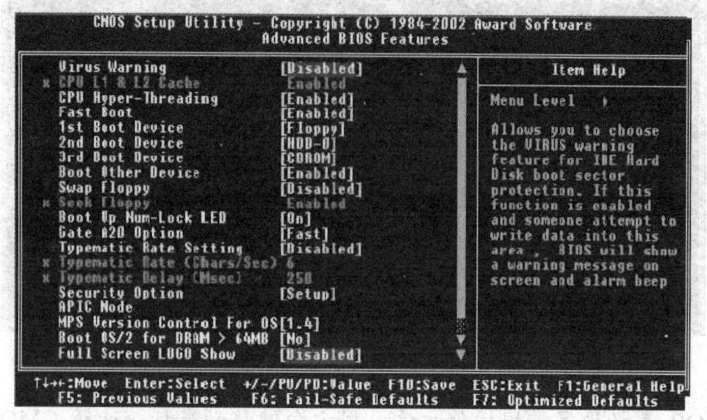

图 8.4 高级 BIOS 特征（Advanced BIOS Features）

选择“1st/2nd/3rd Boot Device”（第一/第二/第三启动设备）将这项开机启动顺序调整为第一启动设备为“CDROM”。

【注意】

① 安装操作系统前需要从光盘启动，因此要将开机启动顺序调整为“CDROM”（计算机安装好操作系统并正常运行后，调整为 IDE 0，即由硬盘启动。）

② 如果是 AMI BIOS，则在 “Advanced BIOS Features”中选择“BOOT SEQUENCE”（开机优先顺序）。设置启动顺序的原则是一样的。

（2）关闭病毒报警。选择“Virus Warning”功能，将该项设为“Disabled”。

【注意】“Virus Warning”功能可以对 IDE 硬盘引导扇区进行保护。打开此功能后，如果有程序企图在此区中写入信息，BIOS 会在屏幕上显示警告信息，并发出蜂鸣报警声。设定值有：Disabled，Enabled。安装操作系统之前将该项设为“Disabled”。

（3）按 ESC 键回到在 BIOS 主菜单。

4．在“Integrated Peripherals”中的设置

在 BIOS 主菜单中，选择进入“Integrated Peripherals”子菜单，如图 8.5 所示。

（1）禁止板载声卡。选择“AC’97Audio”（AC’97 音频），将该项设为“Disabled”。

【注意】如果检测到了音频设备，板载的 AC’97 控制器将被启用；如果没有，控制器将被禁用。如果想使用其他的声卡，请禁用此功能。设定值有：Auto，Disabled。

（2）禁止板载调制解调器。选择“AC’97 Modem”（AC’97 调制解调器），将该项设为“Disabled”。

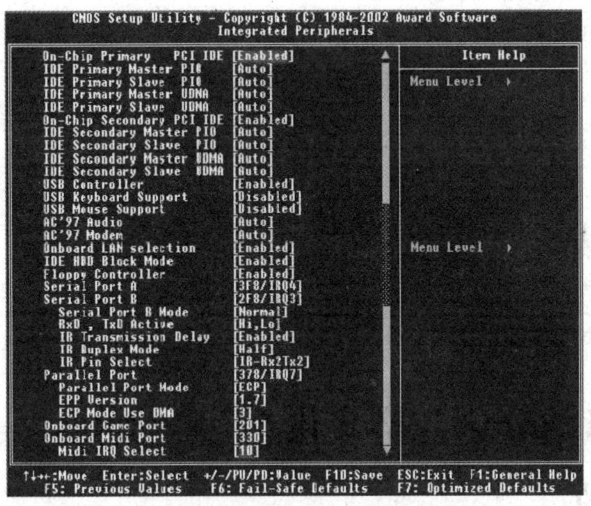

图 8.5 整合周边（Integrated Peripherals）

【注意】如果检测到了板载调制解调器，板载的 AC'97 调制解调器将被启用；如果没有，控制器将被禁用。如果想使用其他的调制解调器，请禁用此功能。设定值有：Auto，Disabled。

（3）按 ESC 键回到在 BIOS 主菜单。

5．在“Set Supervisor Password”中的设置

在 BIOS 主菜单中，选择进入“Set Supervisor Password”子菜单或选择进入“Set User Password”子菜单。按回车键，选择进入该子菜单。

（1）设置开机系统输入密码。

① 在弹出的对话框只能输入密码，最多 8 个字符，然后按回车键。随后系统会要求再次输入密码确认，一旦确认，密码就可以启用。

② 按 ESC 键回到 BIOS 主菜单。

③ 接着选择进入“Advanced BIOS Features”子菜单，在该项子菜单中选择“Security Option（安全选项）”，将“Security Option”设定为“System”。

（2）设置进入 BIOS 密码。设置 BIOS 的密码的方法与前面设置开机密码相同，但在“Advanced BIOS Features”子菜单中要将“Security Option”设定为 Setup，则仅在进入 BIOS 程序设置前要求密码。

【注意】

① 要清除密码，只要在弹出输入密码的窗口时按回车键。屏幕会显示一条确认启用信息，是否禁用密码。一旦密码被禁用，系统重启后，可以不需要输入密码直接进入设定程序。

② 有关管理员密码和用户密码：如果用户同时设置了两个密码，两个密码都可以进入 BIOS，但却拥有不同的权限。

Supervisor password：能进入并修改 BIOS 设定程序。

User password：只能进入，但无权修改 BIOS 设定程序。

7．在“Save & Exit Setup”中的设置

在 BIOS 主菜单中，选择“Save & Exit Setup”子菜单，按回车键，进入该子菜单，如图 8.6 所示。选择“Y”就可以退出 BIOS 程序菜单。或者可以采用比较简单的方式：按 F10 键，也会出现如图 8.6 所示的对话框。

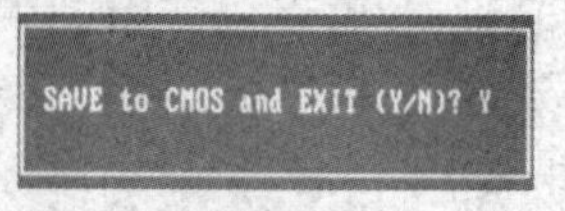

图 8.6　保存退出

四、实训总结

（1）了解 BIOS 界面的含义及功能。

（2）总结常规 CMOS 设置的功能和步骤。

实训三　硬盘的分区与格式化

一、实训目的

1. 熟悉 DiskGenius 分区界面每一个菜单的含义。
2. 掌握硬盘的分区与格式化的方法和技巧。
3. 将硬盘划分为 C 盘（20GB）、D 盘（20GB）、E 盘（容量不限制）三个分区。

二、实训准备

1. 实训一组装好计算机，并能正常启动。
2. 实训二完成启动顺序设置，即设置计算机从 CD-ROM 启动或从 USB 启动。
3. 带有 DiskGenius 程序的可直接启动光盘一张或 U 盘一个。

三、实训步骤

1. 将启动盘插入 CD-ROM，启动计算机。
2. 开机后，选择“Start computer with CD-ROM support”，从 CD-ROM 启动。
3. 计算机启动后进入 DiskGenius，如图 8.7 所示。

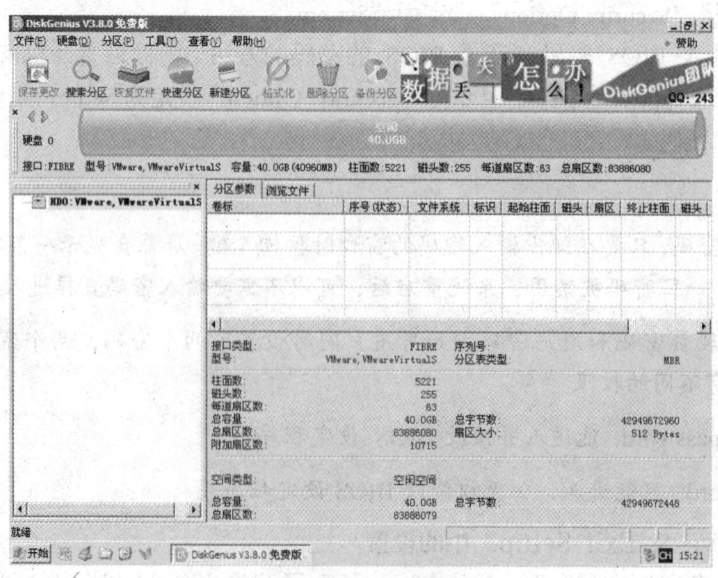

图 8.7　DiskGenius 程序启动界面

4. 在如图 8.7 所示的 DiskGenius 程序的主界面中，可以快速分区，也可以进行正常步骤的分区。要实现快速分区，可单击“硬盘→快速分区”菜单项、单击快速分区图标或按 F6 键。出现如图 8.8 所示窗口，进行快速分区。

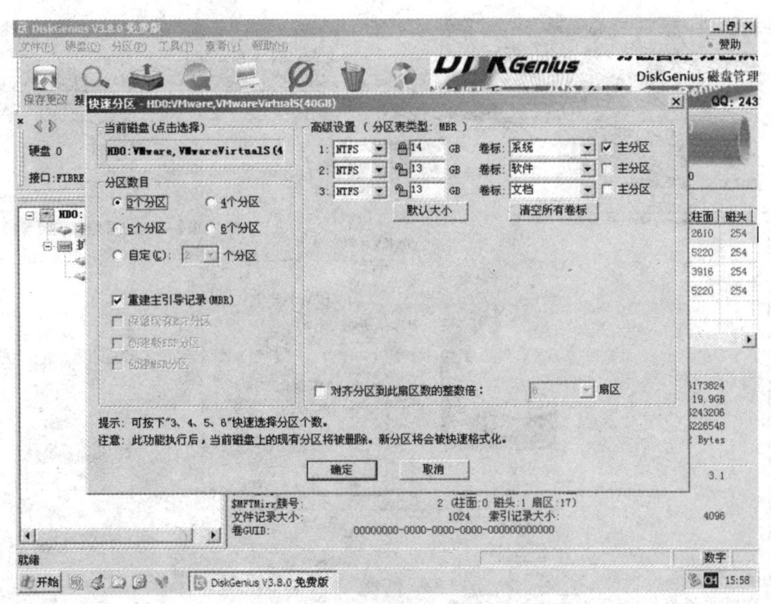

图 8.8 快速分区

5. 可以用菜单或鼠标右键进行 DiskGenius 正常步骤的分区，首先选择菜单中的建立新分区，如图 8.9 所示。

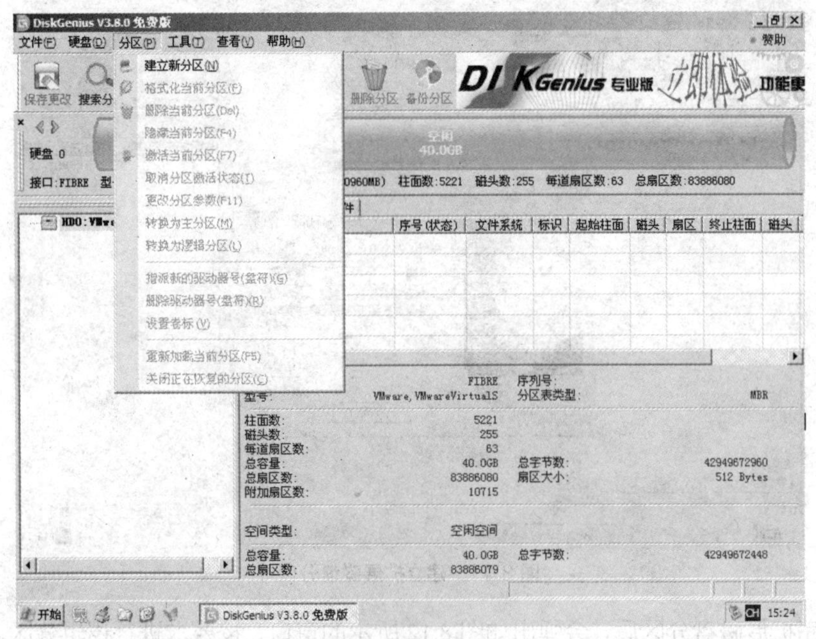

图 8.9 建立新分区

6. 在弹出的窗口中，选择建立主磁盘分区，确定主分区类型和分区容量，单击“确定”。如图 8.10 所示。

7. 分完主分区后，弹出如图 8.11 所示的窗口，选择“扩展磁盘分区”。

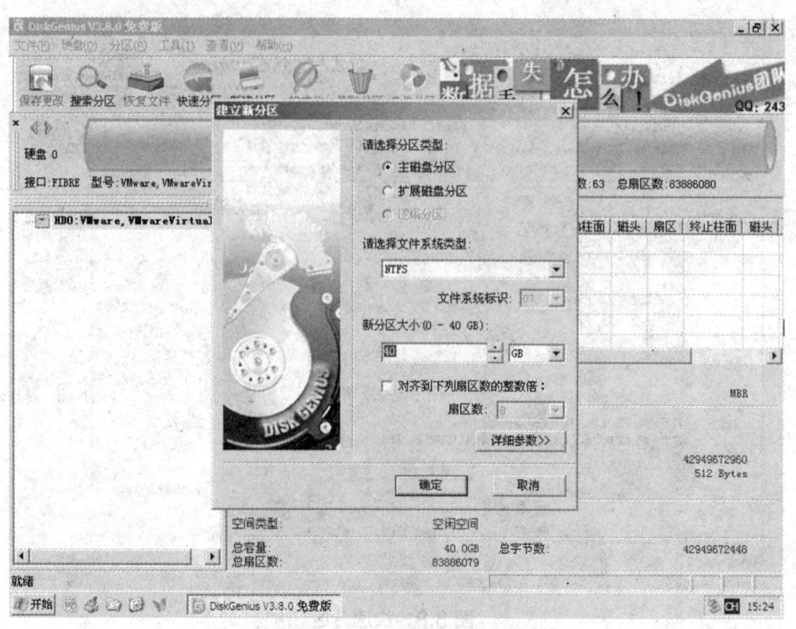

图 8.10 建立主磁盘分区

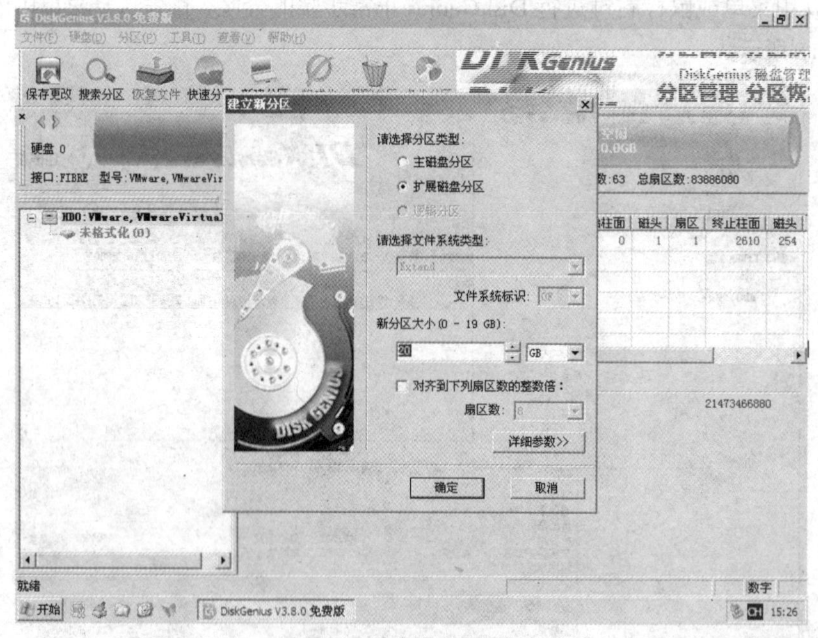

图 8.11 建立扩展磁盘分区

8. 分完扩展磁盘分区后，会弹出如图 8.12 所示的窗口，按要求进行逻辑分区。确定分区类型和分区容量后，单击“确定”按钮。

9. 分完磁盘分区后，在弹出如图 8.13 所示的窗口中对主分区进行格式化，格式化过程如图 8.14 所示。

10. 格式化完成后，会显示硬盘空间的列表。告知硬盘的总容量，可用空间，系统占用空间，坏扇区占用空间，卷标，剩余空间等数据。这说明已经成功地完成了 C 分区的格式化。接下来依照上面的步骤完成对 D 区和 E 区的格式化工作。

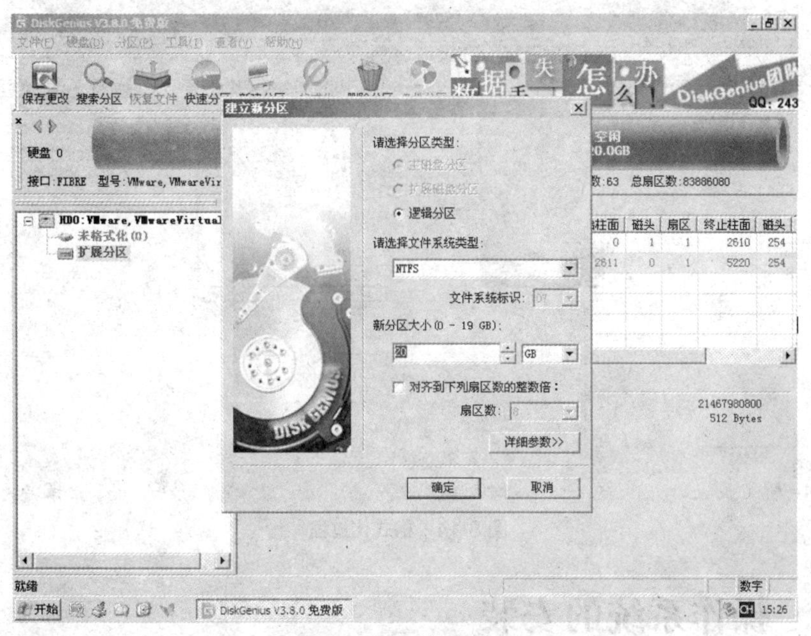

图 8.12 建立逻辑分区

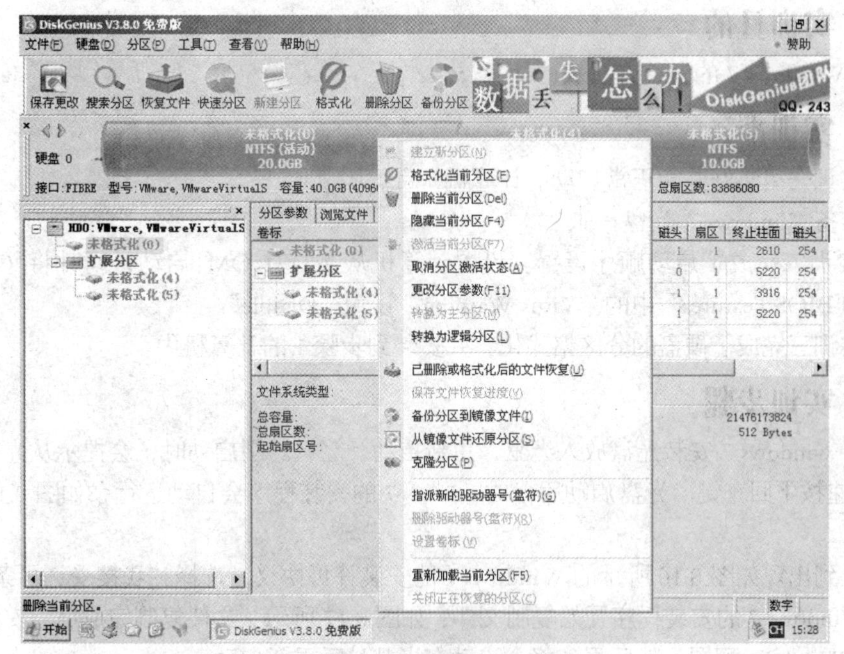

图 8.13 磁盘格式化

四、实训总结

1. 写出硬盘删除旧分区，建立新分区的操作步骤。
2. 总结在实际操作中遇到的问题，以及解决方法。

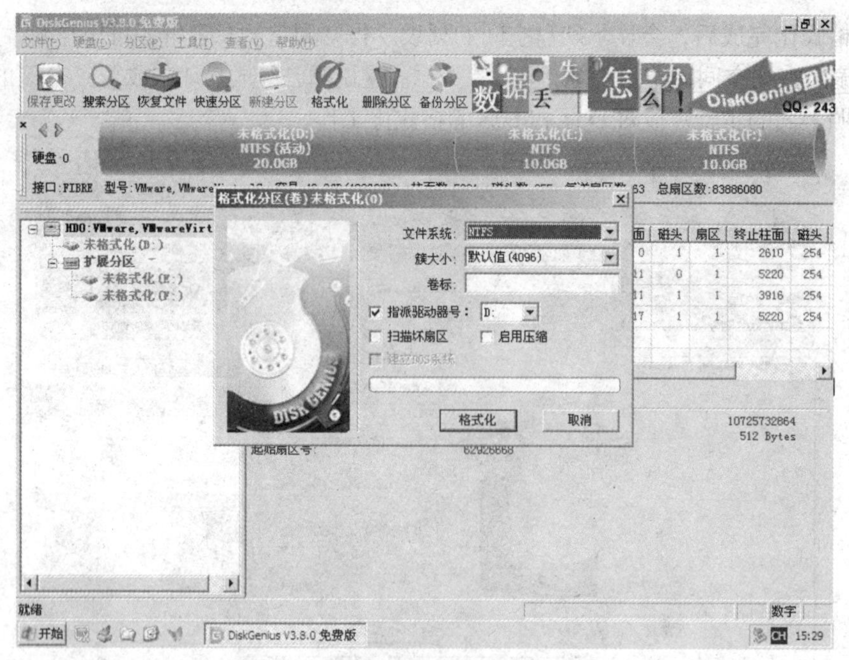

图 8.14 格式化过程

实训四 操作系统的安装

一、实训目的

掌握 Windows 7 的安装方法。

二、实训准备

1. 实训一组装好并能正常启动的计算机一台。
2. 准备 Windows 7 光盘一张。
3. 实训二完成了启动顺序设置。设置计算机从 CD-ROM 启动，同时将 CMOS 中“Advanced BIOS Features”中的“Virus Warning”设为“Disable”。
4. 实训三完成了硬盘的分区格式化，并安装到步骤 1 的计算机中。

三、实训步骤

1. 将 windows 7 安装光盘放入光驱，重新启动计算机。刚启动时，会提示从光驱启动计算机，快速按下回车键。光盘启动后，Windows 7 的安装程序会自动运行，如图 8.15 所示，按回车键。
2. 直到出现如图 8.16 所示的 Windows 7 的安装许可协议，选择“我接受许可条款”。
3. Windows 7 的安装程序开始复制文件，如图 8.17 所示。文件复制完成后。安装程序开始初始化 Windows 配置。然后系统将会自动在十几秒后重新启动。
4. 自动重新启动时，可以看到熟悉的 Windows 7 启动界面，如图 8. 18 所示。
5. 第一次重启后，将显示“安装程序正在启动服务”界面。完成安装时界面如图 8.19 所示。

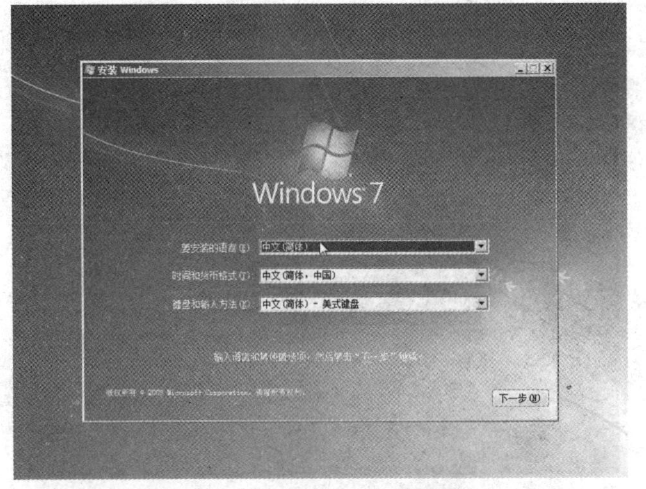

图 8.15　Windows 7 的安装程序

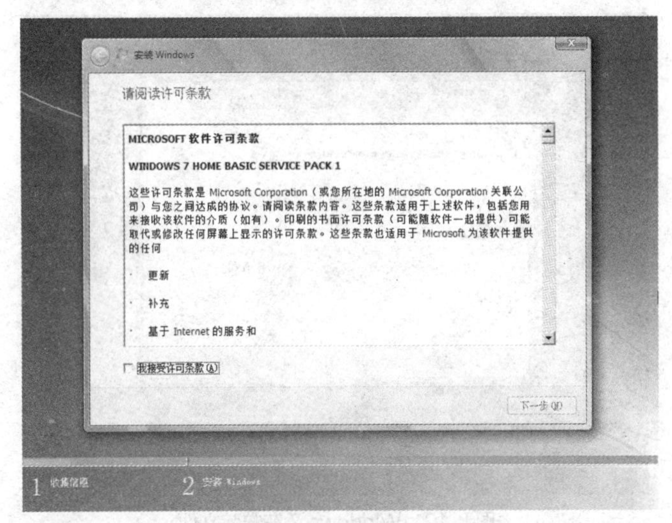

图 8.16　Windows 7 许可协议

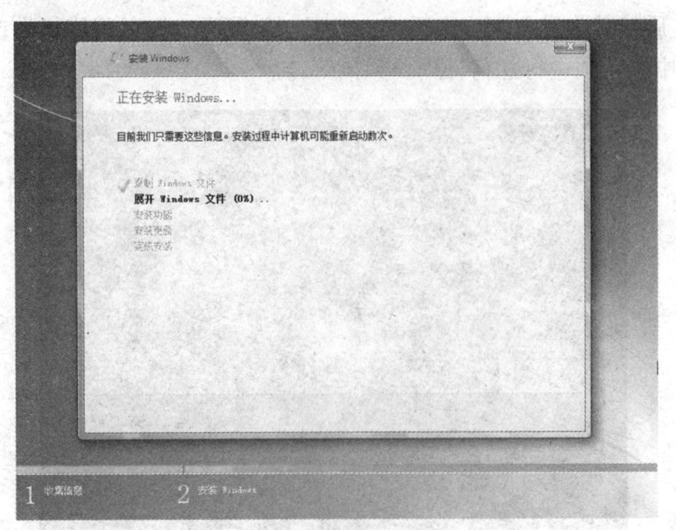

图 8.17　Windows 7 的安装程序界面

图 8.18　Windows 7 启动界面

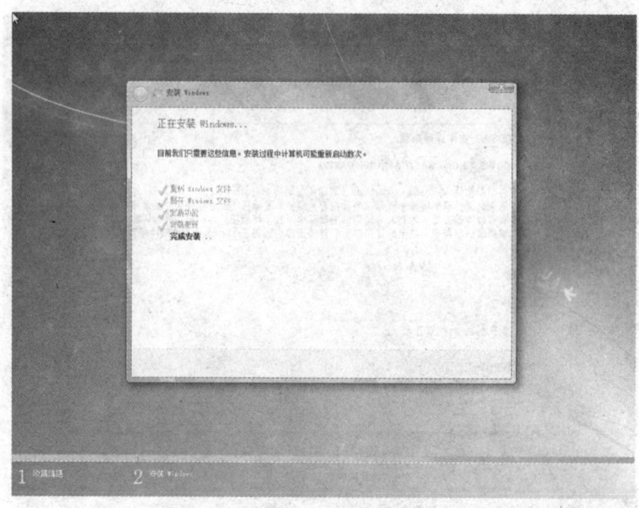

图 8.19　Windows 7 在安装文件

6. 完成安装后接着将进入第二次重启，如图 8.20 所示。安装程序将为首次使用计算机做准备。在此过程中，无须进行任何操作，只需等待。

图 8.20　重新启动界面

7. 接下来安装程序将检查视频特性。检查完视频特性后，将进入“设置 Windows”界面，如图 8.21 所示，在这儿输入用户名和计算机名，然后单击“下一步”。

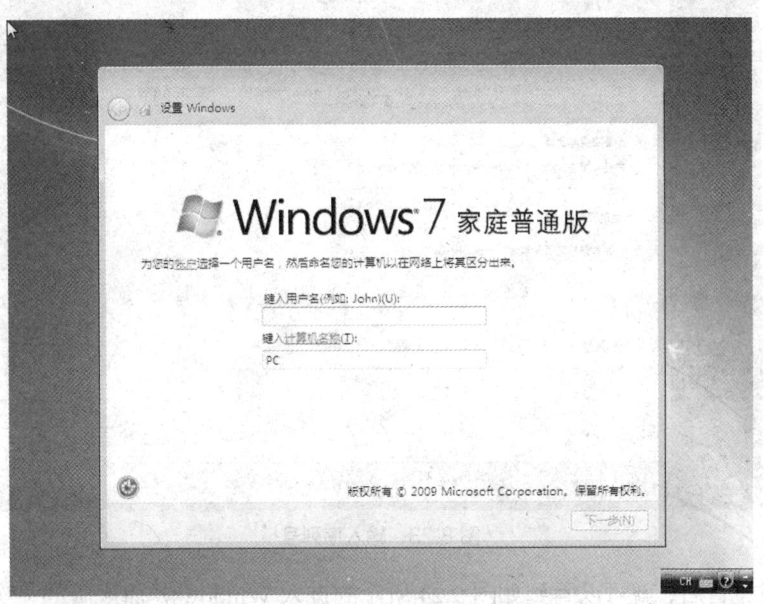

图 8.21　建立用户

8. 进入“为账户设置密码”窗口，如图 8.22 所示，设置密码。如果不愿意设置密码，可以直接跳过这个步骤。

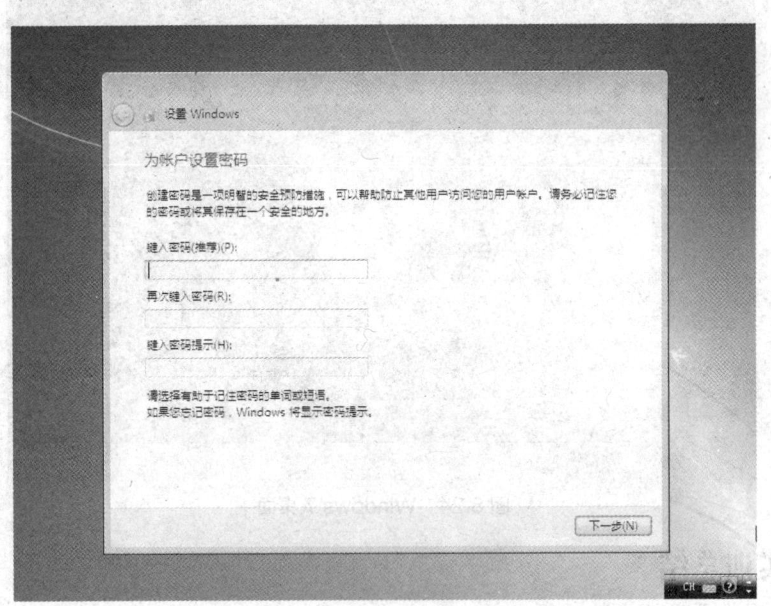

图 8.22　设置系统管理员密码

9. 然后输入产品密钥，如图 8.23 示。随后进入“系统自动保护设置”界面和“时间设置”界面进行设置和选择。在“选择计算机当前位置”界面时，如果你在安装过程中是处于联网状态的，Windows 7 会让你选择“计算机当前的位置”。

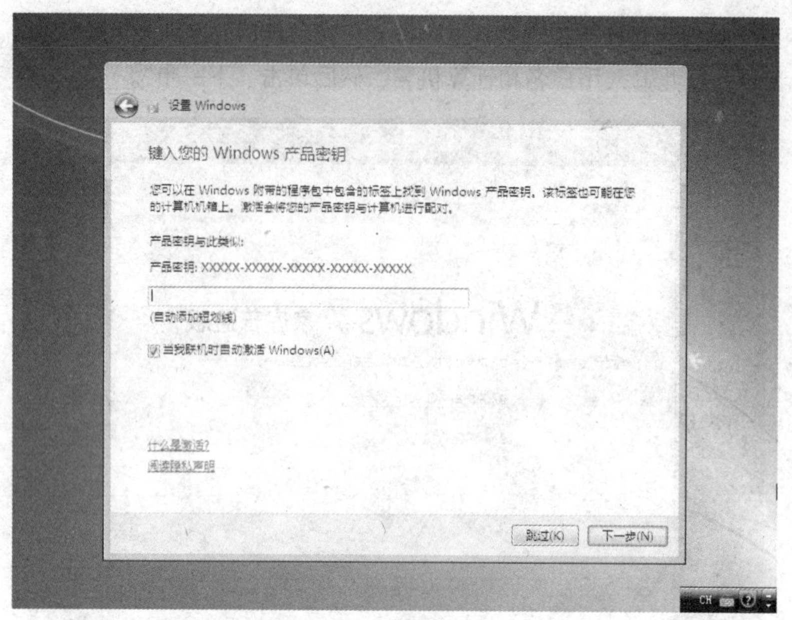

图 8.23 输入序列号

10. 完成设置后，就可以看到如图 9.24 所示的进入 Windows7 旗舰版的“欢迎”画面了。

图 8.24 Windows 7 桌面

四、实训总结

1. 总结操作系统的安装过程。
2. 总结在系统的安装过程中遇到的问题。

实训五　设备驱动程序的安装

一、实训目的

1. 熟练掌握安装计算机硬件设备驱动程序的常用方法。
2. 通过实训，使学生进一步理解计算机硬件设备工作的原理和特点。

二、实训准备

1. 一台已经安装好 Windows 7 操作系统的计算机。
2. 准备好驱动程序的光盘或 U 盘。
3. 仔细阅读主板说明书。

三、实训步骤

各种驱动程序的安装大同小异，安装过程也是标准的 Windows 程序安装方式，我们以安装 Intel 芯片组主板驱动程序、显卡驱动程序为例。

1．主板驱动程序的安装

（1）将主板的驱动程序光盘放入光驱，然后在自动运行的界面中单击“Intel Chipset INF Files”选项，即可进入驱动程序的安装界面，然后按照安装向导提示完成文件的安装。

（2）安装完成后，按照程序提示重新启动计算机。

（3）重新启动后，在桌面右击“我的电脑”→“属性”，在打开的“系统属性”对话框中单击“硬件”选项卡。

（4）单击“设备管理”按钮，打开“设备管理器”对话框，如图 8.25 所示。

（5）检查驱动程序是否安装成功。点击“IDE ATA/ATAPI 控制器”选项，可以看到“Intel（R）82801EB Ultra ATA Storage Controllers”选项，就表示安装成功了。

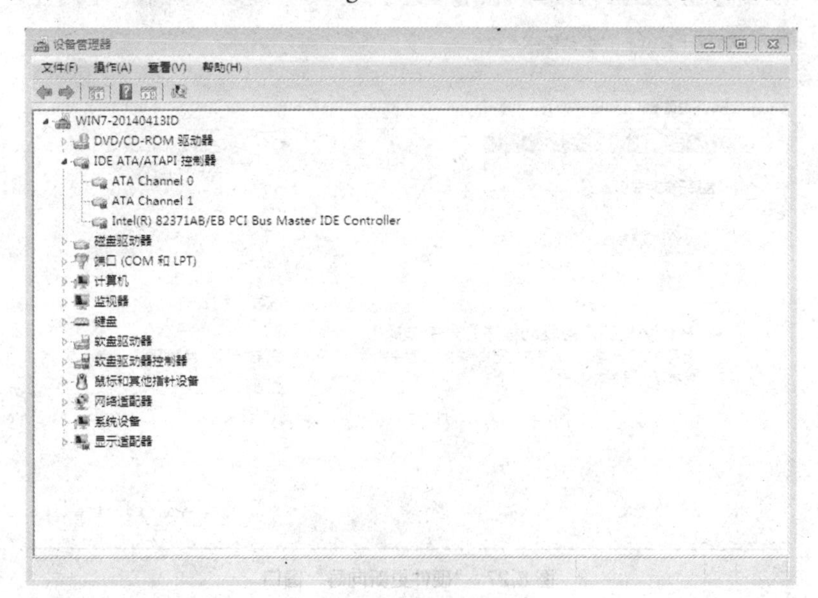

图 8.25　设备管理器

2．显卡驱动程序的安装

（1）在桌面右键单击“我的电脑”→“属性”，在打开的“系统属性”对话框中点击“硬件”选项卡。

（2）单击“设备管理器”按钮，打开“设备管理器”对话框。

（3）右键单击显卡型号，选择“更新驱动程序软件”，如图 8.26 所示。

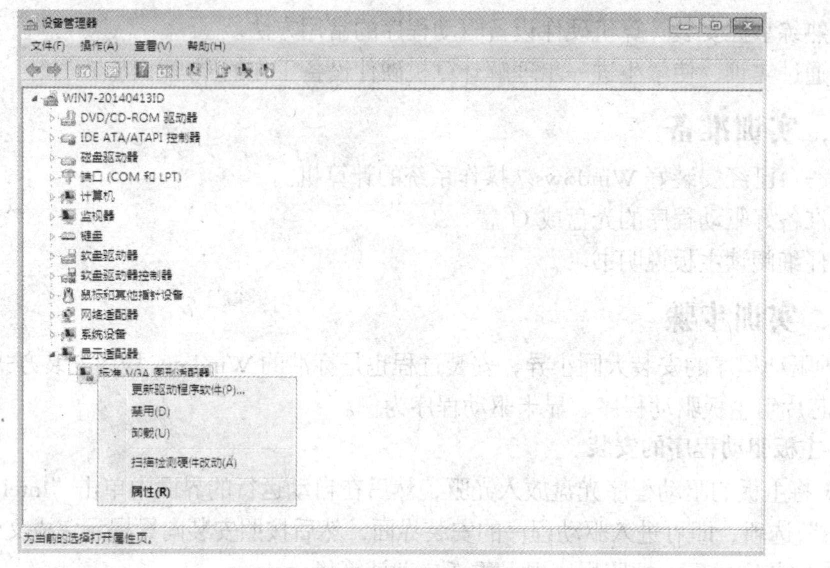

图 8.26　选择“更新驱动程序软件”

（4）弹出“硬件更新向导”窗口，如图 8.27 所示。选择“在以下位置搜索驱动程序软件”后单击“下一步”。

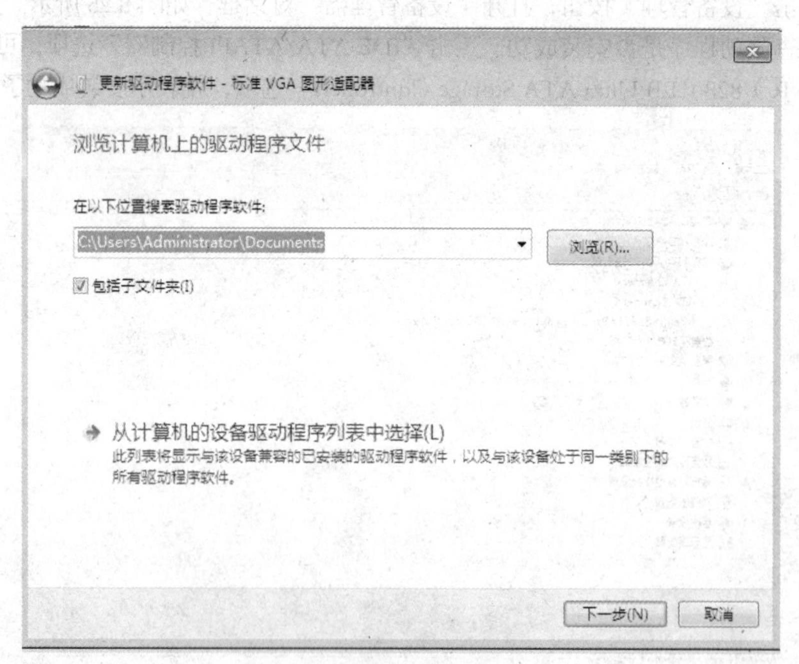

图 8.27　“硬件更新向导”窗口

（5）将“在搜索中包括这个位置”选中，如图 8.28 所示，并单击“浏览”，指定驱动程序文件所在文件夹的位置，单击“下一步”按钮后，即开始驱动程序文件的复制安装。

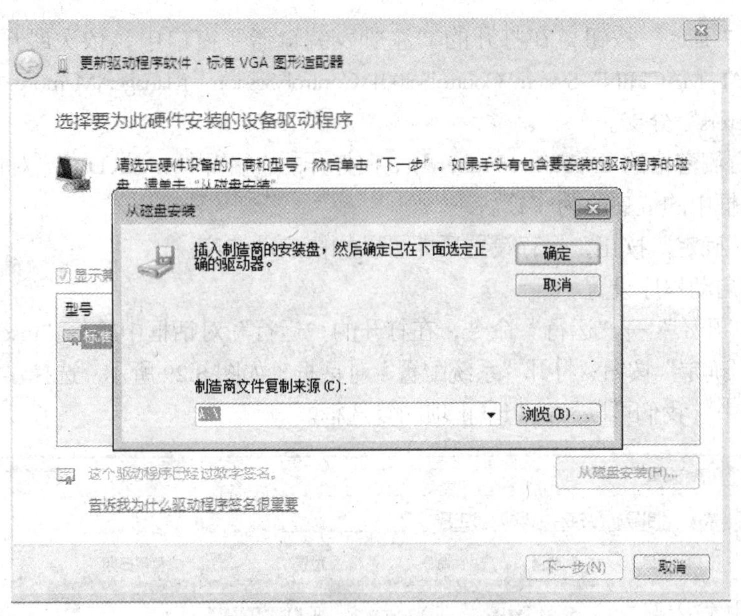

图 8.28　指定驱动程序文件位置

（6）完成安装后会弹出窗口以提示安装完成，单击“完成”按钮后即会出现是否现在重新启动的对话框，选择“是”重新启动机器。

四、实训总结

1. 总结设备驱动程序的安装过程。
2. 总结如何解决安装设备驱动程序的过程中遇到的问题。

实训六　系统环境的优化与安全

一、实训目的

1. 掌握 Windows 7 操作系统启动优化。
2. 掌握 Windows 7 操作系统性能优化。
3. 掌握 Windows 7 操作系统磁盘维护。
4. 掌握 Windows 7 操作系统安全维护。

二、实训要求

1. 优化系统环境，以便提供更佳的操作环境。
2. 通过 Windows 7 操作系统安全维护，保证文件和数据的安全。

三、实训准备

一台已经安装好 Windows 7 操作系统的计算机。

四、实训步骤

1．Windows 7 操作系统启动优化

（1）减少系统启动时的等待时间。

① 选择“开始”→“运行”命令，在打开的“运行”对话框中输入“regedit”。

② 单击“确定”按钮，在打开的“注册表编辑器”窗口中，依次展开左侧窗格中的“HKEY_LOCAL_MACHINE\System\ControlSet001\Control\Session Manager\Memory Managemement\PrefetchParameters”分支。

③ 双击右侧窗格的 EnablePrefetcher 项，在打开的“编辑 DWORD 值”对话框中，将“数值数据”文本框中的值更改为“1”。

④ 单击“确定”按钮，保存设置后即可以加快启动速度。

（2）优化启动程序设置。

① 选择“开始”→“运行”命令，在打开的“运行”对话框中输入“msconfig”。

② 单击“确定”按钮，打开“系统配置”对话框，如图 8.29 所示。选择“启动”选项卡。此时在列表框中，我们可以撤选想禁止项的复选框。

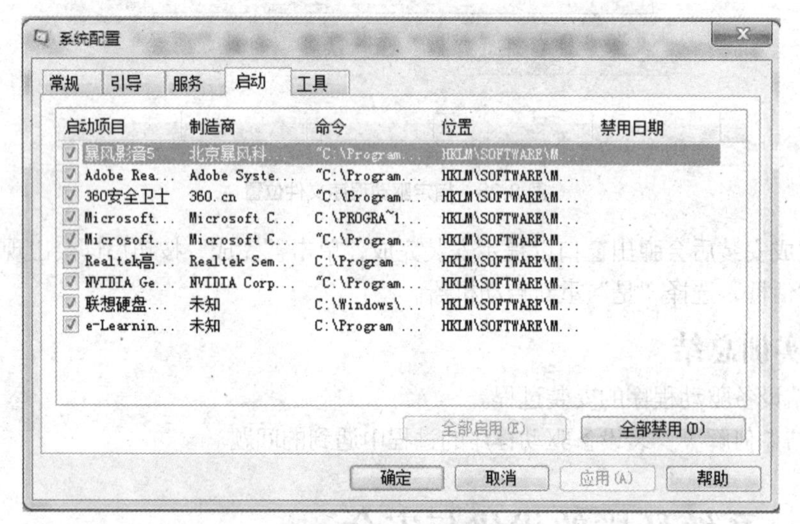

图 8.29 系统配置

③ 单击“确定”按钮。

2. Windows 7 操作系统性能优化

（1）手工清除系统垃圾文件。

① 打开“我的电脑”→“搜索结果”窗口。

② 在该窗口中单击左侧“搜索助理”一栏中的“所有文件和文件夹”选项。

③ 在打开相应页面中的“全部或部分文件名”文本框中输入要搜索的文件（这里以搜索*.tmp）为例，在“在这里寻找”下拉列表框中选择“我的电脑”选项。

④ 单击“搜索”按钮，稍等一会儿就会将硬盘中所有扩展名为.tmp 的文件查找出来。

⑤ 删除查找出来的以.tmp 为扩展名的文件。

（2）删除 Windows 中无用的输入法。

① 在任务栏上右键单击“输入法”图标，从弹出的快捷菜单中选择“设置”命令。

② 在打开的“文字服务和输入语言”对话框中的“已安装的服务”列表框中，选中多余的输入法，如图 8.30 所示。

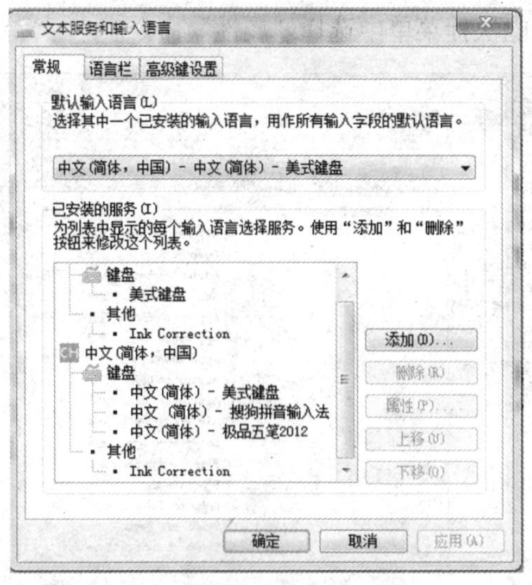

图 8.30　文字服务和输入语言

③ 单击“删除”按钮，将多余的输入法删除。设置完毕后，单击“确定”按钮。

④ 在“我的电脑”窗口中，打开 Windows\ime 文件夹。在该文件夹中将相应的输入法文件夹及文件删除即可。

（3）关闭计算机休眠功能。

① 选择“开始”→“设置”→“控制面板”→“系统安全”命令。

② 在打开的“控制面板主页进入到”窗口中，双击“电源选项”，进入到“选择电源计划”窗口。

③ 在打开的“选择电源计划”首选计划中，选择“平衡”选项卡，单击“更改计划设置”。

④ 在打开的“更改计划的设置：平衡”首选计划中，在“使计算机进入睡眠状态”选项中选择“从不”选项，单击“保存修改”按钮保存设置。如图 8.31 所示。

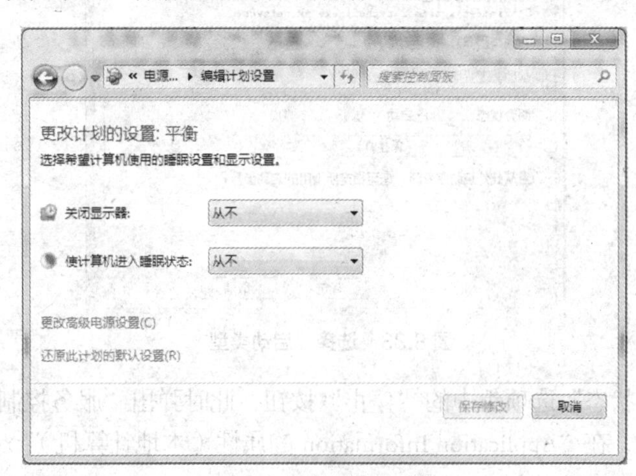

图 8.31　关闭休眠功能

（4）关闭不常用的服务。

① 在桌面上右键单击“我的电脑”图标，在弹出的快捷菜单中选择“管理”命令。

② 在打开的“计算机管理”对话框中，依次展开“服务和应用程序”→“服务”选项。

③ 右键单击要禁用的服务程序（这里选择 Automatic Information 服务程序），如图 8.32

所示。单击右键，从弹出的快捷菜单中选择“属性”命令。

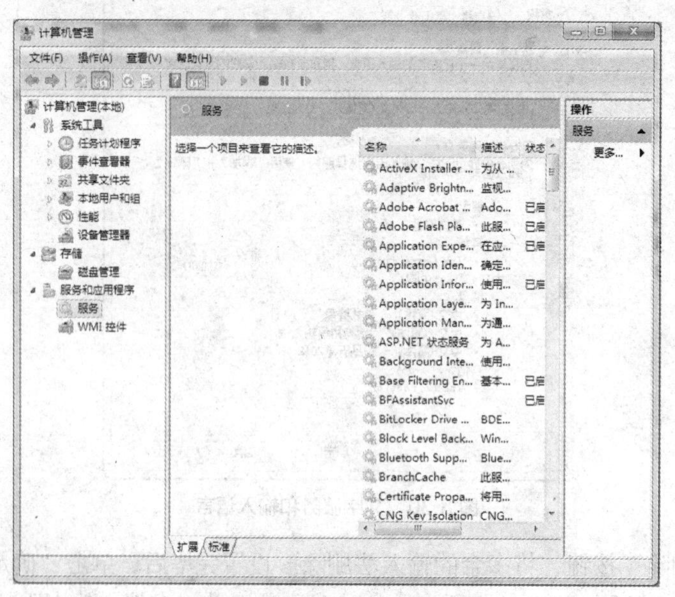

图 8.32　选择要禁用的服务程序

④ 在打开的“Application Information 的属性（本地计算机）”对话框中选择“常规”选项卡，并在“启动类型”下拉列表框中选择“手动”选项或“已禁用”选项。如图 8.33 所示。

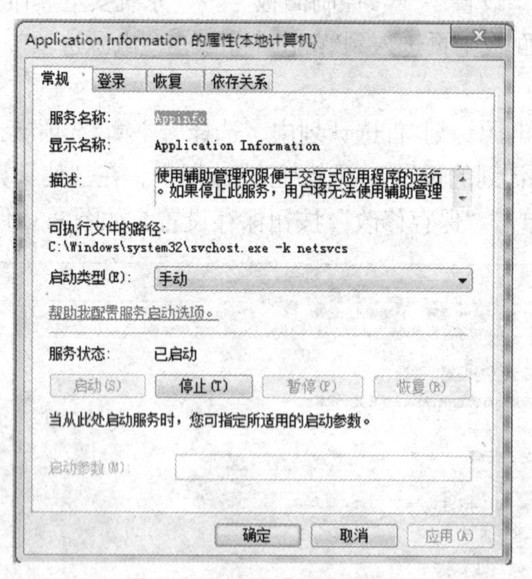

图 8.33　选择“启动类型”

⑤ 单击“服务状态”选项组中的“停止”按钮，此时弹出“服务控制”提示对话框。

⑥ 稍等一会儿，在“Application Information 的属性（本地计算机）”对话框中可以看到，其服务状态已停止。

3. Windows 7 操作系统磁盘维护

（1）磁盘清理。

① 选择“开始”→“所有程序”→“附件”→“系统工具”→“磁盘碎片整理程序”命令。

② 在打开的“磁盘清理：驱动器选择”对话框中选择需要清理的磁盘（C盘）。

③ 单击“确定”按钮开始对磁盘进行清理，如图8.34所示。

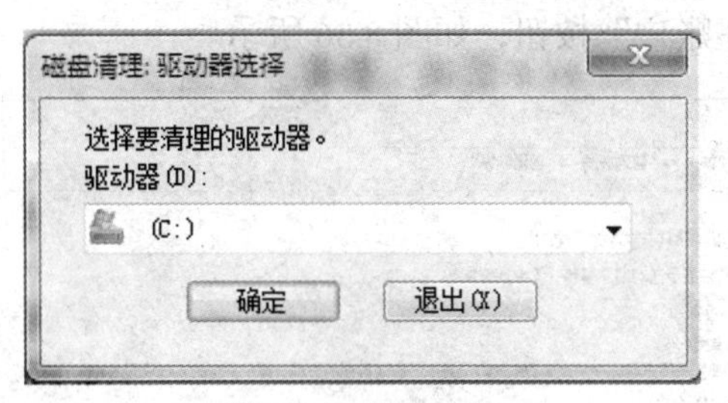

图8.34 磁盘清理

（2）磁盘碎片整理。

① 选择“开始”→“所有程序”→“附件”→“系统工具”→“磁盘碎片整理程序”命令。

② 在打开的“磁盘碎片整理程序”窗口中上选择需要进行碎片整理的分区（F盘），如图8.35所示。

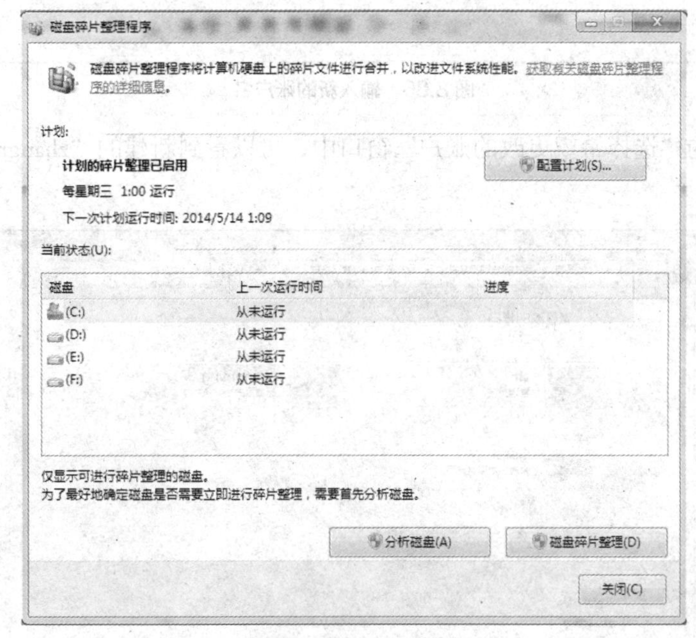

图8.35 磁盘碎片整理

③ 单击“分析磁盘”按钮。

④ 单击“查看报告”按钮，则打开“分析报告”对话框，在该对话框中显示出了更详细的卷信息以及最多碎片文件列表。

⑤ 单击“磁盘碎片整理”按钮开始对碎片进行整理。

4．Windows 7 操作系统安全维护

（1）设置Windows 7用户账号。

① 单击“开始”→“控制面板”→“用户账户和家庭安全”→“用户账户”→“添加或删除用户账户”。

② 在打开的“添加或删除用户账户”窗口中，单击“创建一个新账户”选项。

③ 在打开的“命名账户并选择账户类型”窗口中为新账户键入一个新的账户名“zhangming”，单击“创建账户”按钮，如图 8.36 所示。

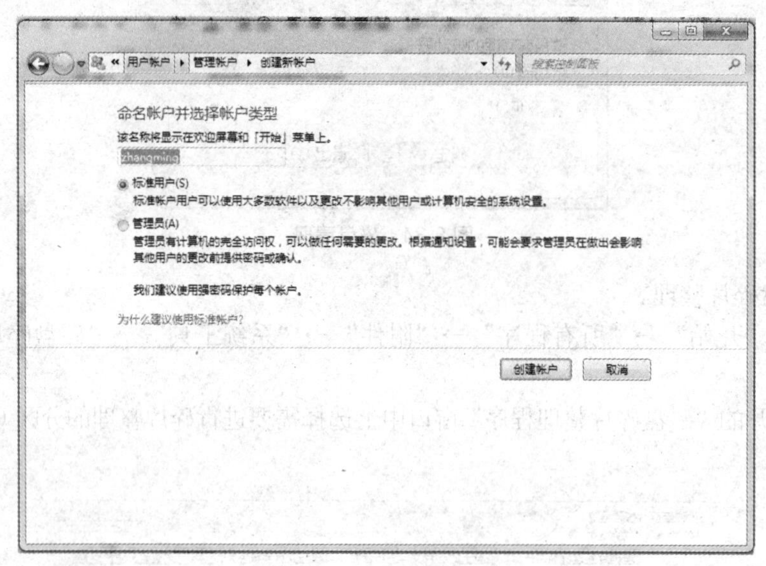

图 8.36 输入新的账户名

④ 在打开的“选择希望更改的账户”窗口中，可以看到新建的“zhangming”账户，如图 9.37 所示。

图 8.37 建立好的账户

（2）创建 Windows 7 当前用户密码。

① 单击新建的“zhangming”账户，则打开“更改 zhangming 的账户”窗口，如图 8.38 所示。

② 在该窗口中单击“创建密码”选项。此时则打开“为 zhangming 的账户创建一个密码”窗口，如图 8.39 所示。

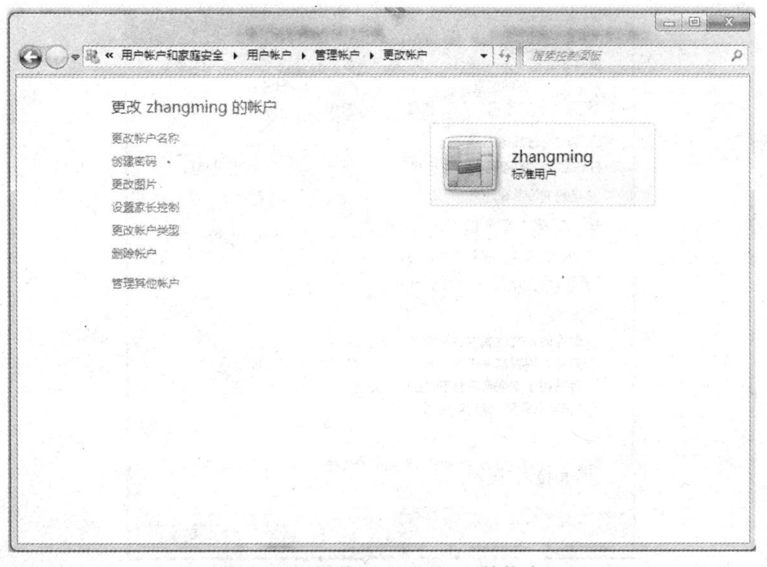

图 8.38　更改 zhangming 的帐户

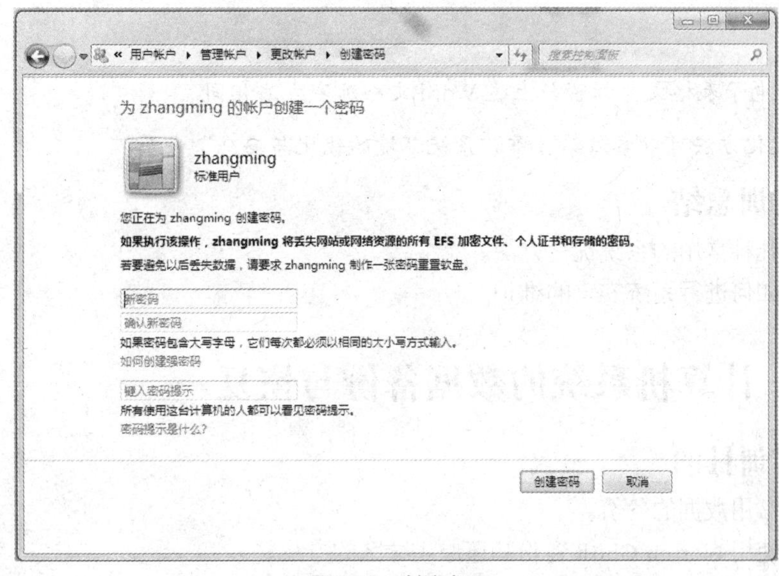

图 8.39　创建密码

③ 在该窗口中的“输入一个新密码”和“再次输入密码以确认”文本框中输入一个账户密码，在“输入一个单词或短语作为密码提示”文本框中输入密码提示语言。单击“创建密码”按钮，此时已为该账户添加了密码。

（3）利用 Word 自带的加密方法给文档加密。

① 打开 Word 文档，选择“工具”→“选项”命令。

② 在打开的“选项”对话框中选择“安全性”选项卡。

③ 在“打开文件时的密码”和“修改文件时的密码”文本框中输入密码。

④ 单击“确定”按钮即可，如图 8.40 所示。

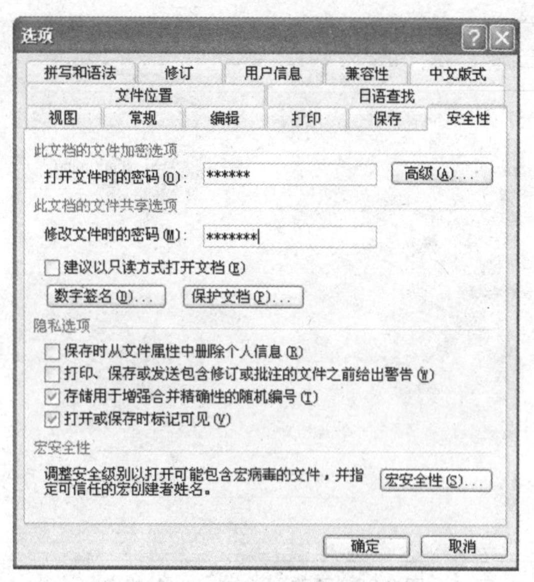

图 8.40　给 Word 文档加密

【注意】

给 Excel 电子表格文件加密与上述 Word 文档加密方法相同。

更多的优化方法可以参看第 5 章“系统环境的优化与安全”一节。

五、实训总结

1. 总结几种常用的系统优化方法。
2. 总结如何进行系统安全的维护。

实训七　计算机系统的数据备份与恢复

一、实训目的

1. 掌握常用数据的备份。
2. 掌握使用 Norton Ghost 备份和还原主分区的方法。
3. 利用 Windows 7 系统中的系统还原功能进行数据的备份和还原。

二、实训准备

1. 一台已组装好的多媒体计算机，并已安装好 Windows 7 操作系统。
2. 备份软件 Norton Ghost。

三、实训步骤

1. 常用数据的备份

（1）备份 IE 收藏夹。

① 采用 IE“文件”中“导入和导出”的功能。

打开 IE 浏览器窗口，单击“文件”→“导入和导出”，进入“导入和导出向导”界面，单击“下一步”按钮。在选择“导入导出的内容”时，选择“导出到文件”，如图 8.41 所示，单击“下一步”按钮。

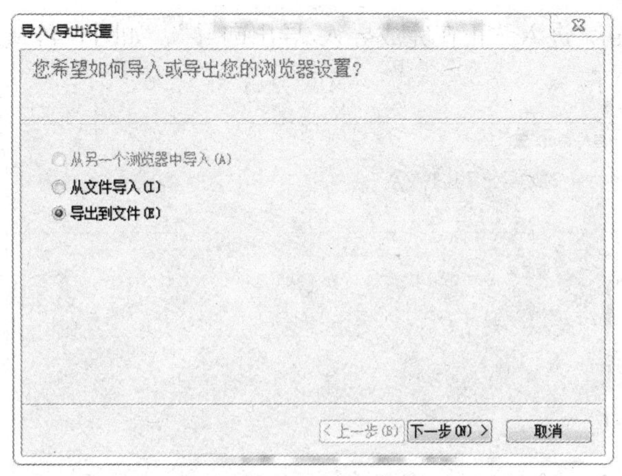

图 8.41　导出收藏夹

在选择“导出收藏夹源文件夹”时，选择“收藏夹”文件夹，如图 8.42 所示，单击“下一步”按钮。

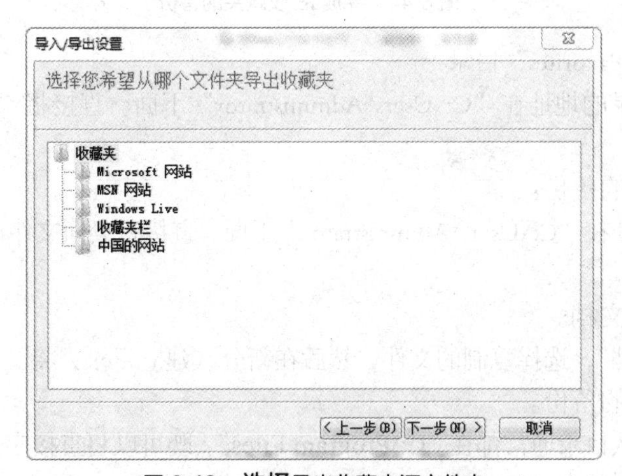

图 8.42　选择导出收藏夹源文件夹

选择“导出收藏夹目标”时，选择“导出到文件或地址”，然后单击“浏览”按钮，选择保存文件的地址，如图 8.43 所示。

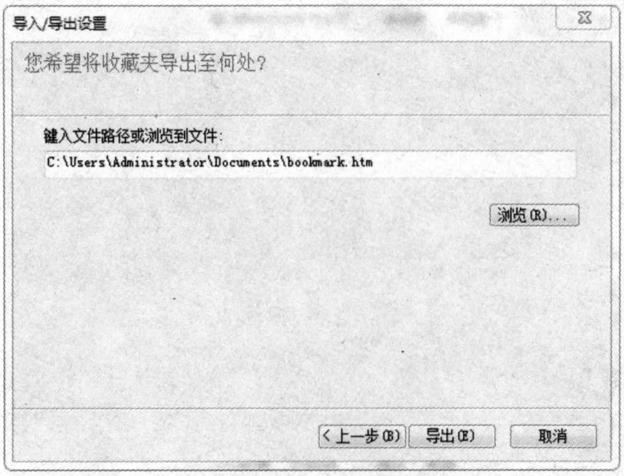

图 8.43　选择导出收藏夹目标

单击“下一步”按钮，进入“正在完成导入/导出向导”，如图 8.44 所示。单击“完成”按钮，就完成 IE 收藏夹的备份了。

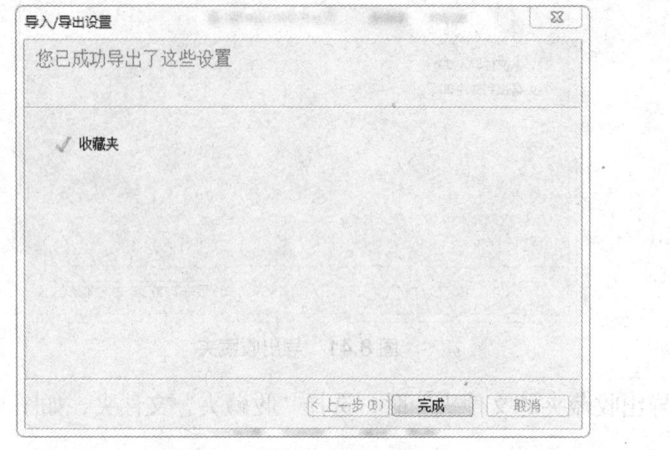

图 8.44　完成 IE 收藏夹的备份

② 直接备份“Favorites”目录

“Favorites”目录的地址在“C:\Users\Administrator”下面。直接将“Favorites”目录复制到其他分区即可。

（2）桌面文件的备份。

桌面文件的地址在“C:\Users\Administrator”下面。直接将桌面文件目录复制到其他分区即可。

（3）备份我的文档。

打开“我的文档”，选择复制的文件，然后在新分区建立目录，将文件复制过去。

（4）应用软件的备份。

软件安装的默认目录通常都在“C:\Program Files”，既可以将直接应用的软件选定，然后复制出来，也可以把整个“Program Files”目录全部复制出来。

2．使用 Norton Ghost 备份和还原主分区

启动 Norton Ghost 程序，出现如图 8.45 所示的 Ghost 启动界面。

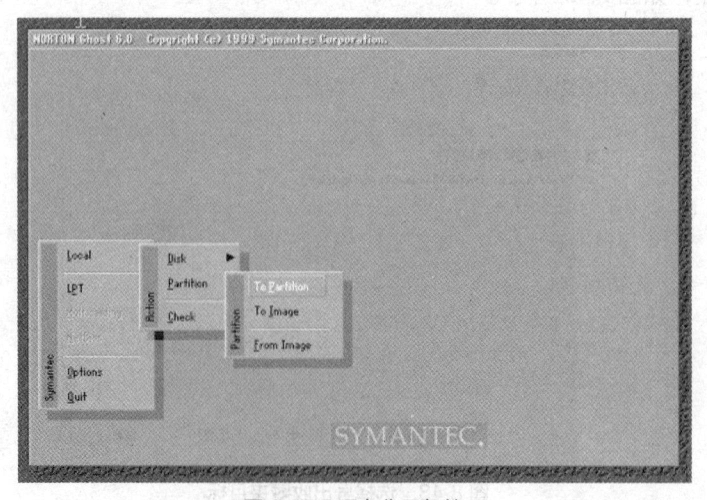

图 8.45　硬盘分区备份

（1）Partition To Image（硬盘备份分区）。

在主界面选择“Local”→“Partition”→“To Image”。选择要备份的硬盘，按“OK”按钮，如图 8.46 所示。

Local
LPT
Options
Quit
Symantec
Disk
Partition
Check
Action
To Partition
To Image
From Image
Partition
SYMANTEC.

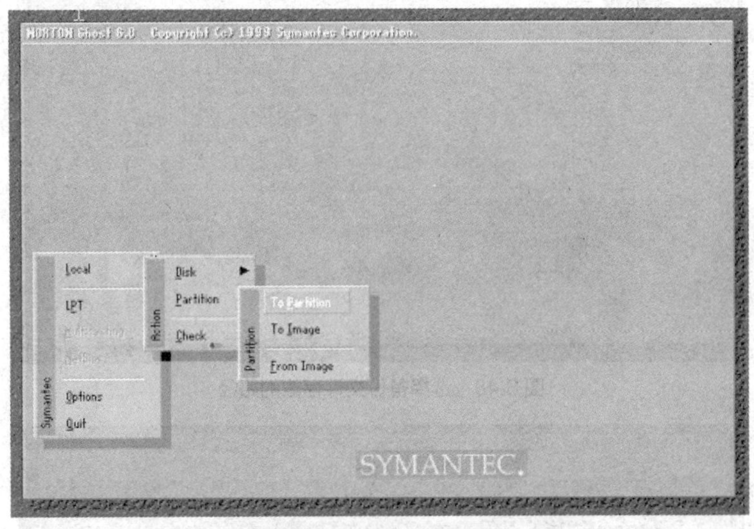

图 8.46　选择要备份的硬盘

再选择要备份的硬盘主分区（C 盘），按“OK”按钮，如图 8.47 所示。

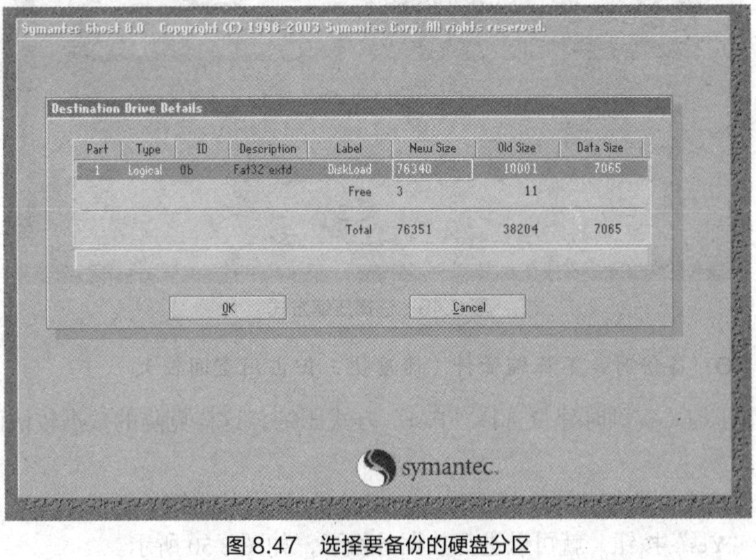

Symantec Ghost 8.0 Copyright (C) 1998-2003 Symantec Corp. All rights reserved.
Destination Drive Details
Part Type ID Description Label New Size Old Size Data Size
1 Logical 0b Fat32 extd DiskLoad 76340 10001 7065
Free 3 11
Total 76351 38204 7065
OK
Cancel
symantec.

图 8.47　选择要备份的硬盘分区

接着选择备份文件存放的路径与文件名。将 C 盘备份存放在 D 盘，同时给备份文件创建文件名。按“Save”按钮，如图 8.48 所示。

【注意】备份文件的存放路径不能选择在需要备份的分区上。

随后在三种压缩方式中选择“Fast”，如图 8.49 所示。

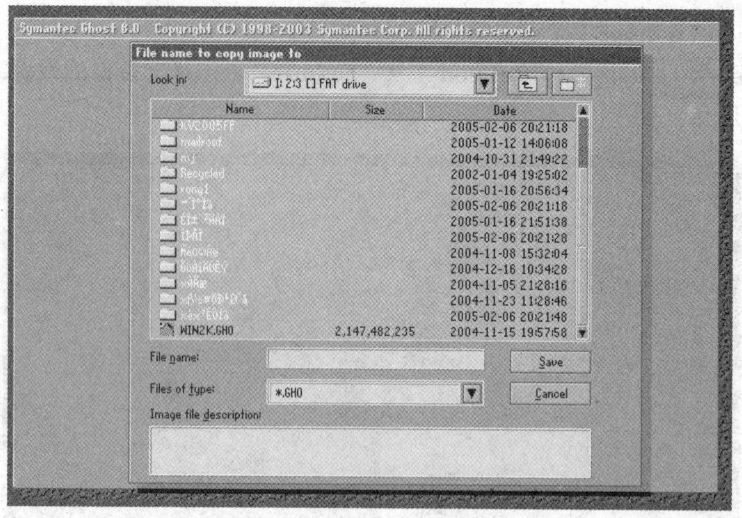

图 8.48 选择备份文件存放的路径

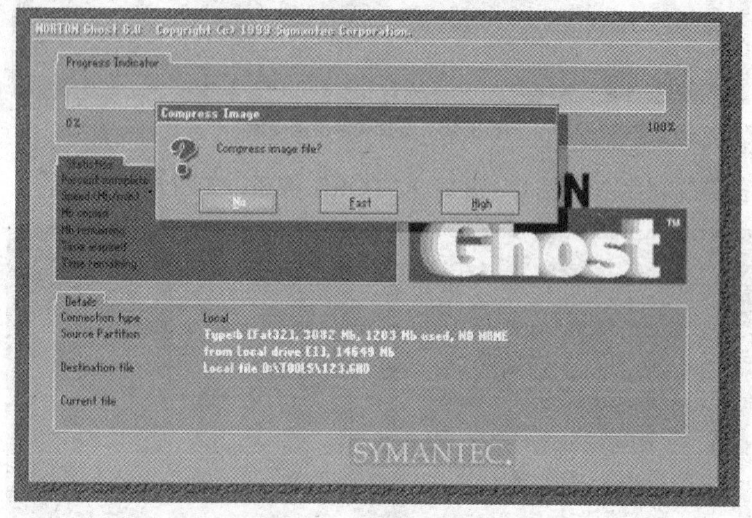

图 8.49 选择压缩方式

【注意】 NO：备份时，不压缩资料（速度快，但占用空间较大）。

Fast：少量压缩（实训时建议选择“Fast”方式压缩，这样克隆的数据较快而且不易出现错误）。

Hight： 最高比例压缩（可压缩至最小，但备份/还原时间较长）。

然后单击“Yes”按钮，就可以进行数据备份了，如图 8.50 所示。

（2）Partition From image（还原硬盘分区）。

在主界面选择“Local”→“Partition”→“From Partition”，然后选择要还原的备份文件。打开 D 盘找到备份文件，按“Open”按钮，如图 8.51 所示。

然后再选择要还原的硬盘，再选择要还原的主分区（C 盘），按“OK”按钮，如图 8.52 所示。

按“Yes”按钮，就可以还原硬盘分区了，如图 8.53 所示。

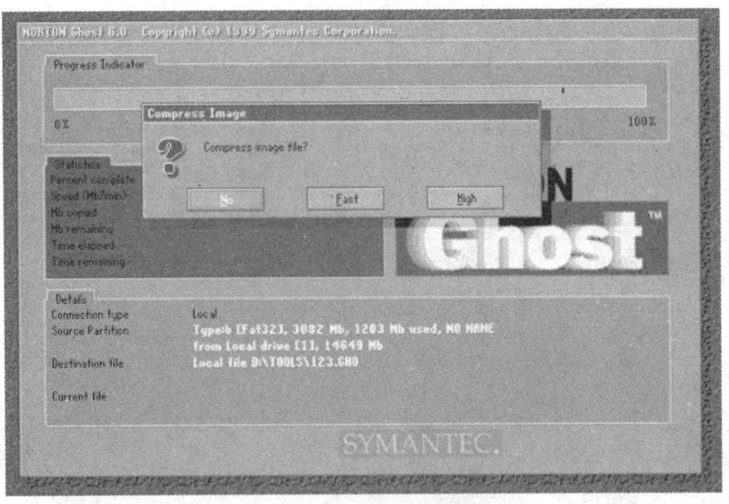

图 8.50　确认进行数据备份

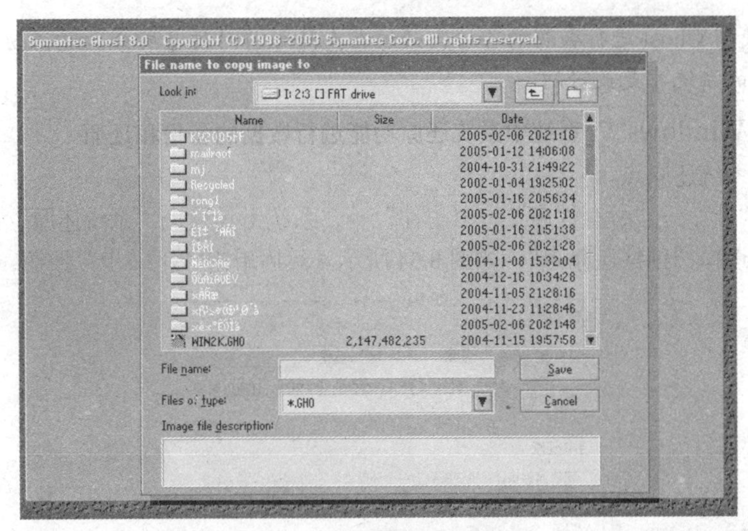

图 8.51　选择要还原的备份文件

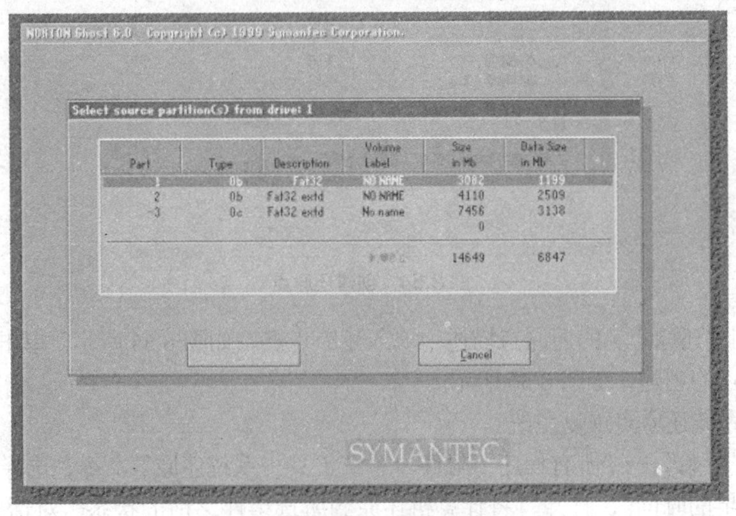

图 8.52　选择要还原的硬盘分区

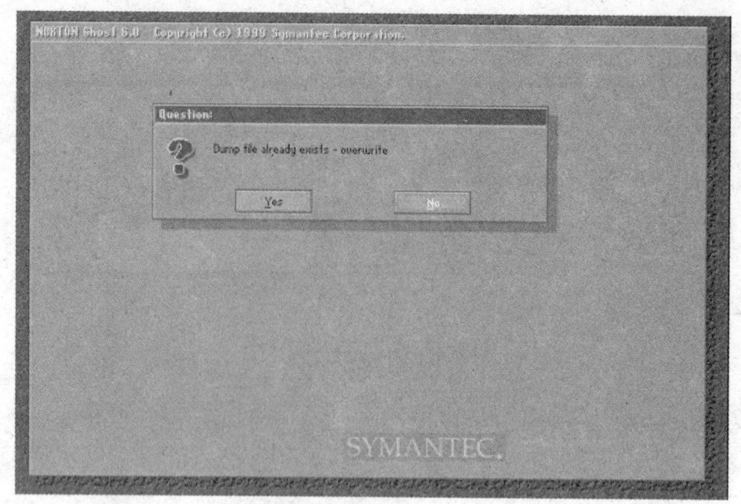

图 8.53　执行

【注意】使用 Ghost 进行数据的备份，必须在克隆之前对硬盘或分区进行彻底的清理和优化，这样克隆的系统才是最好的。

3．利用 Windows 7 系统中系统还原功能进行数据的备份和还原

（1）创建系统还原点。

① 单击“开始→“所有程序”→“附件”→“系统工具”→“系统还原”命令，打开系统还原向导，选择“创建还原点”，如图 8.54 所示。然后单击“下一步”按钮，

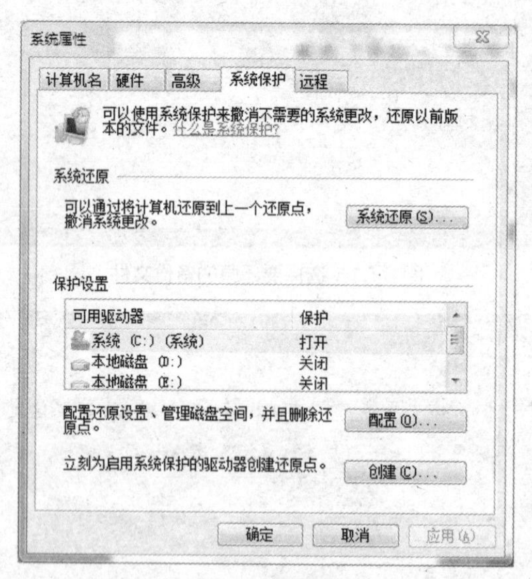

图 8.54　创建还原点

② 在“创建还原点”的还原点描述中填入还原点名，如图 8.55 所示。单击“创建”按钮即完成了还原点的创建，如图 8.56 所示。

（2）利用系统还原点恢复系统。

① 单击“开始”→“所有程序→附件→系统工具→系统还原”命令，选择“恢复我的计算机到一个较早的时间”，打开“将计算机还原到所选事件之前的状态”对话框，如图 8.57 所示。单击“下一步”按钮选择还原点。

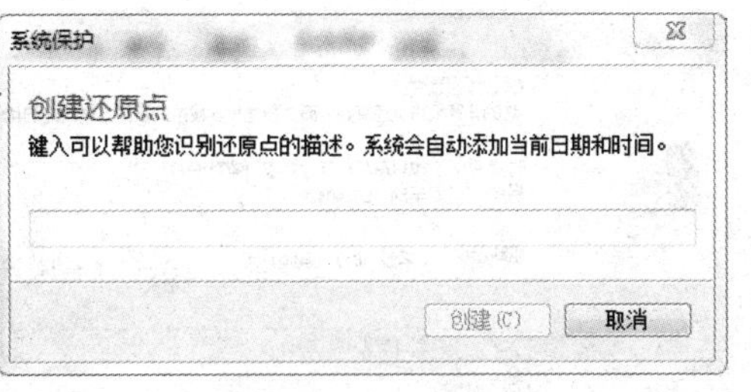

图 8.55 填入还原点

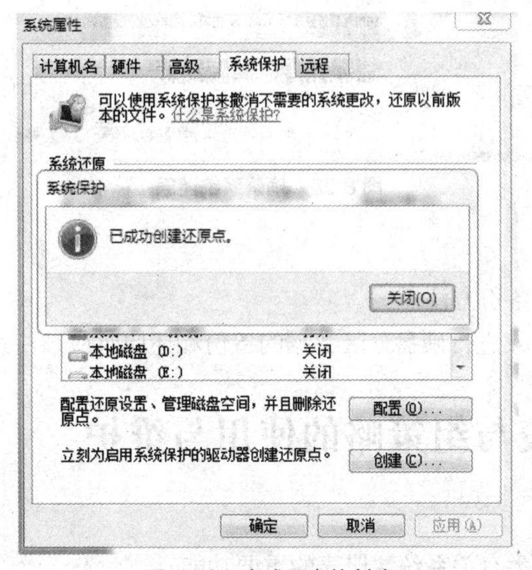

图 8.56 完成原点的创建

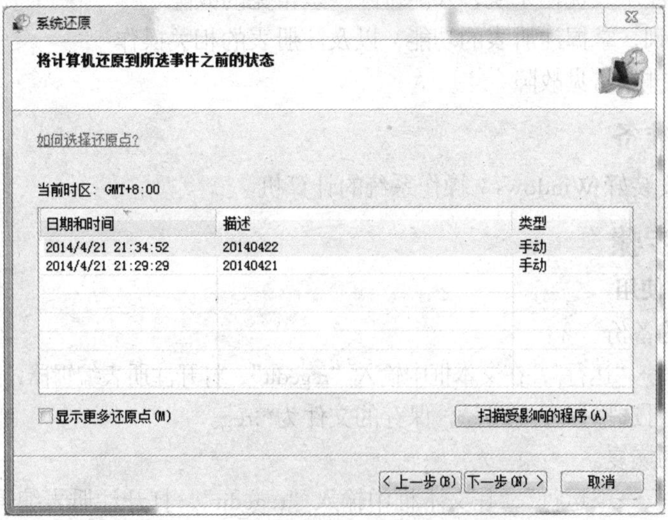

系统还原

将计算机还原到所选事件之前的状态

如何选择还原点?

当前时区：GMT+8:00

日期和时间	描述	类型
2014/4/21 21:34:52	20140422	手动
2014/4/21 21:29:29	20140421	手动

显示更多还原点(M)　扫描受影响的程序(A)

< 上一步(B)　下一步(N) >　取消

图 8.57 选择“恢复我的计算机到一个较早的时间”

② 在“欢迎使用系统还原”的日历中选择还原点创建的时间后，右边就会出现这一天中创建的所有还原点，选中想还原的还原点，如图 8.57 所示，单击“下一步”按钮即可进行系统还原点的确认，如图 8.58 所示。确认后单击“完成”按钮，这时系统会重启并完成系统的还原。

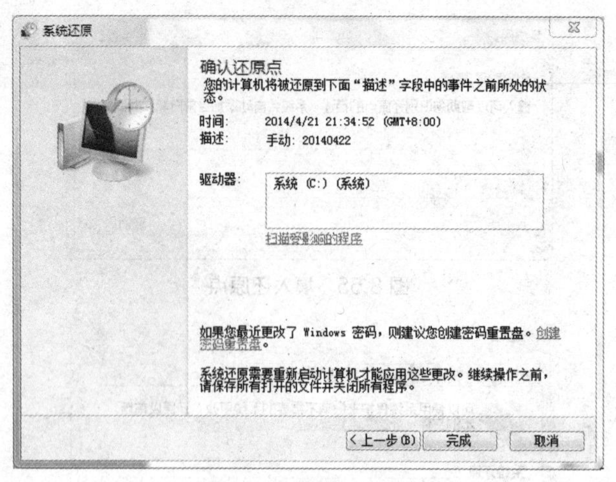

图 8.58　确认系统还原

四、实训总结

1. 总结常用数据的备份方法。
2. 使用 Norton Ghost 进行硬盘分区数据的备份和还原时应该注意哪些问题。

实训八　注册表与组策略的使用与维护

一、实训目的

1. 进一步了解和熟悉有关系统注册表的重要功能
2. 学会利用注册表优化系统，并能排除一些常见的故障
3. 通过本实训，掌握注册表的功能，以及注册表的相关操作
4. 用注册表排除常见故障

二、实训准备

一台已经已安装好 Windows 7 操作系统的计算机。

三、实训步骤

1．注册表的使用

（1）注册表的备份。

单击“开始”→“运行”，在文本框中输入“regedit”，打开注册表编辑器，选择“注册表”→“导出注册表”即可选择保存的路径，保存的文件为*.reg。

（2）注册表的恢复。

单击“开始” →“运行”，在文本框中输入“regedit”，打开注册表编辑器，选择“注册表”→“导入注册表”。在“查找范围”选择框内查找注册表备份文件，单击“打开”按钮，即可恢复注册表数据。

（3）注册表的使用。

① 隐藏驱动器。

该操作可以隐藏磁盘分区，禁止非法用户对这些磁盘进行访问，以达到保护系统安全的目的。

操作步骤：打开或新建下列项进行编辑——

HKEY_CURRENT_USER\Software\Microsoft\Windows\ CurrentVersion\Policies\ Explorer

项： NoDrives

数据类型： DWORD（32-位）值

值： 1（隐藏A盘）、2（隐藏B盘）、4（隐藏C盘）、8（隐藏D盘）、10（隐藏E盘）、20（隐藏F盘）、40（隐藏G盘）。

② 修改开始菜单栏目。

该操作可以将系统的菜单栏目设置为隐藏或显示。

操作步骤：打开或新建下列项进行编辑——

HKEY_CURRENT_USER\Software\Microsoft\Windows\ CurrentVersion\Policies\Explorer

- 显示或隐藏开始菜单中"关闭系统"命令

项：NoClose

数据类型：DWORD（32-位）值

值：0（显示"关闭系统"命令）、1（隐藏"关闭系统"命令）。

- 显示或隐藏开始菜单中"注销"命令

项：NoLogOff

数据类型：DWORD（32-位）值

值：0（显示"注销"命令）、1（隐藏"注销"命令）。

- 显示或隐藏开始菜单中"查找"命令

项：{450D8FBA-AD25-11D0-98A8-0800361B1103}

数据类型：REG_ SZ（字符串值）

值：0（显示"查找"命令）、1（隐藏"查找"命令）

- 禁止通过"运行"来运行应用程序

该操作可以将「开始」菜单中的"运行"项隐藏，这样用户就不能随意执行程序了。

操作步骤：打开或新建下列项进行编辑——HKEY_CURRENT_USER\Software\Microsoft\Windows\CurrentVersion\Policies\Explorer

项： NoRun

数据类型： DWORD（32-位）值

值：1隐藏（禁止通过"运行"来运行应用程序）、0（允许通过"运行"来运行应用程序）。

③ 桌面图标的修改。

该操作主要是用于将计算机桌面的图标设置为隐藏或显示。

操作步骤：打开或新建下列项进行编辑——

HKEY_CURRENT_USER\Software\Microsoft\Windows\CurrentVersion\Policies\Explorer

- 不显示"Internet Explorer"图标

项：NoInternetIcon

数据类型： DWORD（32-位）值

值：1（不显示"Internet EXPlorer"图标）、0（显示"Internet Explorer"图标）

- 不显示桌面所有图标

项：NoDeskTop

数据类型： DWORD（32-位）值

值： 1（不显示桌面所有图标）、0（显示桌面所有图标）。

● 不显示“网上邻居”图标

项：NoNetHood

数据类型： DWORD（32-位）值

值： 1（不显示“网上邻居”图标）、0（显示“网上邻居”图标）

④ 禁止用户使用注册表编辑器

该操作可以禁止用户运行系统提供的注册表编辑器。

操作步骤：打开或新建下列项进行编辑——

HKEY_CURRENT_USER\Software\Microsoft\Windows\CurrentVersion\Policies\System

项： DisableRegistryTools

数据类型： DWORD（32-位）值

值：0、（允许使用注册表编辑器）、1（禁止使用注册表编辑器）

⑤ 禁用整个控制面板

该操作禁止用户使用控制面板。

操作步骤：打开或新建下列项进行编辑——

HKEY_CURRENT_USER\Software\Microsoft\Windows\CurrentVersion\Policies\Explorer

项：NoControlPanel

数据类型：DWORD（32-位）值

值：1（禁止控制面板的使用）、值为0或者值项不存在（表示允许用户使用控制面板）。

⑥ 禁止用户使用任务管理器

该操作禁止用户使用“Windows 任务管理器”。

操作步骤：打开或新建下列项进行编辑——

HKEY_CURRENT_USER\Software\Microsoft\Windows\CurrentVersion\Policies\System

项：DisableTaskMgr

数据类型： DWORD（32-位）值

值：1（禁止用户使用“Windows 任务管理器”）、0（允许禁止用户使用“Windows 任务管理器”）

2．组策略的使用

（1）运行组策略。

单击“开始”→“运行”，在“运行”窗口中输入“gpedit.msc”命令，打开“组策略”编辑器窗口。

（2）组策略的应用。

① 关闭自动播放。

启动这项设置，可以在CD-ROM驱动器上禁用自动运行或在所有驱动器上禁用自动运行。

这项设置在驱动器的其他类别中禁用自动运行。我们不能用这项设置在默认禁用的驱动器上启用自动运行。

位置：\用户配置\管理模板\ Windows 组件\自动播放策略

【注意】这个设置出现在“计算机配置”和“用户配置”两个文件夹中。如果两个设置都配置，“计算机配置”中的设置比“用户配置”中的设置优先。同时此设置不阻止自动播放音乐 CD。

② 只运行许可的 Windows 应用程序。

启用这个设置，其他用户只能运行你加入“允许运行的应用程序列表”中的程序。

位置：\用户配置\管理模板\系统\

【注意】这个设置只能防止用户从 Windows 资源管理器启动程序。无法防止用户用其他方式启动程序，例如任务管理器，因为它是从系统启动程序。如果用户可以访问“命令提示符（Cmd.exe）”的话，这个设置无法防止用户从命令窗口启动不允许在 Windows 资源管理器中运行的程序。

③ 删除任务管理器。

该设置防止用户启动“任务管理器”（Taskmgr.exe）。

位置：\用户配置\管理模板\系统\Ctrl+Alt+Del 选项\

【注意】如果该设置被启用，并且用户试图启动任务管理器，系统会显示消息，解释是一个策略禁止了这个操作。任务管理器让用户启动或终止程序，监视计算机性能，查看及监视计算机上所有运行中的程序（包含系统服务），搜索程序的执行文件名，及更改程序运行的优先顺序。

④ 配置「开始」菜单。

- 删除「开始」菜单中的“文档”图标

有些用户不希望其他用户看到自己曾经编辑过的文档时可用此设置。或用于删除记录历史文档的“文档”菜单项。

位置：\用户配置\管理模板\任务栏和「开始」菜单

【注意】此设置不会阻值 Windows 程序在最近打开的文档中显示快捷方式。

- 删除「开始」菜单中的“运行”菜单项

该设置可以将“运行”菜单项从「开始」菜单中删除。同时，使用 WIN+R 组合键将无法显示“运行”对话框。

位置：\用户配置\管理模板\任务栏和「开始」菜单

【注意】这个策略只影响指定的界面。不会防止用户使用其他方法运行程序。

⑤ 防止从“我的电脑”中访问磁盘驱动器。

该设置可以防止用户使用“我的电脑”访问所选驱动器的内容。

位置：\用户配置\管理模板\Windows 组件\Windows 资源管理器

进入属性窗口，选定“已禁用”选项，然后从下拉列表中选择一个或几个驱动器，就可以防止从“我的电脑”中访问磁盘驱动器。

【注意】此时代表制定驱动器的图标仍会出现在“我的电脑”中，但是如果用户双击图标，会出现一个消息解释设置防止这一操作。同时这一设置不会防止用户使用程序访问本地和网络驱动器。

⑥ 删除和阻止访问“关机”、“重新启动”、“睡眠”和“休眠”命令。

该设置启动以后， 电源按钮和“关机”、“重新启动”、“睡眠”和“休眠”命令将从

“开始”菜单删除，电源按钮也会从“Windows 安全”屏幕删除。该屏幕在按下“Ctrl+Alt+Delete”组合键时出现。

位置：\用户配置\管理模板\任务栏和「开始」菜单

【注意】该设置会从开始菜单中删除“关机”选项，防止用户用 Windows 界面进行关机，但是无法防止用户用程序来将 Windows 关闭。

⑦ 关闭系统还原功能。

该设置确定是否打开或关闭“系统还原”。

位置：\计算机配置\管理模板\系统\系统还原\关闭系统还原

【注意】此设置仅在系统启动时刷新，仅在 Windows XP Professional 中可用。如果禁用或不配置“关闭系统还原”设置，则可用“关闭配置”设置来确定是否显示配置界面。

⑧ 从“工具”菜单删除“文件夹选项”菜单。

该设置可以从 Windows 资源管理器菜单上删除文件选项项目，并且从控制面板上删除文件夹选项项目。这样做用户就不能使用“文件夹选项”对话框了。

“文件夹选项”对话框可以让用户设置许多 Windows 资源管理器的属性，如 Active Desktop、Web 视图、脱机文件、隐藏系统文件和文件类别等。

位置：用户配置 \ 管理模板 \ Windows 组件 \ Windows 资源管理器

⑨ 隐藏和禁用桌面上的所有项目。

该设置可以从桌面上删除图标、快捷方式和其他默认的和用户定义的项目。

位置：\用户配置\管理模板\桌面

【注意】删除图标和快捷方式不能防止用户用另一种方法启动程序或打开图标和快捷方式所代表的项目。

⑩ 退出时不保存设置。

该设置用于防止用户保存对桌面的某些更改。如果启用这个设置，用户可以对桌面做某些更改，但有些更改，比如图标和打开窗口的位置，任务栏的位置及大小在用户注销后都无法保存。

位置：\用户配置\管理模板\桌面

⑪ 阻止访问命令提示符。

该设置防止用户运行命令提示符窗口（Cmd.exe）。这个设置还决定批文件（.cmd 和.bat）是否可以在计算机上运行。

位置：\用户配置\管理模板\系统

【注意】如果计算机使用登录、注销、启动或关闭批文件脚本，不能防止计算机运行批文件，也不能防止使用终端服务的用户运行批文件。

⑫ 阻止访问注册表编辑工具。

该设置将禁用 Regedit.exe，以禁用 Windows 注册表编辑器。

位置：\用户配置\管理模板\系统

【注意】如果这个设置被启用，并且用户试图启动注册表编辑器，解释设置禁止这类操作的消息会出现。要防止用户使用其他系统管理工具，请使用“只运行许可的 Windows 应用程序”设置。

⑬ 不允许运行 Windows Messenger。

该设置允许禁用 Windows Messenger。

位置：\用户配置\管理模板\Windows 组件\Windows Messenger

【注意】这个设置出现在“计算机配置”和“用户配置”文件夹中。如果两个设置都配置，“计算机配置”中的设置比“用户配置”中的设置优先。

四、实训总结

1. 写出注册表的备份和恢复步骤。
2. 总结注册表和组策略的使用体会。

参考文献

[1] 刘伟. 数据恢复技术深度揭秘. 北京：电子工业出版社，2010.

[2] Windows 电脑管家：DOS/BIOS/注册表/组策略技术手册编委会. Windows 电脑管家：DOS/BIOS/注册表/组策略技术手册. 北京：中国铁道出版社，2012.

[3] 王涛. 加密与解密点通点精. 济南：齐鲁电子音像出版社，2007.

[4] 扈新波. 数据恢复技术与典型实例. 北京：电子工业出版社，2007.